# 分数阶微分方程的
# 解析研究方法

丁小丽　著

西北工业大学出版社

西安

【内容简介】 本书主要介绍关于分数阶微分方程解析解的一些研究策略.具体内容包括：第1章为预备知识；第2和3章介绍有关分数阶微分方程的背景知识；第4～6章分别介绍定义在有限区域上的不同类型的分数阶偏微分方程的解析解；第7章介绍定义在无限区域上的分数阶偏微分方程的解析解；第8～10章分别介绍分数阶微分方程的波形松弛方法；第11章介绍分数阶微分方程的解析解在控制问题中的应用.

　　本书可作为与"分数阶微分方程理论研究"相关的数学专业人员和高等院校研究生学习的参考用书.

**图书在版编目(CIP)数据**

　　分数阶微分方程的解析研究方法/丁小丽著.—西安:西北工业大学出版社,2019.2
　　ISBN 978-7-5612-6416-4

　　Ⅰ.①分… Ⅱ.①丁… Ⅲ.①微分方程-研究方法
Ⅳ.①O175

中国版本图书馆 CIP 数据核字(2019)第 028143 号

FENSHUJIE WEIFEN FANGCHENG DE JIEXI YANJIU FANGFA
**分 数 阶 微 分 方 程 的 解 析 研 究 方 法**

| | | | |
|---|---|---|---|
| 责任编辑：王　静 | | 策划编辑：雷　鹏 | |
| 责任校对：孙　倩 | | 装帧设计：李　飞 | |

出版发行：西北工业大学出版社
通信地址：西安市友谊西路 127 号　　邮编：710072
电　　话：(029)88491757,88493844
网　　址：www.nwpup.com
印　刷　者：陕西金德佳印务有限公司
开　　本：710 mm×1 000 mm　　1/16
印　　张：11.875
字　　数：219 千字
版　　次：2019 年 2 月第 1 版　　2019 年 2 月第 1 次印刷
定　　价：58.00 元

# 前　言

近年来,分数阶微分方程在流体力学、材料力学、集成电路、金融和控制等领域有着广泛的应用. 其实早在 17 世纪末,Riemann,Liouville 将 Cauchy 积分公式推广,得到函数的分数阶积分的定义:

$$({}_0I_t^a x)(t) = \frac{1}{\Gamma(\alpha)}\int_0^t (t-\tau)^{a-1} x(\tau)\mathrm{d}\tau$$

其中 $\alpha > 0$. 目前,经常使用的是 Riemann–Liouville,Caputo 以及 Weyl 分数阶导数的定义.

首先,微分方程的解析解对描述和解释所考虑实际问题的物理现象起着至关重要的作用. 这是因为解析解是由包含方程中所涉及参数的闭形式给出的,所以,可以借助它解释参数对物理现象的影响. 其次,利用解析解可以研究方程的解的渐近行为. 最后,解析解也可以作为评价方程的数值解的精度和其他性能的工具. 近年来,笔者对分数阶微分方程的解析研究进行了收集和整理. 本书主要介绍分数阶微分方程的解析研究,其中包括笔者及其合作者的一些研究成果. 为了保证本书的系统性和阅读的方便性,对分数阶微积分的基本概念、特殊函数以及广义积分算子做了简要的介绍. 希望本书的出版能为对此项问题感兴趣的读者提供帮助,也期望从事此项研究工作的读者可以通过对本书的学习较早地进入该领域的国际前沿状态,从而推动我国在这项研究问题上的蓬勃发展.

本书各章内容具体安排如下:第 1 章是预备知识;第 2,3 章介绍了常用的求解分数阶微分方程解析解的方法;第 4~6 章分别介绍定义在有限区域上的分数阶偏微分方程、耦合分数阶偏微分方程、带有时滞项的耦合分数阶偏微分方程以及带有分数阶布朗运动的分数阶偏微分方程的解析解;第 7 章介绍定义在无限区域上的分数阶偏微分方程;第 8~10 章分别介绍分数阶微分方程的波形松弛方法、分数阶微分-代数方程的波形松弛方法以及分数阶泛函微分方程的波形松弛方法;第 11 章介绍解析解在控制问题中的应用.

在此,特别感谢西安交通大学的蒋耀林教授。在他的指导下,笔者在博士期间开始接触分数阶微积分,并借助波形松弛方法对分数阶微分方程的数值计算做了系统的研究,为本书的出版奠定了基础. 同时,也非常感谢家人对笔者研究工作的大力支持. 本书也得到了西安工程大学理学院的大力资助. 在本书出版之际,衷心感谢所有的支持和帮助.

由于水平有限,资料收集不够充分,书中难免有不当之处,敬请读者批评指正.

西安工程大学　丁小丽

2018 年 7 月于西安

# 目　　录

1　预备知识 ································································· 1

  1.1　函数空间 ························································· 1

  1.2　积分变换和卷积 ············································· 2

  1.3　特殊函数 ························································· 4

  1.4　分数阶微积分 ················································· 16

2　分数阶常微分方程的解析解的求解方法 ············· 21

  2.1　转化为积分方程法 ··········································· 21

  2.2　拉普拉斯变换法 ············································· 26

3　分数阶偏微分方程的解析解 ······························· 28

  3.1　带有多项时间分数阶扩散项的情形 ···················· 29

  3.2　带有多项时间分数阶波动项的情形 ···················· 32

  3.3　带有多项时间分数阶扩散波动项的情形 ··············· 35

4　定义在有限区域上的耦合分数阶偏微分方程的解析解 ······· 38

  4.1　多项时间耦合分数阶常微分方程的解析解 ··············· 38

  4.2　耦合分数阶对流扩散方程的解析解 ····················· 44

  4.3　耦合分数阶波方程的解析解 ······························ 47

5　定义在有限区域上带有时滞项的耦合分数阶偏微分方程的解析解 ······· 52

  5.1　多项时间耦合分数阶时滞微分方程的解析解 ············· 52

  5.2　带有时滞项的耦合分数阶对流扩散方程的解析解 ········ 62

  5.3　带有时滞的耦合分数阶波方程的解析解 ················· 67

  5.4　举例 ······························································ 71

6 定义在有限区域上的带有分数阶布朗运动的分数阶偏微分方程的解析解
·········································································· 78

  6.1 带有分数阶布朗运动的分数阶随机微分方程解的表示········· 78

  6.2 应用············································································ 87

7 定义在无限区域上的分数阶偏微分方程的解析解 ········· 90

  7.1 准备工作········································································ 90

  7.2 带有多项时间分数阶扩散项情形的解析解················· 94

  7.3 带有多项时间分数阶波动项情形的解析解················· 96

  7.4 带有多项时间扩散-波动混合项情形的解析解 ·········· 99

8 分数阶微分方程的波形松弛方法 ······························· 103

  8.1 线性分数阶微分方程的波形松弛方法 ····················· 103

  8.2 非线性分数阶微分方程的波形松弛方法 ·················· 119

9 分数阶微分-代数方程的波形松弛方法 ··················· 129

  9.1 线性分数阶微分-代数方程的波形松弛方法·········· 129

  9.2 非线性分数阶微分-代数方程的波形松弛方法········· 136

10 分数阶泛函微分方程的波形松弛方法 ················· 142

  10.1 一种特殊的波形松弛分裂方法的收敛性分析········· 143

  10.2 一般波形松弛方法的收敛性分析····················· 152

11 在控制问题中的应用 ············································ 155

  11.1 带有约束控制的分数阶控制系统的可控性·········· 155

  11.2 分数阶中立型控制系统的可控性和最优性········· 166

参考文献 ···································································· 175

# 1 预备知识

本章主要介绍一些基本概念和基本结论, 包括函数空间、积分变换、卷积、特殊函数以及分数阶微积分的定义和性质.

## 1.1 函数空间

本节给出几个要用到的 Banach 空间及相应的范数.

连续函数空间是指 $[0, T]$ 上的所有连续函数的集合, 记为 $C([0, T]; \mathbb{C}^n)$ 或 $C([0, T])$. 在此空间上可以定义如下两种不同范数, 即最大值范数:

$$\|x\|_T = \max_{0 \leqslant t \leqslant T} \|x(t)\|$$

和 $\lambda$ 型指数范数:

$$\|x\|_{\lambda, T} = \max_{0 \leqslant t \leqslant T} \{e^{-\lambda t} \|x(t)\|\}$$

其中 $\lambda$ 是一正数, $\|\cdot\|$ 表示 $\mathbb{C}^n$ 中的任意范数.

$j$ 阶连续可导函数空间是指 $[0, T]$ 上的所有 $j$ 阶连续可导函数的集合, 记为 $C^j([0, T]; \mathbb{C}^n)$ 或 $C^j([0, T])$. 特别地, 当 $j = 0$ 时, $C^0([0, T]) \equiv C([0, T])$ 成立.

加权连续函数空间是指 $(0, T]$ 上所有使得 $t^\gamma x(t) \in C([0, T])$ 成立的函数组成的集合, 记为 $C_\gamma([0, T]; \mathbb{C}^n)$ 或 $C_\gamma([0, T])$, 其中 $0 \leqslant \gamma < 1$. 在此空间上可以定义如下范数:

$$\|x\|_{C_\gamma} = \max_{0 \leqslant t \leqslant T} \|t^\gamma x(t)\|$$

特别地, 当 $\gamma = 0$ 时, 成立 $C_0([0, T]) \equiv C([0, T])$.

$p$ 幂可积的 Lebesgue 可测函数空间是指满足:

$$\int_0^T \|x(t)\|^p \mathrm{d}t < \infty, \quad 1 \leqslant p < \infty$$

的函数集合, 此空间记作 $L^p([0, T]; \mathbb{C}^n)$ 或 $L^p([0, T])$. 这里, $T$ 可以是 $\infty$, 相应空间为 $L^p([0, \infty); \mathbb{C}^n)$ 或 $L^p([0, \infty))$. 在空间 $L^p([0, T])$ 上可以定义如下范数:

$$\|x\| = \sqrt[p]{\int_0^T \|x(t)\|^p \mathrm{d}t}, \quad 1 \leqslant p < \infty$$

在本书中, 若无特别说明, 矩阵或算子范数都是与向量或函数向量范数相容的范数. 通常记 $I$ 是单位矩阵或 Banach 空间中的恒等算子.

## 1.2　积分变换和卷积

**定义 1.2.1** 如果函数 $x(t)$ 关于时间 $t \in \mathbb{R}^+$ 的积分 $\int_0^\infty \mathrm{e}^{-st} x(t) \mathrm{d}t$ 存在, 那么把此积分称为函数 $x(t)$ 关于时间 $t \in \mathbb{R}^+$ 的拉普拉斯变换, 记为 $(\mathcal{L}x)(s)$. 即

$$X(s) = (\mathcal{L}x)(s) = \int_0^\infty \mathrm{e}^{-st} x(t) \mathrm{d}t \tag{1-1}$$

如果式 (1-1) 积分在点 $s = s_0 \in \mathbb{C}$ 处收敛, 那么它对所有满足 $\mathrm{Re}(s) > \mathrm{Re}(s_0)$ 的 $s$ 积分都绝对收敛. 通常, 把使得积分收敛的所有 $s$ 的下确界 $\sigma_x$ 称为收敛横轴. 也就是说, 当 $\mathrm{Re}(s) > \sigma_x$ 时, 式 (1-1) 积分收敛, 而当 $\mathrm{Re}(s) < \sigma_x$ 时, 式 (1-1) 积分发散.

**定义 1.2.2** 拉普拉斯逆变换定义为

$$(\mathcal{L}^{-1} X(s))(t) = \frac{1}{2\pi \mathrm{i}} \int_{\gamma - \mathrm{i}\infty}^{\gamma + \mathrm{i}\infty} \mathrm{e}^{st} X(s) \mathrm{d}s \tag{1-2}$$

其中 $\gamma$ 是一个使得积分路径位于 $X(s)$ 的收敛域内的实数.

**性质 1.2.1** 一个函数的拉普拉斯变换和拉普拉斯逆变换互为逆变换, 即

$$\mathcal{L}^{-1}\mathcal{L}x = x, \quad \mathcal{L}\mathcal{L}^{-1}x = x \tag{1-3}$$

**定义 1.2.3** 两个函数 $x(t)$ 和 $y(t)$ 的卷积定义为

$$x * y = (x * y)(t) = \int_0^t x(t-\tau)y(\tau)\mathrm{d}\tau \tag{1-4}$$

卷积具有如下重要性质.

**性质 1.2.2** 假设函数 $x(t)$ 和 $y(t)$ 的下列运算是有意义的. 那么有

(i) 两个函数的卷积是可交换的, 即 $x * y = y * x$;

(ii) 两个函数卷积的拉普拉斯变换等于各自拉普拉斯变换的积, 即

$$(\mathcal{L}(x * y))(s) = (\mathcal{L}x)(s) \cdot (\mathcal{L}y)(s)$$

最后, 介绍两个重要的函数. 其中一个为带有时滞的单位阶跃函数:

$$u_a(t) = \begin{cases} 1, & t \geqslant a \\ 0, & t < a \end{cases} \tag{1-5}$$

其拉普拉斯变换为

$$\mathcal{L}\{u_a(t)\}(s) = \frac{\mathrm{e}^{-as}}{s}, \quad \mathrm{Re}(s) > 0 \tag{1-6}$$

设 $X(s)$ 为 $x(t)$ 的拉普拉斯变换, 即 $X(s) = \mathcal{L}\{x(t)\}(s)$. 那么, 有下列关系:

$$\mathcal{L}\{\mathrm{e}^{at}x(t)\}(s) = X(s-a) \tag{1-7}$$

和

$$\mathcal{L}\{u_a(t)x(t-a)\}(s) = \mathrm{e}^{-as}X(s), \quad a \geqslant 0 \tag{1-8}$$

另外一个重要函数为单位脉冲函数:

$$\delta(t) = \begin{cases} 0, & t \neq 0 \\ \infty, & t = 0 \end{cases} \tag{1-9}$$

其拉普拉斯变换为

$$\mathcal{L}\{\delta(t)\}(s) = 1 \tag{1-10}$$

下面是有关脉冲函数和卷积的一些性质.

**性质 1.2.3** 设 $\delta$ 为单位脉冲函数, $f$, $f_1$ 和 $f_2$ 为定义在 $D$ 上的连续函数, $*$ 表示卷积运算. 则下面的结论成立:

(i) $\delta * \delta = \delta$;

(ii) $\delta * f = f * \delta = f$;

(iii) $f * \delta(t - t_0) = f(t - t_0)$, 其中 $t_0 \in D$;

(iv) 若 $g(t) = f_1(t) * f_2(t)$, 则有

$$g(t - t_1 - t_2) = f_1(t - t_1) * f_2(t - t_2)$$

其中 $t, t_1, t_2 \in D$.

最后, 介绍傅里叶变换的定义和性质.

**定义 1.2.4** 设 $t \in (-\infty, \infty)$. 函数 $x(t)$ 的傅里叶变换定义为

$$X(\omega) = (\mathcal{F}x)(\omega) = \int_{-\infty}^{\infty} \mathrm{e}^{-\mathrm{i}\omega t} x(t)\mathrm{d}t \tag{1-11}$$

**定义 1.2.5** 设 $\omega \in (-\infty, \infty)$. 函数 $x(t)$ 的傅里叶逆变换定义为

$$(\mathcal{F}^{-1}X)(t) = \frac{1}{2\pi} \int_{-\infty}^{\infty} \mathrm{e}^{-\mathrm{i}\omega t} X(\omega)\mathrm{d}\omega \tag{1-12}$$

特别地, 一个函数的傅里叶变换和傅里叶逆变换互为逆变换, 即

$$\mathcal{F}^{-1}\mathcal{F}x = x, \quad \mathcal{F}\mathcal{F}^{-1}x = x \tag{1-13}$$

并且有性质: 两个函数卷积的傅里叶变换等于分别做傅里叶变换的乘积, 即

$$(\mathcal{F}(x * y))(\omega) = (\mathcal{F}x)(\omega) \cdot (\mathcal{F}y)(\omega)$$

## 1.3 特殊函数

本节给出一些特殊函数的定义及其相关性质. 这些特殊函数在分数阶微分方程的研究中起着重要的作用.

## 1.3.1 几种特殊函数

**定义 1.3.1** 伽马函数 $\Gamma(z)$ 定义为

$$\Gamma(z) = \int_0^\infty \mathrm{e}^{-t}t^{z-1}\mathrm{d}t, \quad \mathrm{Re}(z) > 0$$

伽马函数具有如下递归性质.

**性质 1.3.1** 设 $\mathrm{Re}(z) > 0$. 那么有

$$\Gamma(z+1) = z\Gamma(z)$$

特别地, 当 $z = n \in \mathbb{N}$ 时, $\Gamma(n+1) = n!$ 成立.

**定义 1.3.2** Beta 函数定义为

$$B(z,w) = \int_0^1 t^{z-1}(1-t)^{w-1}\mathrm{d}t, \quad \mathrm{Re}(z) > 0, \ \mathrm{Re}(w) > 0$$

Beta 函数和伽马函数之间存在下面的关系:

$$B(z,w) = \frac{\Gamma(z)\Gamma(w)}{\Gamma(z+w)}, \quad \mathrm{Re}(z) > 0, \ \mathrm{Re}(w) > 0$$

**定义 1.3.3** 单参数 Mittag-Leffler 函数定义为

$$E_\alpha(z) = \sum_{k=0}^\infty \frac{z^k}{\Gamma(\alpha k + 1)}, \quad z \in \mathbb{C}, \ \mathrm{Re}(\alpha) > 0$$

特别地, 当 $\alpha = 1$ 和 $\alpha = 2$ 时, 有

$$E_1(z) = \mathrm{e}^z, \quad E_2(z) = \cosh(z)$$

**定义 1.3.4** 双参数 Mittag-Leffler 函数定义为

$$E_{\alpha,\beta}(z) = \sum_{k=0}^\infty \frac{z^k}{\Gamma(\alpha k + \beta)}, \quad z, \beta \in \mathbb{C}, \ \mathrm{Re}(\alpha) > 0$$

特别地, 当 $\beta = 1$ 时, $E_{\alpha,1}(z) = E_\alpha(z)$ 成立; 当 $\alpha = \beta = 1$ 时, $E_{1,1}(z) = \mathrm{e}^z$ 成立.

**定义 1.3.5** Prabhakar 函数定义为

$$e_{\alpha,\beta}^{\rho}(z) = \sum_{k=0}^{\infty} \frac{(\rho)_k}{\Gamma(\alpha k + \beta)} \frac{z^k}{k!}, \quad z, \beta, \rho \in \mathbb{C}, \ \mathrm{Re}(\alpha) > 0$$

其中 $(\rho)_0 = 1$, 并且 $(\rho)_k = \rho(\rho+1)\cdots(\rho+k-1)$, $k = 1, 2, \cdots$.

特别地, 当 $\rho = 1$ 时, $E_{\alpha,\beta}^1(z) = E_{\alpha,\beta}(z)$ 成立.

**定义 1.3.6** 多参数 Mittag-Leffler 函数定义为

$$E_{(\alpha_1,\cdots,\alpha_n),\beta}(z_1,\cdots,z_n) = \sum_{k=0}^{\infty} \sum_{\substack{l_1,\cdots,l_n \geqslant 0}}^{l_1+\cdots+l_n=k} \frac{k!}{l_1!\cdots l_n!} \frac{\prod_{j=1}^{n} z_j^{l_j}}{\Gamma(\beta + \sum_{j=1}^{n} l_j \alpha_j)} \tag{1-14}$$

最后, 介绍一类 Mittag-Leffler 型函数, 即 $\alpha$-指数型函数. $\alpha$-指数型函数定义为

$$e_{\alpha}^{\lambda z} := z^{\alpha-1} E_{\alpha,\alpha}(\lambda z), \quad z \in \mathbb{C} \setminus \{0\}, \ \mathrm{Re}(\alpha) > 0, \ \lambda \in \mathbb{C}$$

注意到, 当 $\alpha = 1$ 时, $e_1^{\lambda z} = e^{\lambda z}$ 成立. 所以, 函数 $e_{\alpha}^{\lambda z}$ 是指数函数 $e^{\lambda z}$ 的一种推广. 众所周知, 指数函数具有半群性质, 即

$$e^{\lambda z} e^{\mu z} = e^{(\lambda+\mu)z}, \quad z, \lambda, \mu \in \mathbb{C}$$

然而, $\alpha$-指数型函数一般情况不具有半群性质.

类似于矩阵型指数函数, 前面介绍的这些特殊函数也可以定义矩阵型类似物. 设 $A \in \mathbb{R}^{n \times n}$, $z, \beta, \rho \in \mathbb{C}$, 并且 $\mathrm{Re}(\alpha) > 0$. 矩阵型 Prabhakar 函数定义为

$$E_{\alpha,\beta}^{\rho}(Az) := \sum_{k=0}^{\infty} \frac{(\rho)_k}{\Gamma(\alpha k + \beta)} \frac{(Az)^{\alpha k}}{k!}$$

特别地, 当 $\rho = 1$ 时, $E_{\alpha,\beta}^1(Az) = E_{\alpha,\beta}(Az)$ 成立; 当 $\rho = \beta = 1$ 时, $E_{\alpha,1}^1(Az) = E_{\alpha}(Az)$ 成立; 当 $\rho = \beta = \alpha = 1$ 时, $E_{1,1}^1(Az) = e^{Az}$ 成立. 对

某个给定的 $z \in \mathbb{C} \setminus \{0\}$, 有如下估计:

$$\|E_{\alpha,\beta}(Az)\| \leqslant \sum_{k=0}^{\infty} \|A\|^k \frac{|z|^{\mathrm{Re}(\alpha)k}}{|\Gamma(\alpha k + \beta)|}$$

当 $z = x > 0$, 并且 $\alpha, \beta > 0$, 上面的估计就可以化简为

$$\|E_{\alpha,\beta}(Ax)\| \leqslant \sum_{k=0}^{\infty} \|A\|^k \frac{x^{\alpha k}}{\Gamma(\alpha k + \beta)}$$

下面给出这些特殊函数的拉普拉斯变换. 首先证明下面关系:

$$\int_0^\infty \mathrm{e}^{-t}\mathrm{e}^{\pm zt}\mathrm{d}t = \frac{1}{1 \mp z}, \quad |z| < 1 \tag{1-15}$$

这是因为

$$\int_0^\infty \mathrm{e}^{-t}\mathrm{e}^{\pm zt}\mathrm{d}t = \sum_{k=0}^{\infty} \frac{(\pm z)^k}{k!} \int_0^\infty \mathrm{e}^{-t}t^k\mathrm{d}t = \sum_{k=0}^{\infty} (\pm z)^k = \frac{1}{1 \mp z}$$

在上式两端同时对 $z$ 求导数, 可以得到

$$\int_0^\infty \mathrm{e}^{-t}t^k\mathrm{e}^{\pm zt}\mathrm{d}t = \frac{k!}{(1 \mp z)^{k+1}}, \quad |z| < 1$$

进一步, 有

$$\int_0^\infty \mathrm{e}^{-st}t^k\mathrm{e}^{\pm at}\mathrm{d}t = \frac{k!}{(s \mp a)^{k+1}}, \quad \mathrm{Re}(s) > |a|$$

利用类似的方法, 可以得到

$$(\mathcal{L}E_\alpha(\lambda t^\alpha))(s) = \frac{s^{\alpha-1}}{s^\alpha - \lambda}, \quad \mathrm{Re}(s) > 0, \lambda \in \mathbb{C}, |\lambda s^{-\alpha}| < 1 \tag{1-16}$$

和

$$(\mathcal{L}t^{\beta-1}E_{\alpha,\beta}(\lambda t^\alpha))(s) = \frac{s^{\alpha-\beta}}{s^\alpha - \lambda}, \mathrm{Re}(s) > 0, \lambda \in \mathbb{C}, |\lambda s^{-\alpha}| < 1 \tag{1-17}$$

以及

$$(\mathcal{L}t^{\beta-1}E_{\alpha,\beta}^\rho(\lambda t^\alpha))(s) = \frac{s^{\alpha\rho-\beta}}{(s^\alpha - \lambda)^\rho}, \mathrm{Re}(s) > 0, \lambda \in \mathbb{C}, |\lambda s^{-\alpha}| < 1 \tag{1-18}$$

### 1.3.2 与特殊函数有关的积分算子

本小节主要介绍与前面的特殊函数有关的积分算子. 这些积分算子在分数阶微分方程的研究过程中起着重要作用.

设 $\varphi(t) \in C([0,T], \mathbb{R})$. 定义算子 $\mathcal{B}$:

$$(\mathcal{B}\varphi)(t) = \int_0^t (t-\tau)^{\beta-1} E_{\beta,\beta}(\lambda(t-\tau)^\beta)\varphi(\tau)\mathrm{d}\tau \qquad (1\text{-}19)$$

其中 $n \leqslant \beta < n+1, n \in \mathbb{N}, \lambda > 0$. 例如: $\beta$ 阶的线性分数阶微分方程

$$({}_0^C D_t^\beta x)(t) - \lambda x(t) = f(t), x^{(i)}(0) = x_0^{(i)} \in \mathbb{R}$$
$$i = 0, 1, \cdots, n, n \leqslant \beta < n+1, n \in \mathbb{N}$$

的解为

$$\begin{aligned} x(t) &= \sum_{i=0}^n x_0^{(i)} t^i E_{\beta,i+1}(\lambda t^\beta) \\ &\quad + \int_0^t (t-\tau)^{\beta-1} E_{\beta,\beta}(\lambda(t-\tau)^\beta) f(\tau)\mathrm{d}\tau \end{aligned} \qquad (1\text{-}20)$$

从算子 $\mathcal{B}$ 的定义可以看出, 它是定义在连续函数空间 $C([0,T], \mathbb{R})$ 上的线性算子. 下面详细讨论它的一些性质.

**性质 1.3.2** 算子 $\mathcal{B}$ 是定义在连续函数空间 $C([0,T], \mathbb{R})$ 上的紧算子. 而且, $\sigma(\mathcal{B}) = \{0\}$, 其中 $\sigma(\mathcal{B})$ 表示 $\mathcal{B}$ 的谱集.

**证明:** 首先证明 $\mathcal{B}$ 是紧算子. 定义集合 $B$ 为

$$B = \{\varphi \in C([0,T], \mathbb{R}) : \|\varphi\| \leqslant r\}$$

其中 $r > 0$. 任取 $\varphi \in B$, 可以得到

$$\|\mathcal{B}\varphi\| = \max_{0 \leqslant t \leqslant T} \left\| \int_0^t (t-\tau)^{\beta-1} E_{\beta,\beta}(\lambda(t-\tau)^\beta)\varphi(\tau)\mathrm{d}\tau \right\|$$

$$\leqslant \ T^{\beta}E_{\beta,\beta+1}(\lambda T^{\beta})\|\varphi\|$$

所以, 算子 $\mathcal{B}$ 是一致有界的. 另外, 对任意给定 $\varepsilon > 0$, 只要 $\delta \leqslant \frac{\varepsilon}{T^{\beta}E_{\beta,\beta+1}(\lambda T^{\beta})}$, 则对任意 $\varphi_1, \varphi_2 \in B$ 且 $\|\varphi_1 - \varphi_2\| \leqslant \delta$, 就有

$$\begin{aligned}&\|\mathcal{B}\varphi_1 - \mathcal{B}\varphi_2\| \\ &= \max_{0\leqslant t\leqslant T}\left\|\int_0^t (t-\tau)^{\beta-1}E_{\beta,\beta}(\lambda(t-\tau)^{\beta})(\varphi_1(\tau)-\varphi_2(\tau))\mathrm{d}\tau\right\| \\ &\leqslant T^{\beta}E_{\beta,\beta+1}(\lambda T^{\beta})\|\varphi_1 - \varphi_2\| < \varepsilon\end{aligned}$$

所以, 算子 $\mathcal{B}$ 是等度连续的. 因而, 根据 Arzela-Ascoli 定理可知, $\mathcal{B}$ 是紧算子.

下面计算 $\mathcal{B}$ 的谱. 假设 $\mu \neq 0$, 且对任意给定 $g \in C^{n+1}([0,T],\mathbb{R})$, 有 $((\mu I - \mathcal{B})\varphi)(t) = g(t)$. 即

$$\mu\varphi(t) - (\mathcal{B}\varphi)(t) = g(t) \tag{1-21}$$

注意到 $({}_0^C D_t^{\beta}\mathcal{B}\varphi)(t) = \varphi(t) + \lambda(\mathcal{B}\varphi)(t)$. 那么在式(1-21)的两端同时对 $t$ 求 $\beta$ 阶 Caputo 导数, 则有

$$\mu({}_0^C D_t^{\beta}\varphi)(t) - \varphi(t) - \lambda(\mathcal{B}\varphi)(t) = ({}_0^C D_t^{\beta}g)(t) \tag{1-22}$$

另外, 由式(1-21)可以得到

$$(\mathcal{B}\varphi)(t) = \mu\varphi(t) - g(t) \tag{1-23}$$

将式(1-23)代入式(1-22), 就有

$$\mu({}_0^C D_t^{\beta}\varphi)(t) - \varphi(t) - \lambda\mu\varphi(t) = ({}_0^C D_t^{\beta}g)(t) - \lambda g(t) \tag{1-24}$$

根据式(1-20)可得满足初始条件 $\varphi^{(i)}(0) = \frac{1}{\mu}g^{(i)}(0)$ $(i = 0, 1, \cdots, n)$ 的方程(1-24)的解为

$$\varphi(t) \ = \ \sum_{i=0}^n \frac{1}{\mu}g^{(i)}(0)t^i E_{\beta,i+1}(\frac{1}{\mu}(1+\lambda\mu)t^{\beta})$$

$$+\frac{1}{\mu}\int_0^t (t-\tau)^{\beta-1}E_{\beta,\beta}(\frac{1}{\mu}(1+\lambda\mu)(t-\tau)^{\beta})(_0^C D_\tau^\beta g)(\tau)\mathrm{d}\tau$$

$$-\frac{\lambda}{\mu}\int_0^t (t-\tau)^{\beta-1}E_{\beta,\beta}(\frac{1}{\mu}(1+\lambda\mu)(t-\tau)^{\beta})g(\tau)\mathrm{d}\tau \qquad (1\text{-}25)$$

事实上, 可以把式(1-25)中右端积分号下的 Caputo 导数化简掉. 为此, 交换两积分的次序, 可以得到

$$\frac{1}{\mu}\int_0^t (t-\tau)^{\beta-1}E_{\beta,\beta}(\frac{1}{\mu}(1+\lambda\mu)(t-\tau)^{\beta})(_0^C D_\tau^\beta g)(\tau)\mathrm{d}\tau$$

$$=\frac{1}{\mu\Gamma(n+1-\beta)}\int_0^t (t-\tau)^{\beta-1}E_{\beta,\beta}(\frac{1}{\mu}(1+\lambda\mu)(t-\tau)^{\beta})$$

$$\times\int_0^\tau (\tau-s)^{n-\beta}g^{(n+1)}(s)\mathrm{d}s\mathrm{d}\tau$$

$$=\frac{1}{\mu\Gamma(n+1-\beta)}\int_0^t g^{(n+1)}(s)\mathrm{d}s\int_s^t (t-\tau)^{\beta-1}$$

$$\times E_{\beta,\beta}(\frac{1}{\mu}(1+\lambda\mu)(t-\tau)^{\beta})(\tau-s)^{n-\beta}\mathrm{d}\tau$$

$$=\frac{1}{\mu\Gamma(n+1-\beta)}\int_0^t g^{(n+1)}(s)\mathrm{d}s\sum_{k=0}^\infty \frac{(\frac{1}{\mu}(1+\lambda\mu))^k}{\Gamma(k\beta+\beta)}\int_s^t (t-\tau)^{k\beta+\beta-1}$$

$$\times(\tau-s)^{n-\beta}\mathrm{d}\tau$$

$$=\frac{1}{\mu}\int_0^t g^{(n+1)}(s)\sum_{k=0}^\infty \frac{(\frac{1}{\mu}(1+\lambda\mu))^k}{\Gamma(k\beta+n+1)}(t-s)^{k\beta+n}\mathrm{d}s$$

$$=\frac{1}{n!\mu}\int_0^t (t-s)^n g^{(n+1)}(s)\mathrm{d}s+\sum_{k=1}^\infty \frac{(\frac{1}{\mu}(1+\lambda\mu))^k}{\mu\Gamma(k\beta+n+1)}$$

$$\times\int_0^t (t-s)^{k\beta+n}\mathrm{d}g^{(n)}(s)$$

$$=-\sum_{i=0}^n \frac{t^i g^{(i)}(0)}{\mu i!}+\frac{1}{\mu}g(t)-\sum_{k=1}^\infty\sum_{i=0}^n \frac{(\frac{1}{\mu}(1+\lambda\mu))^k t^{k\beta+i}}{\mu\Gamma(k\beta+i+1)}g^{(i)}(0)$$

$$+\sum_{k=1}^\infty \frac{(\frac{1}{\mu}(1+\lambda\mu))^k}{\mu\Gamma(k\beta)}\int_0^t (t-s)^{k\beta-1}g(s)\mathrm{d}s$$

$$= \frac{1+\lambda\mu}{\mu^2} \int_0^t (t-s)^{\beta-1} E_{\beta,\beta}(\frac{1}{\mu}(1+\lambda\mu)(t-s)^\beta) g(s) \mathrm{d}s$$

$$+ \frac{1}{\mu} g(t) - \sum_{i=0}^n \frac{1}{\mu} g^{(i)}(0) t^i E_{\beta,i+1}(\frac{1}{\mu}(1+\lambda\mu) t^\beta)$$

其中

$$\int_s^t (t-\tau)^{k\beta+\beta-1} (\tau-s)^{n-\beta} \mathrm{d}\tau$$

$$= (t-s)^{k\beta+n} \int_0^1 (1-w)^{k\beta+\beta-1} w^{n-\beta} \mathrm{d}w$$

$$= (t-s)^{k\beta+n} B(k\beta+\beta, n-\beta+1)$$

$$= (t-s)^{k\beta+n} \frac{\Gamma(k\beta+\beta)\Gamma(n-\beta+1)}{\Gamma(k\beta+n+1)}$$

是借助于变换 $\tau = s + w(t-s)$ 得到的.

基于这样的计算结果, 式(1-25)可以重新写为

$$\varphi(t) = \frac{1}{\mu} g(t) - \frac{\lambda}{\mu} \int_0^t (t-\tau)^{\beta-1} E_{\beta,\beta}(\frac{1}{\mu}(1+\lambda\mu)(t-\tau)^\beta) g(\tau) \mathrm{d}\tau$$

$$+ \frac{1+\lambda\mu}{\mu^2} \int_0^t (t-\tau)^{\beta-1} E_{\beta,\beta}(\frac{1}{\mu}(1+\lambda\mu)(t-\tau)^\beta) g(\tau) \mathrm{d}\tau$$

所以, 对于任意 $\mu \neq 0$, 算子 $\mu I - \mathcal{B}$ 是连续函数空间 $C([0,T],\mathbb{R})$ 上的有界可逆的线性算子. 那么, 根据算子谱的定义, 可知 $\sigma(\mathcal{B}) = \{0\}$. 证毕.

**性质 1.3.3** 算子 $\mathcal{B}$ 是非减的.

**证明:** 假设 $\varphi_1, \varphi_2 \in C([0,T],\mathbb{R})$, 并且 $\varphi_1 \leqslant \varphi_2$. 注意到, 算子 $\mathcal{B}$ 是以 $t^{\beta-1} E_{\beta,\beta}(\lambda t^\beta)$ 为核函数的卷积, 则有

$$(\mathcal{B}\varphi_1)(t) = \int_0^t (t-\tau)^{\beta-1} E_{\beta,\beta}(\lambda(t-\tau)^\beta) \varphi_1(\tau) \mathrm{d}\tau$$

$$= \int_0^t \tau^{\beta-1} E_{\beta,\beta}(\lambda\tau^\beta) \varphi_1(t-\tau) \mathrm{d}\tau$$

$$\leqslant \int_0^t \tau^{\beta-1} E_{\beta,\beta}(\lambda\tau^\beta)\varphi_2(t-\tau)\mathrm{d}\tau$$

$$= \int_0^t (t-\tau)^{\beta-1} E_{\beta,\beta}(\lambda(t-\tau)^\beta)\varphi_2(\tau)\mathrm{d}\tau$$

$$= (\mathcal{B}\varphi_2)(t)$$

证毕.

**性质 1.3.4** 对于任意正整数 $k$, 关系式

$$(\mathcal{B}^k\varphi)(t) = \int_0^t (t-\tau)^{k\beta-1} E_{\beta,k\beta}^k(\lambda(t-\tau)^\beta)\varphi(\tau)\mathrm{d}\tau,\ \beta,\lambda>0 \quad (1\text{-}26)$$

成立, 其中 $(\mathcal{B}^{k+1}\varphi)(t) = (\mathcal{B}(\mathcal{B}^k\varphi))(t)$.

**证明:** 对 $k$ 利用数学归纳法. 显然, 当 $k=1$ 时, 式(1-26)成立. 假设对任意固定的 $k$, 式(1-26)成立. 我们来验证它对 $k+1$ 也成立. 利用归纳假设可以得到

$$(\mathcal{B}^{k+1}\varphi)(t)$$
$$= \int_0^t (t-\tau)^{\beta-1} E_{\beta,\beta}(\lambda(t-\tau)^\beta)(\mathcal{B}^k\varphi)(\tau)\mathrm{d}\tau$$
$$= \int_0^t (t-\tau)^{\beta-1} E_{\beta,\beta}(\lambda(t-\tau)^\beta)$$
$$\times \int_0^\tau (\tau-s)^{k\beta-1} E_{\beta,k\beta}^k(\lambda(\tau-s)^\beta)\varphi(s)\mathrm{d}s\mathrm{d}\tau$$
$$= \int_0^t \varphi(s)\mathrm{d}s \int_s^t (t-\tau)^{\beta-1} E_{\beta,\beta}(\lambda(t-\tau)^\beta)$$
$$\times (\tau-s)^{k\beta-1} E_{\beta,k\beta}^k(\lambda(\tau-s)^\beta)\mathrm{d}\tau$$

进一步, 通过交换积分号和求和号的次序, 可以得到

$$\int_s^t (t-\tau)^{\beta-1} E_{\beta,\beta}(\lambda(t-\tau)^\beta)(\tau-s)^{k\beta-1} E_{\beta,k\beta}^k(\lambda(\tau-s)^\beta)\mathrm{d}\tau$$

$$= \sum_{i=0}^{\infty} \sum_{j=0}^{\infty} \frac{(1)_i \lambda^i (k)_j \lambda^j}{\Gamma(i\beta+\beta)i! \Gamma(j\beta+k\beta)j!} \int_s^t (t-\tau)^{i\beta+\beta-1}(\tau-s)^{j\beta+k\beta-1}\mathrm{d}\tau$$

$$= \sum_{i=0}^{\infty} \sum_{j=0}^{\infty} \frac{(1)_i \lambda^{i+j} (k)_j (t-s)^{(i+j)\beta+(k+1)\beta-1}}{\Gamma((i+j)\beta+(k+1)\beta)i!j!}$$

令 $i+j=l$, 则由上式可以推得

$$\sum_{i=0}^{\infty} \sum_{j=0}^{\infty} \frac{(1)_i \lambda^{i+j} (k)_j (t-s)^{(i+j)\beta+(k+1)\beta-1}}{\Gamma((i+j)\beta+(k+1)\beta)i!j!}$$

$$= \sum_{i=0}^{\infty} \sum_{l=i}^{\infty} \frac{(1)_i \lambda^l (k)_{l-i} (t-s)^{l\beta+(k+1)\beta-1}}{\Gamma(l\beta+(k+1)\beta)i!(l-i)!}$$

$$= (t-s)^{(k+1)\beta-1} \sum_{l=0}^{\infty} \frac{(t-s)^{l\beta}}{\Gamma(l\beta+(k+1)\beta)l!} \sum_{i=0}^{l} \frac{(1)_i (k)_{l-i} l!}{i!(l-i)!}$$

$$= (t-s)^{(k+1)\beta-1} \sum_{l=0}^{\infty} \frac{(t-s)^{l\beta}(k+1)_l}{\Gamma(l\beta+(k+1)\beta)l!}$$

$$= (t-s)^{(k+1)\beta-1} E_{\beta,(k+1)\beta}^{k+1}((t-s)^{\beta})$$

故有

$$(\mathcal{B}^{k+1}\varphi)(t) = \int_0^t (t-\tau)^{(k+1)\beta-1} E_{\beta,(k+1)\beta}^{k+1}(\lambda(t-\tau)^{\beta})\varphi(\tau)\mathrm{d}\tau$$

证毕.

下面, 给出一个与此算子有关的积分不等式. 首先证明一个引理.

**引理 1.3.1** 假设 $\beta,\lambda,\nu>0$. 那么有

$$\sum_{k=1}^{\infty} \nu^k t^{k\beta} E_{\beta,k\beta+1}^k(\lambda t^{\beta}) = t^{\beta} E_{\beta,\beta+1}((\lambda+\nu)t^{\beta})$$

**证明:** 由于 $\sum_{k=1}^{\infty} \nu^k t^{k\beta} E_{\beta,k\beta+1}^k(\lambda t^{\beta})$ 是一正项级数, 所以, 通过交换和号次序, 可以得到

$$\sum_{k=1}^{\infty} \nu^k t^{k\beta} E_{\beta,k\beta+1}^k(\lambda t^{\beta})$$

$$\begin{aligned}
&= \sum_{k=1}^{\infty} \sum_{i=0}^{\infty} \frac{(k)_i \nu^k \lambda^i t^{k\beta+i\beta}}{\Gamma(i\beta + k\beta + 1)i!} \\
&= \sum_{k=1}^{\infty} \sum_{j=k}^{\infty} \frac{(k)_{j-k} \nu^k \lambda^{j-k} t^{j\beta}}{\Gamma(j\beta + 1)(j-k)!} \\
&= \sum_{j=1}^{\infty} \frac{t^{j\beta}}{\Gamma(j\beta + 1)} \sum_{k=1}^{j} \frac{(j-1)! \lambda^{j-k} \nu^k}{(k-1)!(j-k)!} \\
&= \sum_{j=1}^{\infty} \frac{t^{j\beta}(\lambda + \nu)^{j-1}}{\Gamma(j\beta + 1)} \\
&= t^\beta E_{\beta,\beta+1}((\lambda + \nu)t^\beta)
\end{aligned}$$

证毕.

**定理 1.3.1** 假设 $\beta > 0$, $\lambda > 0$, $a(t)$, $u(t)$ 是 $[0,T]$ 上非负局部可积函数, $g(t)$ 是 $[0,T]$ 上一非负且非减的连续函数, 并且它们满足关系:

$$u(t) \leqslant a(t) + g(t) \int_0^t (t-\tau)^{\beta-1} E_{\beta,\beta}(\lambda(t-\tau)^\beta) u(\tau) \mathrm{d}\tau \qquad (1\text{-}27)$$

那么, 对任意 $t \in [0,T]$, 有

$$u(t) \leqslant a(t) + \sum_{k=1}^{\infty} g^k(t) \int_0^t (t-\tau)^{k\beta-1} E_{\beta,k\beta}^k(\lambda(t-\tau)^\beta) a(\tau) \mathrm{d}\tau$$

**证明:** 为了方便证明, 将关系式(1-27)改写为

$$u(t) \leqslant a(t) + g(t)(\mathcal{B}u)(t)$$

其中算子 $\mathcal{B}$ 由式(1-19)来定义. 反复利用这个关系 $n$ 次, 并结合性质 1.3.3 和性质 1.3.4, 可以得到

$$u(t) \leqslant a(t) + \sum_{k=1}^{n-1} g^k(t)(\mathcal{B}^k a)(t) + g^n(t)(\mathcal{B}^n u)(t)$$

$$\leqslant \quad a(t) + \sum_{k=1}^{n-1} g^k(t) \int_0^t (t-\tau)^{k\beta-1} E_{\beta,k\beta}^k(\lambda(t-\tau)^\beta) a(\tau)\mathrm{d}\tau$$
$$+ g^n(t)(\mathcal{B}^n u)(t)$$

根据引理1.3.1 和级数收敛的必要条件, 有 $\lim\limits_{n\to\infty} \nu^n t^{n\beta} E_{\beta,n\beta+1}^n(\lambda t^\beta) = 0$. 这表明

$$\lim_{n\to\infty} g^n(t)(\mathcal{B}^n u)(t)$$
$$= \lim_{n\to\infty} g^n(t) \int_0^t (t-\tau)^{n\beta-1} E_{\beta,n\beta}^n(\lambda(t-\tau)^\beta) u(\tau)\mathrm{d}\tau = 0$$

因此

$$u(t) \quad \leqslant \quad a(t) + \sum_{k=1}^{\infty} g^k(t) \int_0^t (t-\tau)^{k\beta-1} E_{\beta,k\beta}^k(\lambda(t-\tau)^\beta) a(\tau)\mathrm{d}\tau$$

证毕.

**推论 1.3.1** 在定理1.3.1的假设下, 进一步假设 $a(t)$ 是 $[0,T]$ 上的非减函数. 那么有

$$u(t) \leqslant \frac{a(t)}{\lambda + g(t)} E_\beta((\lambda + g(t))t^\beta)$$

**证明:** 因为 $a(t)$ 是非减的, 所以, 结合引理1.3.1, 可以得到

$$u(t) \quad \leqslant \quad a(t) + \sum_{k=1}^{\infty} g^k(t) \int_0^t (t-\tau)^{k\beta-1} E_{\beta,k\beta}^k(\lambda(t-\tau)^\beta) a(\tau)\mathrm{d}\tau$$
$$\leqslant \quad a(t)\Big(1 + \sum_{k=1}^{\infty} g^k(t) t^{k\beta} E_{\beta,k\beta+1}^k(\lambda t^\beta)\Big)$$
$$= \quad a(t)(1 + t^\beta E_{\beta,\beta+1}((\lambda + g(t))t^\beta))$$
$$\leqslant \quad \frac{a(t)}{\lambda + g(t)} E_\beta((\lambda + g(t))t^\beta)$$

证毕.

最后再介绍另外一类奇异积分算子. 该算子定义为

$$(\mathcal{E}_{\beta,\gamma}^{\rho}\psi)(t) = \int_a^t (t-\tau)^{\gamma-1} E_{\beta,\gamma}^{\rho}(\omega(t-\tau)^{\beta})\psi(\tau)\mathrm{d}\tau, \quad t > a \quad (1\text{-}28)$$

其中 $\beta, \gamma, \rho > 0$, $\omega \in \mathbb{R}$, $\psi(t) \in C([a,b],\mathbb{R})$. 显而易见, 算子(1-28)是连续函数空间 $C([a,b],\mathbb{R})$ 上的有界线性算子.

**性质 1.3.5** 设 $\beta, \gamma, \rho, \nu, \sigma > 0$, 并且 $\omega \in \mathbb{R}$. 那么, 对任意 $\varphi \in C([0,T])$, 下列关系成立:

$$(\mathcal{E}_{\beta,\gamma}^{\rho} t^{\nu-1})(t) = \Gamma(\nu) t^{\gamma+\nu-1} E_{\beta,\gamma+\nu}^{\rho}(-\omega t^{\beta}) \quad (1\text{-}29)$$

$$({}_0I_t^{\nu}\mathcal{E}_{\beta,\gamma}^{\rho}\varphi)(t) = (\mathcal{E}_{\beta,\gamma}^{\rho}{}_0I_t^{\nu}\varphi)(t) = (\mathcal{E}_{\beta,\gamma+\nu}^{\rho}\varphi)(t) \quad (1\text{-}30)$$

$$(\mathcal{E}_{\beta,\gamma}^{\rho}\mathcal{E}_{\beta,\nu}^{\sigma}\varphi)(t) = (\mathcal{E}_{\beta,\nu}^{\sigma}\mathcal{E}_{\beta,\gamma}^{\rho}\varphi)(t) = (\mathcal{E}_{\beta,\gamma+\nu}^{\rho+\sigma}\varphi)(t) \quad (1\text{-}31)$$

其中 ${}_0I_t^{\nu}$ 为 Riemann-Liouville 分数阶积分算子, 其具体定义和性质在下节中介绍.

# 1.4 分数阶微积分

**定义 1.4.1** 设 $[a,b]$ 是实数轴 $\mathbb{R}$ 上的有限区间, $\alpha > 0$. Riemann-Liouville 分数阶积分 ${}_aI_t^{\alpha}x$ 定义为

$$({}_aI_t^{\alpha}x)(t) = \frac{1}{\Gamma(\alpha)} \int_a^t (t-\tau)^{\alpha-1} x(\tau)\mathrm{d}\tau, \quad t > a \quad (1\text{-}32)$$

通常, 把 ${}_aI_t^{\alpha}$ 称为 Riemann-Liouville 分数阶积分算子.

特别地, 当 $\alpha = m \in \mathbb{N}^+$, 表达式 (1-32) 与 $m$ 重积分一致, 即

$$({}_aI_t^m x)(t) = \int_a^t \mathrm{d}t \int_a^t \mathrm{d}t \cdots \int_a^t x(t)\mathrm{d}t = \frac{1}{(m-1)!} \int_a^t (t-\tau)^{m-1} x(\tau)\mathrm{d}\tau$$

**定义 1.4.2** 设 $[a, b]$ 是实数轴 $\mathbb{R}$ 上的有限区间, $\alpha > 0$. Riemann-Liouville 分数阶导数 $_aD_t^\alpha x$ 定义为

$$
\begin{aligned}
(_aD_t^\alpha x)(t) &= \left(\frac{\mathrm{d}}{\mathrm{d}t}\right)^m (_aI_t^{m-\alpha}x)(t) \\
&= \frac{1}{\Gamma(m-\alpha)}\left(\frac{\mathrm{d}}{\mathrm{d}t}\right)^m \int_a^t (t-\tau)^{m-\alpha-1} x(\tau)\mathrm{d}\tau, \quad t > a
\end{aligned}
$$

其中 $m - 1 < \alpha \leqslant m$, $m \in \mathbb{N}$. 通常, 把 $_aD_t^\alpha$ 称为 Riemann-Liouville 分数阶微分算子.

特别地, 当 $\alpha = m \in \mathbb{N}$ 时,

$$
(_aD_t^0 x)(t) = x(t), \quad (_aD_t^m x)(t) = x^{(m)}(t)
$$

成立.

下面给出 Riemann-Liouville 分数阶积分和 Riemann-Liouville 分数阶导数的性质.

**性质 1.4.1** Riemann-Liouville 分数阶积分算子具有半群性质, 即

$$
(_aI_t^\alpha\, _aI_t^\beta x)(t) = (_aI_t^{\alpha+\beta}x)(t), \quad \alpha, \beta > 0
$$

**性质 1.4.2** Riemann-Liouville 分数阶微分算子是 Riemann-Liouville 分数阶积分算子的左逆, 即

$$
(_aD_t^\alpha\, _aI_t^\alpha x)(t) = x(t), \quad \alpha > 0
$$

但是, Riemann-Liouville 分数阶积分算子不是 Riemann-Liouville 分数阶微分算子的左逆. 这是因为

$$
(_aI_t^\alpha\, _aD_t^\alpha x)(t) = x(t) - \sum_{i=1}^m \frac{(_aD_t^{\alpha-i}x)(a+)}{\Gamma(\alpha-i+1)}(t-a)^{\alpha-i} \tag{1-33}
$$

特别地, 如果 $0 < \alpha < 1$, 那么

$$
(_aI_t^\alpha\, _aD_t^\alpha x)(t) = x(t) - \frac{(_aI_t^{1-\alpha}x)(a+)}{\Gamma(\alpha)}(t-a)^{\alpha-1} \tag{1-34}
$$

成立.

如果 $\alpha = m \in \mathbb{N}$, 那么有

$$({}_aI_t^m{}_aD_t^mx)(t) = x(t) - \sum_{i=0}^{m-1}\frac{x^{(i)}(a)}{i!}(t-a)^i \tag{1-35}$$

成立.

Riemann-Liouville 分数阶导数的拉普拉斯变换为

$$(\mathcal{L}_0D_t^\alpha x)(s) = s^\alpha(\mathcal{L}x)(s) - \sum_{i=0}^{m-1}s^i({}_0D_t^{\alpha-i-1}x)(0^+)$$

其中 $t > 0$, $m - 1 < \alpha \leqslant m$, $m \in \mathbb{N}$.

可以看到, Riemann-Liouville 分数阶导数的拉普拉斯变换中含有函数 $x(t)$ 在 $t = 0^+$ 处的 Riemann-Liouville 分数阶导数, 这给利用拉普拉斯变换方法处理含有 Riemann-Liouville 分数阶导数的问题带来不便. 然而, 对于下面介绍的 Caputo 分数阶导数却不存在这种问题.

**定义 1.4.3** 设 $[a,b]$ 是实数轴 $\mathbb{R}$ 上的有限区间. $\alpha > 0$ 阶 Caputo 分数阶导数 $({}_a^CD_t^\alpha x)(t)$ 定义为

$$({}_a^CD_t^\alpha x)(t) = {}_aD_t^\alpha\left(x(t) - \sum_{i=0}^{m-1}\frac{x^{(i)}(a)}{i!}(t-a)^i\right) \tag{1-36}$$

其中 $t > a, m - 1 < \alpha \leqslant m, m \in \mathbb{N}$, ${}_aD_t^\alpha$ 是指 Riemann-Liouville 分数阶微分算子.

注意到, 如果 $x^{(i)}(a) = 0$, $i = 0, 1, \cdots, m - 1$, 那么 Caputo 分数阶导数 $({}_a^CD_t^\alpha x)(t)$ 和 Riemann-Liouville 分数阶导数 $({}_aD_t^\alpha x)(t)$ 一致.

如果 $x(t)$ 在区间 $[a,b]$ 上是 $m$ 阶连续可微的, 那么表达式 (1-36) 进一步可化简为

$$({}_a^CD_t^\alpha x)(t) = \frac{1}{\Gamma(m-\alpha)}\int_a^t(t-\tau)^{m-\alpha-1}x^{(m)}(\tau)\mathrm{d}\tau$$

其中 $t > a, m - 1 < \alpha \leqslant m, m \in \mathbb{N}$. 这一导数也称为光滑的分数阶导数.

Caputo 分数阶导数的拉普拉斯变换为

$$(\mathcal{L}_0^C D_t^\alpha x)(s) = s^\alpha(\mathcal{L}x)(s) - \sum_{i=0}^{m-1} s^{\alpha-i-1} x^{(i)}(0^+)$$

其中 $t > a, m - 1 < \alpha \leqslant m, m \in \mathbb{N}$. 与 Riemann-Liouville 分数阶导数的拉普拉斯变换不同的是, Caputo 分数阶导数的拉普拉斯变换中只含有函数 $x(t)$ 在 $t = 0^+$ 处的整数阶导数.

最后给出 Caputo 分数阶导数的几个性质.

**性质 1.4.3** 设 $m - 1 < \alpha < m, m \in \mathbb{N}$. 那么有

(i) $({}_a^C D_t^\alpha {}_a I_t^\alpha x)(t) = x(t)$;

(ii) $({}_a I_t^\alpha {}_a^C D_t^\alpha x)(t) = x(t) - \sum_{i=0}^{m-1} \dfrac{x^{(i)}(a)(t-a)^i}{i!}$;

(iii) ${}_a^C D_t^\alpha c = 0$, 其中 $c$ 为常数.

**定义 1.4.4** 定义在整个数轴 $\mathbb{R}$ 上的 $\gamma$ 阶 Riemann-Liouville 分数阶导数表示为

$$_{-\infty}D_t^\gamma f(t) = \frac{1}{\Gamma(n-\gamma)} \frac{\mathrm{d}^n}{\mathrm{d}t^n} \int_{-\infty}^t (t-\tau)^{n-\gamma-1} f(\tau)\mathrm{d}\tau$$

其中 $n - 1 < \gamma \leqslant n, n \in \mathbb{N}$.

本节最后介绍分数阶拉普拉斯算子.

**定义 1.4.5** 假设定义在有界区域 $\mathcal{D}$ 上的拉普拉斯算子 $(-\Delta)$ 的正规特征函数 $\varphi_n$ 组成了一个完备集, $\lambda_n^2$ 是 $\varphi_n$ 相对应的特征值. 也就是说, 在区域 $\mathcal{D}$ 上, $(-\Delta)\varphi_n = \lambda_n^2 \varphi_n$ 成立; 而在 $\mathcal{D}$ 的边界上, $\mathcal{B}(\varphi) = 0$ 成立, 其中 $\mathcal{B}(\varphi)$ 是三种齐次边界条件 (Dirichlet 边界条件, Neumann 边界条件, Robin 边界条件) 之一. 设

$$\mathcal{F} = \left\{ f = \sum_{n=1}^{\infty} c_n \varphi_n, \ c_n = \langle f, \varphi_n \rangle, \ \sum_{n=1}^{\infty} |c_n|^2 |\lambda_n|^\alpha < \infty \right\}$$

那么对任意 $f \in \mathcal{F}$, $(-\Delta)^{\frac{\alpha}{2}}$ 定义为

$$(-\Delta)^{\frac{\alpha}{2}} f = \sum_{n=1}^{\infty} c_n \lambda_n^{\alpha} \varphi_n$$

**引理 1.4.1** 假设定义在有界区间 $[0, L]$ 上的拉普拉斯算子 $(-\Delta)$ 的正规特征函数组成了一个完备集, $\lambda_n^2$ 是 $\varphi_n$ 相对应的特征值. 如果在区间 $[0, L]$ 上, $(-\Delta)\varphi_n = \lambda_n^2 \varphi_n$ 成立, 而在区间的两端点满足 $\varphi_n(0) = \varphi_n(L) = 0$, 那么, 特征值 $\lambda_n^2$ 为 $n^2\pi^2/L^2$, 且对应的特征向量为 $\varphi_n(x) = \sin(n\pi x/L)$, $n = 1, 2, \cdots$.

**引理 1.4.2** 假设定义在有界区间 $[0, L]$ 上的拉普拉斯算子 $(-\Delta)$ 的正规特征函数组成了一个完备集, $\lambda_n^2$ 是 $\varphi_n$ 相对应的特征值. 如果在区间 $[0, L]$ 上, $(-\Delta)\varphi_n = \lambda_n^2 \varphi_n$ 成立, 而在区间的两端点满足 $\varphi_n(0) = 0$, $\varphi_n(L) + h\varphi_n'(L) = 0$, 其中 $h > 0$, 那么, 特征值 $\lambda_n^2$ 是方程

$$h \sin(\lambda_n L) + \lambda_n \cos(\lambda_n L) = 0$$

的根, 并且相应的正规特征向量为 $\varphi_n(x) = \frac{\sqrt{2h}\sin(\lambda_n^2 x)}{(Lh+\cos^2(\lambda_n L))^{\frac{1}{2}}}$, $n = 1, 2, \cdots$.

## 2 分数阶常微分方程的解析解的求解方法

本章主要介绍两种常用的求解分数阶微分方程解析解的方法：一种是转化为积分方程的方法；另外一种是积分变换法.

## 2.1 转化为积分方程法

首先介绍转化为积分方程法求分数阶微分方程解析解的基本思想.考虑如下分数阶微分方程的初值问题：

$$_a^C D_t^\alpha x(t) - \lambda x(t) = f(t), \quad x^{(i)}(a) = b_i \in \mathbb{R} \tag{2-1}$$

其中$n - 1 < \alpha < n$, $n \in \mathbb{N}^+$, $i = 0, 1, \cdots, n-1$, 且$\lambda \in \mathbb{R}$.

假设$f \in C_\gamma([a, b])$, 其中$0 \leqslant \gamma < 1$, $\gamma \leqslant \alpha$. 那么, 初值问题等价于如下积分方程：

$$\begin{aligned} x(t) & = \sum_{j=0}^{n-1} \frac{b_j}{j!}(t-a)^j + \frac{\lambda}{\Gamma(\alpha)} \int_a^t (t-\tau)^{\alpha-1} x(\tau) \mathrm{d}\tau \\ & + \frac{1}{\Gamma(\alpha)} \int_a^t (t-\tau)^{\alpha-1} f(\tau) \mathrm{d}\tau \end{aligned} \tag{2-2}$$

下面利用连续近似迭代的方法求解方程(2-2). 令

$$x^{(0)}(t) = \sum_{j=0}^{n-1} \frac{b_j}{j!}(t-a)^j \tag{2-3}$$

和

$$\begin{aligned} x^{(k+1)}(t) & = x^{(0)}(t) + \frac{\lambda}{\Gamma(\alpha)} \int_a^t (t-\tau)^{\alpha-1} x^{(k)}(\tau) \mathrm{d}\tau \\ & + \frac{1}{\Gamma(\alpha)} \int_a^t (t-\tau)^{\alpha-1} f(\tau) \mathrm{d}\tau \end{aligned} \tag{2-4}$$

其中, $k = 0, 1, 2, \cdots$.

基于上述迭代关系, 对$k$利用数学归纳法可以得到如下关系:

$$
\begin{aligned}
x^{(k)}(t) & = \sum_{j=0}^{n-1} b_j \sum_{i=0}^{k} \frac{\lambda^i (t-a)^{i\alpha+j}}{\Gamma(i\alpha+j+1)} \\
& \quad + \int_a^t \sum_{i=1}^{k} \frac{\lambda^{i-1}}{\Gamma(i\alpha)} (t-\tau)^{i\alpha-1} f(\tau) \mathrm{d}\tau
\end{aligned}
\tag{2-5}
$$

显然, $\lim\limits_{k\to\infty} x^{(k)}(t)$ 是方程(2-2)的解. 也就是说, 方程(2-2)的解可表示为

$$
\begin{aligned}
x(t) & = \sum_{j=0}^{n-1} b_j (t-a)^j E_{\alpha,j+1}(\lambda(t-a)^\alpha) \\
& \quad + \int_a^t (t-\tau)^{\alpha-1} E_{\alpha,\alpha}(\lambda(t-\tau)^\alpha) f(\tau) \mathrm{d}\tau
\end{aligned}
$$

于是, 可以建立下面定理.

**定理 2.1.1** 设$n-1 < \alpha < n$, $n \in \mathbb{N}^+$, $i = 0, 1, \cdots, n-1$, 且$\lambda \in \mathbb{R}$. 那么初值问题(2-1)的解为

$$
\begin{aligned}
x(t) & = \sum_{j=0}^{n-1} b_j (t-a)^j E_{\alpha,j+1}(\lambda(t-a)^\alpha) \\
& \quad + \int_a^t (t-\tau)^{\alpha-1} E_{\alpha,\alpha}(\lambda(t-\tau)^\alpha) f(\tau) \mathrm{d}\tau
\end{aligned}
\tag{2-6}
$$

下面采用类似的思路求解含有变系数的线性分数阶微分方程的解析解.

**例 2.1.1** 考虑如下初值问题:

$$
({}_a^C D_t^\alpha x)(t) = \mu(t) x(t), x(a) = x_a, x_a \in \mathbb{R}, t \in [a, b]
\tag{2-7}
$$

因为$\mu(t) \in C([a,b],\mathbb{R})$, 初值问题等价于如下积分方程:

$$x(t) = x_a + \frac{1}{\Gamma(\alpha)} \int_a^t (t-\tau)^{\alpha-1} \mu(\tau) x(\tau) \mathrm{d}\tau \tag{2-8}$$

下面将采用连续近似迭代的方法求上述积分方程的解.

(1) 令$x^{(0)}(t) \equiv x_a$, 其中$t \in [a,b]$.

(2) 按如下方式构造迭代序列$\{x^{(k)}\}$:

$$x^{(k+1)}(t) = x_a + \frac{1}{\Gamma(\alpha)} \int_a^t (t-\tau)^{\alpha-1} \mu(\tau) x^{(k)}(\tau) \mathrm{d}\tau \tag{2-9}$$

(3)重复步骤(2)直到序列收敛.

借助于算子$T_\mu$的定义, 积分方程(2-9)可以重新改写为

$$x^{(k+1)}(t) = x_a + (T_\mu x^{(k)})(t) \tag{2-10}$$

事实上, 对$k$做数学归纳法, 可以得到如下关系式:

$$x^{(k+1)}(t) = \sum_{j=0}^{k+1} (T_\mu^j x_a)(t) \tag{2-11}$$

显然, 当$k=0$时, 关系式(2-11)成立. 假设对任意给定的$k$, 关系式(2-11)仍然成立. 下面将验证它对$k+1$也是成立的. 根据归纳假设, 可以得到

$$
\begin{aligned}
x^{(k+1)}(t) &= x_a + \frac{1}{\Gamma(\alpha)} \int_a^t (t-\tau)^{\alpha-1} \mu(\tau) x^{(k)}(\tau) \mathrm{d}\tau \\
&= x_a + \frac{1}{\Gamma(\alpha)} \int_a^t (t-\tau)^{\alpha-1} \mu(\tau) \sum_{j=0}^{k} (T_\mu^j x_a)(\tau) \mathrm{d}\tau \\
&= \sum_{j=0}^{k+1} (T_\mu^j x_a)(t)
\end{aligned}
$$

因此, 关系式(2-11)对任意$k \in \mathbb{N}$都成立.

容易看到, 如果式(2-11)中的级数收敛, 那么(2-11)式右端的无穷级数的和一定是原方程的解. 接下来, 证明无穷级数 $\sum\limits_{j=0}^{\infty}(T_\mu^j x_a)(t)$ 关于 $t \in [a,b]$ 一致收敛. 因为 $\mu(t) \in C([a,b],\mathbb{R})$, 所以, 存在 $\lambda > 0$ 使得, 对于任意 $t \in [a,b]$, 都有 $\|\mu\| \leqslant \lambda$. 从而, 可以得到

$$\|(T_\mu x_a)(t)\| = \left\|\frac{x_a}{\Gamma(\alpha)}\int_a^t (t-\tau)^{\alpha-1}\mu(\tau)\mathrm{d}\tau\right\| \leqslant \frac{x_a\lambda(t-a)^\alpha}{\Gamma(\alpha+1)} \quad (2\text{-}12)$$

进一步, 假设对任意给定 $j \in \mathbb{N}$, 如下关系式

$$\|(T_\mu^j x_a)(t)\| \leqslant \frac{x_a\lambda^j(t-a)^{j\alpha}}{\Gamma(j\alpha+1)} \quad (2\text{-}13)$$

成立. 下面将验证此关系式对 $j+1$ 仍然成立. 根据归纳假设, 有

$$\begin{aligned}\|(T_\mu^{j+1} x_a)(t)\| &= \frac{1}{\Gamma(\alpha)}\left\|\int_a^t (t-\tau)^{\alpha-1}\mu(\tau)(T_\mu^j x_a)(\tau)\mathrm{d}\tau\right\| \\ &\leqslant \frac{x_a\lambda^{j+1}}{\Gamma(\alpha)\Gamma(j\alpha+1)}\int_a^t (t-\tau)^{\alpha-1}(\tau-a)^{j\alpha}\mathrm{d}\tau\end{aligned}$$

做一变量代换 $\tau = a + \omega(t-a)$, 可以得到

$$\begin{aligned}\int_a^t (t-\tau)^{\alpha-1}(\tau-a)^{j\alpha}\mathrm{d}\tau &= (t-a)^{(j+1)\alpha}\int_0^1 (1-\omega)^{\alpha-1}\omega^{j\alpha}\mathrm{d}\omega \\ &= (t-a)^{(j+1)\alpha}\frac{\Gamma(\alpha)\Gamma(j\alpha+1)}{\Gamma(j\alpha+\alpha+1)}\end{aligned}$$

其中 $B(\cdot,\cdot)$ 为Beta函数. 基于上述计算, 可以推得

$$\|(T_\mu^{j+1} x_a)(t)\| \leqslant \frac{x_a\lambda^{j+1}(t-a)^{(j+1)\alpha}}{\Gamma((j+1)\alpha+1)}$$

因此, 对任意 $j \in \mathbb{N}$, 都有

$$\|(T_\mu^j x_a)(t)\| \leqslant \frac{x_a\lambda^j(t-a)^{j\alpha}}{\Gamma(j\alpha+1)} \quad (2\text{-}14)$$

注意到, 级数 $\sum\limits_{j=0}^{\infty} \frac{x_a \lambda^j (t-a)^{j\alpha}}{\Gamma(j\alpha+1)}$ 收敛于 $x_a E_\alpha(\lambda(t-a)^\alpha)$. 因此, 级数 $\sum\limits_{j=0}^{\infty}(T_\mu^j x_a)(t)$ 关于 $t$ 一致收敛, 并记其和函数为 $x(t)$, 即 $x(t) = \sum\limits_{j=0}^{\infty}(T_\mu^j x_a)(t)$.

最后, 验证 $x(t)$ 是初值问题(2-7)的解. 因为

$$
\begin{aligned}
x(t) &= \lim_{k\to\infty} \sum_{j=0}^{k+1}(T_\mu^j x_a)(t) = \lim_{k\to\infty} x^{(k+1)}(t) \\
&= x_a + \frac{1}{\Gamma(\alpha)} \int_a^t (t-\tau)^{\alpha-1}\mu(\tau)x(\tau)\mathrm{d}\tau
\end{aligned}
$$

所以, $x(t)$ 是初值问题(2-8)的解. 换句话说, $x(t)$ 是初值问题(2-7)的解.

**例 2.1.2** 考虑如下初值问题:

$$({}_a^C D_t^\alpha x)(t) = \mu(t)x(t) + b(t), x(a) = x_a, x_a \in \mathbb{R}, t \in [a,b] \qquad (2\text{-}15)$$

由于 $\mu(t) \in C([a,b],\mathbb{R})$ 和 $b(t) \in C_\gamma([a,b],\mathbb{R})$, 其中 $0 \leqslant \gamma \leqslant \alpha$, 因此, 初值问题(2-15)等价于如下积分方程

$$
\begin{aligned}
x(t) &= x_a + \frac{1}{\Gamma(\alpha)}\int_a^t (t-\tau)^{\alpha-1}\mu(\tau)x(\tau)\mathrm{d}\tau \\
&\quad + \frac{1}{\Gamma(\alpha)}\int_a^t (t-\tau)^{\alpha-1}b(\tau)\mathrm{d}\tau
\end{aligned} \qquad (2\text{-}16)
$$

下面将采用连续近似迭代的方法去求积分方程的解析解.

构造近似迭代序列 $\{x^{(k+1)}\}$:

$$
\begin{cases}
x^{(k+1)}(t) = x_a + \frac{1}{\Gamma(\alpha)}\int_a^t (t-\tau)^{\alpha-1}\mu(\tau)x^{(k)}(\tau)\mathrm{d}\tau \\
+ \frac{1}{\Gamma(\alpha)}\int_a^t (t-\tau)^{\alpha-1}b(\tau)\mathrm{d}\tau \\
x_0(t) \equiv x_a, t \in [a,b]
\end{cases} \qquad (2\text{-}17)
$$

利用算子 $T_\mu$ 的定义, 将式(2-15)重新改写为

$$x^{(k+1)}(t) = x_a + (T_\mu x^{(k)})(t) + (T_1 b)(t), \ x_0(t) \equiv x_a, t \in [a,b] \qquad (2\text{-}18)$$

利用和例2.1.1相似的讨论方法, 可以证明$x^{(k+1)}(t)$具有如下形式:

$$x^{(k+1)}(t) = \sum_{j=0}^{k+1}(T_\mu^j x_a)(t) + \sum_{j=0}^{k}(T_\mu^j T_1 b)(t), t \in [a,b] \quad (2\text{-}19)$$

且等式右端的级数收敛. 从而, 初值问题(2-15)的解可以表示为

$$x(t) = \sum_{j=0}^{\infty}(T_\mu^j x_a)(t) + \sum_{j=0}^{\infty}(T_\mu^j T_1 b)(t), t \in [a,b] \quad (2\text{-}20)$$

## 2.2　拉普拉斯变换法

本节主要介绍利用拉普拉斯变换法求解含有常系数的线性分数阶常微分方程的解析解.

**例 2.2.1** 考虑如下分数阶微分方程的初值问题

$$_a^C D_t^\alpha x(t) - \lambda x(t) = f(t), \quad x^{(i)}(a) = b_i \in \mathbb{R} \quad (2\text{-}21)$$

其中$n-1 < \alpha < n$, $n \in \mathbb{N}^+$, $i = 0,1,\cdots,n-1$, 且$\lambda \in \mathbb{R}$.

在方程(2-21)的两端同时做拉普拉斯变换, 可以得到

$$s^\alpha X(s) - \lambda X(s) = F(s) + \sum_{i=1}^{n}s^{\alpha-i}b_i \quad (2\text{-}22)$$

则有

$$X(s) = \frac{F(s)}{s^\alpha - \lambda} + \sum_{i=0}^{n}\frac{s^{\alpha-i}}{s^\alpha - \lambda}b_i \quad (2\text{-}23)$$

进一步, 利用式(1-16)和式(1-17), 可以得到

$$\begin{aligned}
x(t) &= \sum_{j=0}^{n-1}b_j(t-a)^j E_{\alpha,j+1}(\lambda(t-a)^\alpha) \\
&\quad + \int_a^t (t-\tau)^{\alpha-1}E_{\alpha,\alpha}(\lambda(t-\tau)^\alpha)f(\tau)\mathrm{d}\tau
\end{aligned} \quad (2\text{-}24)$$

**定理 2.2.1** 假设 $\alpha > \alpha_1 > \cdots > \alpha_n \geqslant 0$, $m - 1 < \alpha \leqslant m$, $m_i - 1 < \alpha_i \leqslant m_i$, $m, m_i \in \mathbb{N}$, $\lambda_i \in \mathbb{R}$, $i = 1, 2, \cdots, n$, 并且假设当 $\alpha = m$ 时, 函数 $g$ 属于 $\mathcal{C}_{-1}$, 而当 $\alpha \neq m$ 时, 函数 $g$ 属于 $\mathcal{C}_{-1}^1$. 那么初值问题

$$({}_0^C D_t^\alpha y)(t) - \sum_{i=1}^n \lambda_i ({}_0^C D_t^{\alpha_i} y)(t) = g(t)$$

$$y^{(k)}(0) = c_k \in \mathbb{R}, k = 0, 1, \cdots, m - 1$$

在空间 $\mathcal{C}_{-1}^m$ 中有唯一解:

$$y(t) = y_g(t) + \sum_{k=0}^{m-1} c_k u_k(t), \quad t > 0$$

其中

$$y_g(t) = \int_0^t \tau^{\alpha-1} E_{(\alpha-\alpha_1, \cdots, \alpha-\alpha_n), \alpha}(\lambda_1 \tau^{\alpha-\alpha_1}, \cdots, \lambda_n \tau^{\alpha-\alpha_n}) g(t - \tau) \mathrm{d}\tau$$

和

$$u_k(t) = \frac{t^k}{k!} + \sum_{i=l_k+1}^n \lambda_i t^{k+\alpha-\alpha_i} E_{(\alpha-\alpha_1, \cdots, \alpha-\alpha_n), \alpha}(\lambda_1 t^{\alpha-\alpha_1}, \cdots, \lambda_n t^{\alpha-\alpha_n})$$

满足初始条件 $u_k^{(l)}(0) = \delta_{kl}$, $l = 0, 1, \cdots, m - 1$. 自然数 $l_k$ $(k = 0, 1, \cdots, m - 1)$ 由条件 $m_{l_k} \geqslant k + 1$, $m_{l_k+1} \leqslant k$ 来确定. 当 $m_i \leqslant k$ 时, $i = 1, 2, \cdots, n$, 定义 $l_k := 0$; 当 $m_i \geqslant k + 1$ 时, $i = 1, 2, \cdots, n$, 定义 $l_k := n$.

在本书的后面将有大量的章节利用积分变换法求含有常系数的分数阶常微分方程的解析解. 在此不再详述.

# 3 分数阶偏微分方程的解析解

分数阶偏微分方程在各种工程和物理问题中都有广泛的应用. 分数阶波方程是一类重要的分数阶偏微分方程. 它的形式为

$$({}_0^C D_t^\alpha u)(x,t) = \lambda^2 (\Delta u)(x,t), \ x \in \mathbb{R}^n, t > 0, 0 < \alpha < 2, \lambda > 0$$

其中 $\Delta$ 是关于空间变量 $x \in \mathbb{R}^n$ 的拉普拉斯算子, 即

$$(\Delta u)(x,t) = \frac{\partial^2 u(x,t)}{\partial x_1^2} + \cdots + \frac{\partial^2 u(x,t)}{\partial x_n^2}, \ n \in \mathbb{N}$$

特别地, 当 $0 < \alpha < 1$ 时, 上面的方程称为分数阶扩散方程; 当 $1 < \alpha < 2$ 时, 上面的方程称为分数阶波方程; 当 $\alpha = 1$ 和 $\alpha = 2$ 时, 上面的方程分别为经典的扩散方程和波方程.

本章将利用拉普拉斯算子谱分解的方法来研究多项时间-空间分数阶对流扩散方程的解析解. 多项时间-空间分数阶对流扩散方程为

$$P(D_t^*)u(x,t) = -k_\beta(-\Delta)^{\frac{\beta}{2}}u(x,t) - k_\gamma(-\Delta)^{\frac{\gamma}{2}}u(x,t) + f(x,t)$$
$$0 < x < L, \ t > 0 \tag{3-1}$$

其中算子 $P(D_t^*)u(x,t)$ 定义为

$$P(D_t^*)u(x,t) = \left( {}_0^C D_t^\alpha + \sum_{i=1}^s a_{i0}{}^C D_t^{\alpha_i} \right) u(x,t), 0 \leqslant \alpha_s < \cdots < \alpha_1 < \alpha \leqslant 2$$

符号 $(-\Delta)^{\frac{p}{2}}$ $(p = \beta, \gamma, 0 < \beta \leqslant 1, 1 < \gamma \leqslant 2)$ 为分数阶拉普拉斯算子(见定义1.4.5).

为了完全确定方程的解 $u(x,t)$, 还需要一些与 $u(x,t)$ 有关的初始条件和边界条件. 一般边界条件有如下三种:

(1) 狄利克雷 (Dirichlet) 边界条件;

(2) 诺依曼 (Neumann) 边界条件;

(3) 罗宾 (Robin) 边界条件.

下面重点讨论满足混合边界条件的方程(3-1)的解析解的求法. 满足其他两种情形的边界条件的方程的解析解可用类似的方法求出.

## 3.1    带有多项时间分数阶扩散项的情形

本节考虑方程 (3-1) 在 $0 \leqslant \alpha_s < \cdots < \alpha_1 < \alpha \leqslant 1$ 情形下的解析解. 在这种情形下, 方程(3-1)是一种广义的带有多项时间分数阶扩散项的多项时间-空间分数阶对流扩散方程. 此时, 假设方程满足混合边界条件:

$$u(0,t) = \psi_1(t), u(L,t) + h u_x(L,t) = \psi_2(t),\ h > 0,\ t \geqslant 0 \qquad (3\text{-}2)$$

和初始条件

$$u(x,0) = \varphi(x), \quad 0 < x < L \qquad (3\text{-}3)$$

为了求解满足非齐次边界条件(3-2)的方程(3-1)的解, 首先将非齐次边界条件转换为齐次边界条件. 令

$$u(x,t) = W(x,t) + V(x,t) \qquad (3\text{-}4)$$

其中

$$V(x,t) = \frac{\psi_2(t) - h\psi_1(t)}{1 + hL} x + \psi_1(t)$$

将式(3-4)代入式(3-1)~式(3-3), 可以得到

$$\begin{cases} P(D_t^*)W(x,t) + k_\beta(-\Delta)^{\frac{\beta}{2}}W(x,t) + k_\gamma(-\Delta)^{\frac{\gamma}{2}}W(x,t) \\ = f_1(x,t) \\ W(x,0) = \mu_1(x),\ 0 < x < L \\ W(0,t) = 0, W(L,t) + hW_x(L,t) = 0,\ t > 0 \end{cases} \qquad (3\text{-}5)$$

其中

$$
\begin{aligned}
f_1(x,t) &= -P(D_t^*)V(x,t) - k_\beta(-\Delta)^{\frac{\beta}{2}}V(x,t) \\
&\quad - k_\gamma(-\Delta)^{\frac{\gamma}{2}}V(x,t) + f(x,t)
\end{aligned}
$$

并且

$$
\mu_1(x) = \varphi(x) - \frac{\psi_2(0) - h\psi_1(0)}{1 + hL}x - \psi_1(0)
$$

根据引理 1.4.2, 满足齐次混合边界条件的算子 $(-\Delta)$ 的特征值是方程

$$
h\sin(\lambda_n L) + \lambda_n \cos(\lambda_n L) = 0
$$

的根, 而且, 相应的正规特征向量为

$$
X_n(x) = \frac{\sqrt{2h}\sin(\lambda_n x)}{(Lh + \cos^2(\lambda_n L))^{\frac{1}{2}}}, \quad n = 1, 2, \cdots
$$

基于此, 令

$$
W(x,t) = \sum_{n=1}^{\infty} w_{n1}(t)\frac{\sqrt{2h}\sin(\lambda_n x)}{(Lh + \cos^2(\lambda_n L))^{\frac{1}{2}}} \tag{3-6}
$$

和

$$
f_1(x,t) = \sum_{n=1}^{\infty} f_{n1}(t)\frac{\sqrt{2h}\sin(\lambda_n x)}{(Lh + \cos^2(\lambda_n L))^{\frac{1}{2}}} \tag{3-7}
$$

其中

$$
f_{n1}(t) = \int_0^L f_1(x,t)\frac{\sqrt{2h}\sin(\lambda_n x)}{(Lh + \cos^2(\lambda_n L))^{\frac{1}{2}}}\mathrm{d}x \tag{3-8}
$$

将式(3-6)~式(3-8)代入式(3-5), 可以得到满足初始条件

$$
w_{n1}(0) = \int_0^L \mu_1(x)\frac{\sqrt{2h}\sin(\lambda_n x)}{(Lh + \cos^2(\lambda_n L))^{\frac{1}{2}}}\mathrm{d}x \tag{3-9}
$$

的多项时间分数阶常微分方程

$$P(D_t^*)w_{n1}(t) + k_\beta \lambda_n^\beta w_{n1}(t) + k_\gamma \lambda_n^\gamma w_{n1}(t) = f_{n1}(t) \tag{3-10}$$

所以, 根据定理 2.2.1, 满足初始条件(3-9)的方程(3-10)的解为

$$w_{n1}(t) = w_{n1}(0)u_0(t) + \int_0^t \tau^{\alpha-1} G_\alpha^n(\tau) f_{n1}(t-\tau) \mathrm{d}\tau \tag{3-11}$$

其中

$$G_\eta^n(t) = E_{(\alpha-\alpha_1,\cdots,\alpha-\alpha_s,\alpha),\eta}(-a_1 t^{\alpha-\alpha_1}, \cdots, -a_s t^{\alpha-\alpha_s}, -k_n t^\alpha) \tag{3-12}$$

$$k_n = k_\beta \lambda_n^\beta + k_\gamma \lambda_n^\gamma \tag{3-13}$$

$$u_0(t) = 1 - k_n t^\alpha G_{1+\alpha}^n(t) \tag{3-14}$$

从而, 方程(3-5)的解为

$$W(x,t) = \sum_{n=1}^\infty w_{n1}(t) \frac{\sqrt{2h}\sin(\lambda_n x)}{(Lh + \cos^2(\lambda_n L))^{\frac{1}{2}}}$$

其中 $w_{n1}(t)$ 由式(3-11)定义.

因此, 带有多项时间分数阶扩散项的多项时间-空间分数阶对流扩散方程的解析解为

$$\begin{aligned} u(x,t) = \quad & \sum_{n=1}^\infty \left( w_{n1}(0)u_0(t) + \int_0^t \tau^{\alpha-1} G_\alpha^n(\tau) f_{n1}(t-\tau) \mathrm{d}\tau \right) \\ & \times \frac{\sqrt{2h}\sin(\lambda_n x)}{(Lh + \cos^2(\lambda_n L))^{\frac{1}{2}}} + \frac{\psi_2(t) - h\psi_1(t)}{1 + hL}x + \psi_1(t) \end{aligned} \tag{3-15}$$

**例 3.1.1** 考虑一个有限区域上分数阶溶质运移问题. 描述运移问题的方程为

$$\begin{cases} {}_0^C D_t^\alpha u(x,t) = -k_\beta(-\Delta)^{\frac{\beta}{2}} u(x,t) - k_\gamma(-\Delta)^{\frac{\gamma}{2}} u(x,t) + f(x,t) \\ u(x,0) = \varphi(x), \quad 0 < x < L \\ u(0,t) = \psi_1(t), \quad u(L,t) + hu_x(L,t) = \psi_2(t), \quad t > 0 \end{cases}$$

其中 $0 < x < L, t > 0$, $0 < \alpha \leqslant 1$, $0 \leqslant \beta \leqslant 1$, $1 < \gamma \leqslant 2$, $u(x,t)$ 表示在位置 $x$ 处 $t$ 时刻的溶质浓度, $k_\beta$ 为溶液的流动速度, $k_\gamma$ 为扩散系数.

根据式 (3-15), 溶质浓度 $u(x,t)$ 的解析表达式为

$$u(x,t) = \sum_{n=1}^{\infty} \left( w_{n1}(0)u_0(t) + \int_0^t \tau^{\alpha-1} G_\alpha^n(\tau) f_{n1}(t-\tau) \mathrm{d}\tau \right)$$
$$\times \frac{\sqrt{2h} \sin(\lambda_n x)}{(Lh + \cos^2(\lambda_n L))^{\frac{1}{2}}} + \frac{\psi_2(t) - h\psi_1(t)}{1 + hL}x + \psi_1(t)$$

其中

$$G_\eta^n(t) = E_{\alpha,\eta}(-k_n t^\alpha), \quad k_n = k_\beta \lambda_n^\beta + k_\gamma \lambda_n^\gamma, \quad u_0(t) = 1 - k_n t^\alpha G_{1+\alpha}^n(t)$$

并且 $f_{n1}(t)$, $w_{n1}(0)$ 分别由式(3-8)和式(3-9)定义. 利用得到的解析解有助于了解如空气、河流和蓄水层等疏松介质的污染浓度, 从而可以排除污染.

## 3.2 带有多项时间分数阶波动项的情形

本节考虑方程(3-1)在 $1 \leqslant \alpha_s < \cdots < \alpha_1 < \alpha \leqslant 2$ 情形下的解析解. 在这种情形下, 方程(3-1)是一种广义的带有多项时间分数阶波动项的多项时间-空间分数阶对流扩散方程. 此时, 假设方程(3-1)满足边界条件(3-2)和初始条件

$$u(x,0) = \varphi(x), \ u_t(x,0) = \phi(x), \ 0 < x < L \tag{3-16}$$

为了求解满足非齐次边界条件(3-2)的方程的解, 首先将非齐次边界条件转换为齐次边界条件. 类似于上一节中的讨论, 将式(3-4)代入式(3-1)、式(3-2)和式(3-16), 可以得到

$$\begin{cases} P(D_t^*)W(x,t) + k_\beta(-\Delta)^{\frac{\beta}{2}}W(x,t) + k_\gamma(-\Delta)^{\frac{\gamma}{2}}W(x,t) \\ = f_1(x,t) \\ W(x,0) = \mu_1(x), \ W_t(x,0) = \mu_2(x), \ 0 < x < L \\ W(0,t) = 0, \ W(L,t) + hW_x(L,t) = 0, \ t > 0 \end{cases} \tag{3-17}$$

其中

$$
\begin{aligned}
f_1(x,t) &= -P(D_t^*)V(x,t) - k_\beta(-\Delta)^{\frac{\beta}{2}}V(x,t) - k_\gamma(-\Delta)^{\frac{\gamma}{2}}V(x,t) \\
&\quad + f(x,t)
\end{aligned}
$$

并且

$$
\mu_1(x) = \varphi(x) - \frac{\psi_2(0) - h\psi_1(0)}{1+hL}x - \psi_1(0)
$$
$$
\mu_2(x) = \phi(x) - \frac{\psi_2'(0) - h\psi_1'(0)}{1+hL}x - \psi_1'(0)
$$

根据引理 1.4.2, 令

$$
W(x,t) = \sum_{n=1}^{\infty} w_{n2}(t)\frac{\sqrt{2h}\sin(\lambda_n x)}{(Lh + \cos^2(\lambda_n L))^{\frac{1}{2}}} \tag{3-18}
$$

和

$$
f_1(x,t) = \sum_{n=1}^{\infty} f_{n1}(t)\frac{\sqrt{2h}\sin(\lambda_n x)}{(Lh + \cos^2(\lambda_n L))^{\frac{1}{2}}} \tag{3-19}
$$

其中

$$
f_{n1}(t) = \int_0^L f_1(x,t)\frac{\sqrt{2h}\sin(\lambda_n x)}{(Lh + \cos^2(\lambda_n L))^{\frac{1}{2}}}\mathrm{d}x \tag{3-20}
$$

将式(3-18)和式(3-19)代入式(3-17), 可以得到满足初始条件

$$
w_{n2}(0) = \int_0^L \mu_1(x)\frac{\sqrt{2h}\sin(\lambda_n x)}{(Lh + \cos^2(\lambda_n L))^{\frac{1}{2}}}\mathrm{d}x \tag{3-21}
$$

$$
w_{n2}'(0) = \int_0^L \mu_2(x)\frac{\sqrt{2h}\sin(\lambda_n x)}{(Lh + \cos^2(\lambda_n L))^{\frac{1}{2}}}\mathrm{d}x \tag{3-22}
$$

的多项时间分数阶常微分方程:

$$
P(D_t^*)w_{n2}(t) + k_\beta\lambda_n^\beta w_{n2}(t) + k_\gamma\lambda_n^\gamma w_{n2}(t) = f_{n1}(t) \tag{3-23}
$$

根据定理 2.2.1, 满足初始条件(3-21)和(3-22)的方程(3-23)的解为

$$
\begin{aligned}
w_{n2}(t) &= w_{n2}(0)u_0(t) + w'_{n2}(0)u_1(t) \\
&\quad + \int_0^t \tau^{\alpha-1} G_\alpha^n(\tau) f_{n1}(t-\tau) \mathrm{d}\tau
\end{aligned}
\tag{3-24}
$$

其中

$$
u_0(t) = 1 - k_n t^\alpha G_{1+\alpha}^n(t), \quad u_1(t) = t - k_n t^{1+\alpha} G_{2+\alpha}^n(t)
$$

而且 $G_\eta^n(t)$ 和 $k_n$ 分别由式(3-12)和式(3-13)定义. 因此, 方程(3-17)的解为

$$
W(x,t) = \sum_{n=1}^\infty w_{n2}(t) \frac{\sqrt{2h}\sin(\lambda_n x)}{(Lh + \cos^2(\lambda_n L))^{\frac{1}{2}}}
$$

其中 $w_{n2}(t)$ 由式(3-24)定义.

因此, 带有多项时间分数阶波动项的多项时间-空间分数阶对流扩散方程的解析解为

$$
\begin{aligned}
&u(x,t) \\
&= \sum_{n=1}^\infty \left( w_{n2}(0)u_0(t) + w'_{n2}(0)u_1(t) + \int_0^t \tau^{\alpha-1} G_\alpha^n(\tau) f_{n1}(t-\tau) \mathrm{d}\tau \right) \\
&\quad \times \frac{\sqrt{2h}\sin(\lambda_n x)}{(Lh + \cos^2(\lambda_n L))^{\frac{1}{2}}} + \frac{\psi_2(t) - h\psi_1(t)}{1+hL} x + \psi_1(t)
\end{aligned}
\tag{3-25}
$$

**例 3.2.1** 考虑一个弦的边界控制问题. 假设弦的一端固定, 另一端由边界控制来稳定, 并且弦的运动由分数阶波动方程描述, 即

$$
\begin{cases}
{}_0^C D_t^\alpha u(x,t) = \frac{\partial^2 u}{\partial x^2} + f(x,t), 1 < \alpha < 2, \ 0 < x < L, \ t > 0 \\
u(x,0) = \varphi(x), \ u_t(x,0) = \phi(x), \ 0 < x < L \\
u(0,t) = \psi_1(t), \ u(L,t) + hu_x(L,t) = \psi_2(t), \ t > 0
\end{cases}
$$

其中 $u(x,t)$ 表示弦在 $t$ 时刻在位置 $x$ 处的状态, $g(t)$ 为弦的自由端的边界控制力, $\varphi(x)$ 和 $\phi(x)$ 分别为弦的初始位移和初始速度.

根据式(3-25), 此方程的解析解为

$$
\begin{aligned}
&u(x,t)\\
&=\sum_{n=1}^{\infty}\left(w_{n2}(0)u_0(t)+w'_{n2}(0)u_1(t)+\int_0^t \tau^{\alpha-1}G_\alpha^n(\tau)f_{n1}(t-\tau)\mathrm{d}\tau\right)\\
&\times\frac{\sqrt{2h}\sin(\lambda_n x)}{(Lh+\cos^2(\lambda_n L))^{\frac{1}{2}}}+\frac{\psi_2(t)-h\psi_1(t)}{1+hL}x+\psi_1(t)
\end{aligned}
$$

其中

$$
u_0(t)=1-k\lambda_n^2 t^\alpha E_{\alpha,1+\alpha}(-k\lambda_n^2 t^\alpha)
$$
$$
u_1(t)=t-k\lambda_n^2 t^{1+\alpha} E_{\alpha,2+\alpha}(-k\lambda_n^2 t^\alpha)
$$
$$
G_\alpha^n(t)=E_{\alpha,\alpha}(-k\lambda_n^2 t^\alpha)
$$

并且 $f_{n1}(t)$, $w_{n2}(0)$ 和 $w'_{n2}(0)$ 分别由式(3-20)、式(3-21)和式(3-22)定义.

## 3.3  带有多项时间分数阶扩散波动项的情形

本节考虑方程(3-1)在 $0\leqslant\alpha_s<\cdots<\alpha_{h_0-1}\leqslant 1<\alpha_{h_0}<\cdots<\alpha_1<\alpha\leqslant 2$ 情形下的解析解. 在这种情形下, 方程(3-1)是一种广义的带有多项时间分数阶扩散波动项的多项时间-空间分数阶对流扩散方程. 此时, 要求方程(3-1)满足边界条件(3-2)和初始条件(3-16).

类似于3.1节中的分析, 令

$$
W(x,t)=\sum_{n=1}^{\infty}w_{n3}(t)\frac{\sqrt{2h}\sin(\lambda_n x)}{(Lh+\cos^2(\lambda_n L))^{\frac{1}{2}}}
$$

从而可以得到满足初始条件

$$
w_{n3}(0)=\int_0^L \mu_1(x)\frac{\sqrt{2h}\sin(\lambda_n x)}{(Lh+\cos^2(\lambda_n L))^{\frac{1}{2}}}\mathrm{d}x \tag{3-26}
$$

$$
w'_{n3}(0)=\int_0^L \mu_2(x)\frac{\sqrt{2h}\sin(\lambda_n x)}{(Lh+\cos^2(\lambda_n L))^{\frac{1}{2}}}\mathrm{d}x \tag{3-27}
$$

的多项时间分数阶常微分方程

$$P(D_t^*)w_{n3}(t) + k_\beta\lambda_n^\beta w_{n3}(t) + k_\gamma\lambda_n^\gamma w_{n3}(t) = f_{n1}(t) \tag{3-28}$$

根据定理 2.2.1, 满足初始条件(3-26)和(3-27)的方程(3-28)的解为

$$\begin{aligned}
w_{n3}(t) &= w_{n3}(0)u_0(t) + w_{n3}'(0)u_1(t) \\
&\quad + \int_0^t \tau^{\alpha-1}G_\alpha^n(\tau)f_{n1}(t-\tau)\mathrm{d}\tau
\end{aligned} \tag{3-29}$$

其中

$$u_0(t) = 1 - k_n t^\alpha G_{1+\alpha}^n(t) \tag{3-30}$$

$$u_1(t) = t + k_n t^{1+\alpha}G_{2+\alpha}^n(t) - \sum_{i=h_0}^s a_i t^{1+\alpha-\alpha_i}G_{2+\alpha-\alpha_i}^n(t) \tag{3-31}$$

并且 $G_\eta^n(t)$, $k_n$ 和 $f_{n1}(t)$ 分别由式(3-12)、式(3-13)和式(3-8)定义. 所以

$$W(x,t) = \sum_{n=1}^\infty w_{n3}(t)\frac{\sqrt{2h}\sin(\lambda_n x)}{(Lh+\cos^2(\lambda_n L))^{\frac{1}{2}}}$$

其中 $w_{n3}(t)$ 由式(3-29)定义.

因此, 带有多项时间分数阶扩散波动项的多项时间-空间分数阶对流扩散方程的解析解为

$$\begin{aligned}
&u(x,t) \\
&= \sum_{n=1}^\infty \left(w_{n3}(0)u_0(t) + w_{n3}'(0)u_1(t) + \int_0^t \tau^{\alpha-1}G_\alpha^n(\tau)f_{n1}(t-\tau)\mathrm{d}\tau\right) \\
&\quad \times \frac{\sqrt{2h}\sin(\lambda_n x)}{(Lh+\cos^2(\lambda_n L))^{\frac{1}{2}}} + \frac{\psi_2(t)-h\psi_1(t)}{1+hL}x + \psi_1(t)
\end{aligned} \tag{3-32}$$

**例 3.3.1** 考虑一个时间-空间分数阶电报方程. 这个方程的物理背景是布朗运动. 这个方程的形式为

$$\begin{cases}
\left({}_0^C D_t^\alpha + a_0^C D_t^{\frac{\alpha}{2}}\right)u(x,t) = -k_\beta(-\Delta)^{\frac{\beta}{2}}u(x,t) - k_\gamma(-\Delta)^{\frac{\gamma}{2}}u(x,t) \\
\quad + f(x,t) \\
u(x,0) = \varphi(x), \quad u_t(x,0) = \phi(x), \quad 0 < x < L \\
u(0,t) = \psi_1(t), \quad u(L,t) + hu_x(L,t) = \psi_2(t), \quad t > 0
\end{cases}$$

其中 $1 < \alpha \leqslant 2$, $0 < \beta \leqslant 1$, 并且 $1 < \gamma \leqslant 2$.

根据式(3-32), 方程的解析解为

$$
\begin{aligned}
u(x,t) &= \sum_{n=1}^{\infty} \left( w_{n3}(0)u_0(t) + w'_{n3}(0)u_1(t) + \int_0^t \tau^{\alpha-1} G_\alpha^n(\tau) f_{n1}(t-\tau) \mathrm{d}\tau \right) \\
&\times \frac{\sqrt{2h}\sin(\lambda_n x)}{(Lh + \cos^2(\lambda_n L))^{\frac{1}{2}}} + \frac{\psi_2(t) - h\psi_1(t)}{1+hL}x + \psi_1(t)
\end{aligned}
$$

其中

$$
\begin{aligned}
u_0(t) &= 1 - k_n t^\alpha E_{(\frac{\alpha}{2},\alpha),1+\alpha}(-at^{\frac{\alpha}{2}}, -k_n t^\alpha) \\
u_1(t) &= t - k_n t^{1+\alpha} E_{(\frac{\alpha}{2},\alpha),2+\alpha}(-at^{\frac{\alpha}{2}}, -k_n t^\alpha) \\
G_\alpha^n(t) &= E_{(\frac{\alpha}{2},\alpha),\alpha}(-at^{\frac{\alpha}{2}}, -k_n t^\alpha) \\
k_n &= -k_\beta \lambda_n^\beta - k_\gamma \lambda_n^\gamma,
\end{aligned}
$$

而且 $f_{n1}(t)$, $w_{n3}(0)$ 和 $w'_{n3}(0)$ 分别由式(3-8)、式(3-26)和式(3-27)定义.

# 4  定义在有限区域上的耦合分数阶偏微分方程的解析解

考虑如下耦合的分数阶偏微分方程:

$$\begin{cases} P(D_t^*)u(x,t) = -k_{p_1}(-\Delta)^{\frac{p_1}{2}}u(x,t) - k_{p_2}(-\Delta)^{\frac{p_2}{2}}v(x,t) \\ \quad + f(x,t) \\ {}_0^C D_t^\gamma v(x,t) = -k_{q_1}(-\Delta)^{\frac{q_1}{2}}u(x,t) - k_{q_2}(-\Delta)^{\frac{q_2}{2}}v(x,t) + g(x,t) \end{cases} \tag{4-1}$$

满足非齐次Dirichlet边界条件

$$u(0,t) = \varphi_1(t), u(L,t) = \varphi_2(t), v(0,t) = \chi_1(t), v(L,t) = \chi_2(t) \tag{4-2}$$

其中$(x,t) \in [0,L] \times [0,T]$ ($L$和$T$为常数), 算子$P(D_t^*)u(x,t)$定义为

$$P(D_t^*)u(x,t) = \left({}_0^C D_t^\alpha + a_1 {}_0^C D_t^\beta\right)u(x,t), \quad 0 \leqslant \beta < \alpha \leqslant 2, \quad a_1 \in \mathbb{R}$$

且$0 < \gamma \leqslant 2$, $k_{p_i}$, $k_{q_i} \in \mathbb{R}(i=1,2)$, ${}_0^C D_t^*$ ($*$代表$\alpha$, $\beta$或者$\gamma$)为关于$t$的$*$阶Caputo分数阶导数, Laplacian 算子定义为$(-\Delta) = -\frac{\partial^2}{\partial x^2}$. $(-\Delta)^{\frac{p}{2}}$ ($p = p_1, p_2, q_1, q_2$, 且$1 < p_1, q_2 \leqslant 2$, $0 < q_1, p_2 \leqslant 1$)表示空间分数阶拉普拉斯算子.

## 4.1  多项时间耦合分数阶常微分方程的解析解

在给出方程 (4-1) 的解析解之前, 首先考虑定义在有限时间区间上的多项时间耦合分数阶常微分方程的解析解:

$$\begin{cases} ({}_0^C D_t^\alpha u)(t) + a_1({}_0^C D_t^\beta u)(t) - \mu_1 u(t) + \mu_2 v(t) = f(t) \\ ({}_0^C D_t^\gamma v)(t) - \mu_3 v(t) + \mu_4 u(t) = g(t) \end{cases} \tag{4-3}$$

其中 $a_1, \mu_i \in \mathbb{R}(i = 1, 2, 3, 4)$, 且 $f, g : [0, T] \to \mathbb{R}$ 为已知连续函数.

为了书写方便, 引入如下记号. 对于给定的 $\alpha, \beta, \gamma, i, m_2 > 0$, 定义

$$\varrho := \varrho(\alpha, \beta, \gamma, i, m_2) = \gamma + i\alpha - m_2\beta \tag{4-4}$$

可以发现, $\varrho(\alpha, \beta, \gamma, i, m_2)$ 依赖于 $\alpha, \beta, \gamma, i, m_2$. 为了简洁, 在本章后面的讨论中也把 $\varrho(\alpha, \beta, \gamma, i, m_2)$ 简写为 $\varrho$.

在 $C([0, T], \mathbb{R})$ 上定义算子:

$$(\mathcal{E}^{\rho}_{\beta,\gamma,\omega;0^+}\varphi)(t) = \int_0^t (t - \tau)^{\gamma-1} E^{\rho}_{\beta,\gamma}(\omega(t - \tau)^{\beta})\varphi(\tau)\mathrm{d}\tau \tag{4-5}$$

其中 $\rho, \beta, \gamma > 0$, 且 $\omega \in \mathbb{R}$.

下面给出关于方程(4-3)的解析解的表示定理.

**定理 4.1.1** 设 $1 < \alpha \leqslant 2$, $0 < \beta \leqslant 1$, $1 < \gamma \leqslant 2$. 那么, 满足初始条件为

$$u(0) = u_0, \ u'(0) = u_1, \ v(0) = v_0, \ v'(0) = v_1, \ u_0, u_1, v_0, v_1 \in \mathbb{R} \tag{4-6}$$

的方程(4-3)存在唯一解, 且解的形式为

$$
\begin{aligned}
&u(t)\\
&= u_0 \sum_{i=0}^{\infty} \sum_{m_1+m_2+m_3=i} \frac{i!\left(\mu_2\mu_4\right)^{m_1}}{m_1!m_2!m_3!}\left(-a_1\right)^{m_2}\mu_1^{m_3}t^{\varrho}E^{m_1}_{\gamma,\varrho+1}(\mu_3 t^{\gamma})\\
&\quad + u_1 \sum_{i=0}^{\infty} \sum_{m_1+m_2+m_3=i} \frac{i!\left(\mu_2\mu_4\right)^{m_1}}{m_1!m_2!m_3!}\left(-a_1\right)^{m_2}\mu_1^{m_3}t^{\varrho+1}E^{m_1}_{\gamma,\varrho+2}(\mu_3 t^{\gamma})\\
&\quad - v_0 \sum_{i=0}^{\infty} \sum_{m_1+m_2+m_3=i} \frac{i!\mu_2^{m_1+1}\mu_4^{m_1}}{m_1!m_2!m_3!}\left(-a_1\right)^{m_2}\mu_1^{m_3}t^{\varrho+\alpha}E^{m_1+1}_{\gamma,\varrho+\alpha+1}(\mu_3 t^{\gamma})\\
&\quad - v_1 \sum_{i=0}^{\infty} \sum_{m_1+m_2+m_3=i} \frac{i!\mu_2^{m_1+1}\mu_4^{m_1}}{m_1!m_2!m_3!}\left(-a_1\right)^{m_2}\mu_1^{m_3}t^{\varrho+\alpha+1}E^{m_1+1}_{\gamma,\varrho+\alpha+2}(\mu_3 t^{\gamma})\\
&\quad - \sum_{i=0}^{\infty} \sum_{m_1+m_2+m_3=i} \frac{i!\mu_2^{m_1+1}\mu_4^{m_1}}{m_1!m_2!m_3!}\left(-a_1\right)^{m_2}\mu_1^{m_3}(\mathcal{E}^{m_1+1}_{\gamma,\varrho+\alpha+\gamma,\mu_3;0^+}g)(t)
\end{aligned}
$$

$$+\sum_{i=0}^{\infty}\sum_{m_1+m_2+m_3=i}\frac{i!\left(\mu_2\mu_4\right)^{m_1}}{m_1!m_2!m_3!}\left(-a_1\right)^{m_2}\mu_1^{m_3}(\mathcal{E}_{\gamma,\varrho+\alpha,\mu_1;0^+}^{m_1}f)(t)$$

和

$$v(t)$$

$$=E_\gamma(\mu_3 t^\gamma)v_0-tE_{\gamma,2}(\mu_3 t^\gamma)v_1$$

$$-u_0\sum_{i=0}^{\infty}\sum_{m_1+m_2+m_3=i}\frac{i!\mu_2^{m_1}\mu_4^{m_1+1}}{m_1!m_2!m_3!}\left(-a_1\right)^{m_2}\mu_1^{m_3}t^{\varrho+\gamma}E_{\gamma,\varrho+\gamma+1}^{m_1+1}(\mu_3 t^\gamma)$$

$$-u_1\sum_{i=0}^{\infty}\sum_{m_1+m_2+m_3=i}\frac{i!\left(\mu_2\mu_4\right)^{m_1}}{m_1!m_2!m_3!}\left(-a_1\right)^{m_2}\mu_1^{m_3}t^{\varrho+\gamma+1}E_{\gamma,\varrho+\gamma+2}^{m_1+1}(\mu_3 t^\gamma)$$

$$+v_0\sum_{i=0}^{\infty}\sum_{m_1+m_2+m_3=i}\frac{i!\left(\mu_2\mu_4\right)^{m_1+1}}{m_1!m_2!m_3!}\left(-a_1\right)^{m_2}\mu_1^{m_3}t^{\varrho+\alpha+\gamma}E_{\gamma,\varrho+\alpha+\gamma+1}^{m_1+2}(\mu_3 t^\gamma)$$

$$+v_1\sum_{i=0}^{\infty}\sum_{m_1+m_2+m_3=i}\frac{i!\left(\mu_2\mu_4\right)^{m_1+1}}{m_1!m_2!m_3!}\left(-a_1\right)^{m_2}\mu_1^{m_3}t^{\varrho+\alpha+\gamma+1}E_{\gamma,\varrho+\alpha+\gamma+2}^{m_1+2}(\mu_3 t^\gamma)$$

$$+\sum_{i=0}^{\infty}\sum_{m_1+m_2+m_3=i}\frac{i!\left(\mu_2\mu_4\right)^{m_1+1}}{m_1!m_2!m_3!}\left(-a_1\right)^{m_2}\mu_1^{m_3}(\mathcal{E}_{\gamma,\varrho+\alpha+2\gamma,\mu_3;0^+}^{m_1+2}g)(t)$$

$$-\sum_{i=0}^{\infty}\sum_{m_1+m_2+m_3=i}\frac{i!\mu_2^{m_1}\mu_4^{m_1+1}}{m_1!m_2!m_3!}\left(-a_1\right)^{m_2}\mu_1^{m_3}(\mathcal{E}_{\gamma,\varrho+\alpha+\gamma,\mu_3;0^+}^{m_1+1}f)(t)$$

$$+(\mathcal{E}_{\gamma,\gamma,\mu_3;0^+}g)(t)$$

其中 $\mathcal{E}_{\gamma,\varrho,\mu_3;0^+}^{m_1}$ 和 $\varrho$ 的定义分别为式(4-4)和式(4-5).

**证明：** 在 $C([0,T],\mathbb{R})$ 上定义算子：

$$(\mathcal{E}_{\gamma,\gamma,\mu_3;0^+}\varphi)(t)=\int_0^t(t-\tau)^{\gamma-1}E_{\gamma,\gamma}(\mu_3(t-\tau)^\gamma)\varphi(\tau)\mathrm{d}\tau \qquad (4\text{-}7)$$

那么, 根据定理2.1.1, 方程(4-3)中第二个方程的解可以表示为

$$\begin{aligned}v(t)&=E_\gamma(\mu_3 t^\gamma)v_0+tE_{\gamma,2}(\mu_3 t^\gamma)v_1-\mu_4(\mathcal{E}_{\gamma,\gamma,\mu_3;0^+}u)(t)\\&\quad+(\mathcal{E}_{\gamma,\gamma,\mu_3;0^+}g)(t)\end{aligned} \qquad (4\text{-}8)$$

另外, 根据性质1.4.3, 方程(4-3)中第一个方程等价于如下积分方程:

$$
\begin{aligned}
u(t) &= u_0 + u_1 t - a_1(\mathcal{I}_t^{\alpha-\beta}u)(t) + \mu_1(\mathcal{I}_t^{\alpha}u)(t) - \mu_2(\mathcal{I}_t^{\alpha}v)(t) \\
&\quad + (\mathcal{I}_t^{\alpha}f)(t)
\end{aligned}
\tag{4-9}
$$

将式(4-8)代入式(4-9), 积分方程(4-9)可以进一步写为

$$
u(t) = u_0 + u_1 t + (\mathcal{R}u)(t) + h(t)
\tag{4-10}
$$

其中

$$
\mathcal{R} = \mu_2\mu_4\mathcal{E}_{\gamma,\gamma+\alpha,\mu_3;0^+} - a_1\mathcal{I}_t^{\alpha-\beta} + \mu_1\mathcal{I}_t^{\alpha}
\tag{4-11}
$$

和

$$
\begin{aligned}
h(t) &= -\mu_2 v_0 \mathcal{I}_t^{\alpha} E_{\gamma}(\mu_3 t^{\gamma}) - \mu_2 v_1 \mathcal{I}_t^{\alpha} t E_{\gamma,2}(\mu_3 t^{\gamma}) \\
&\quad - \mu_2(\mathcal{E}_{\gamma,\gamma+\alpha,\mu_3;0^+}g)(t) + (\mathcal{I}_t^{\alpha}f)(t)
\end{aligned}
\tag{4-12}
$$

利用连续近似的方法去求解方程(4-10). 令

$$
u^{(k+1)}(t) = u_0 + u_1 t + (\mathcal{R}u^{(k)})(t) + h(t)
\tag{4-13}
$$

其中$u^{(0)}(t) = u_0$, 并且$k = 0, 1, 2, \cdots$.

那么, 利用数学归纳法, 可以得到

$$
u^{(k)}(t) = \sum_{i=0}^{k}\mathcal{R}^i u_0 + \sum_{i=0}^{k-1}\mathcal{R}^i u_1 t + \sum_{i=0}^{k-1}(\mathcal{R}^i h)(t)
\tag{4-14}
$$

其中$k = 1, 2, \cdots$.

根据性质1.3.5, 得知算子$\mathcal{I}_t^{\alpha}$和$\mathcal{E}_{\gamma,\gamma+\alpha,\mu_3;0^+}$可交换. 从而有

$$
\mathcal{R}^i = \sum_{m_1+m_2+m_3=i}\frac{i!}{m_1!m_2!m_3!}(\mu_2\mu_4)^{m_1}(-a_1)^{m_2}\mu_1^{m_3}\mathcal{E}_{\gamma,\varrho,\mu_3;0^+}^{m_1}
\tag{4-15}
$$

其中$\varrho$的定义见式(4-4). 此外, 根据性质1.3.2和性质1.3.5可知, 对任意$\varphi \in C([0,T])$算子级数

$$\sum_{i=0}^{\infty} \mathcal{R}^i = \sum_{i=0}^{\infty} \sum_{m_1+m_2+m_3=i} \frac{i!\left(\mu_2\mu_4\right)^{m_1}}{m_1!m_2!m_3!}\left(-a_1\right)^{m_2}\mu_1^{m_3}\mathcal{E}_{\gamma,\varrho,\mu_3;0^+}^{m_1} \qquad (4\text{-}16)$$

一致收敛. 那么$\lim\limits_{k\to\infty} u^{(k)}(t)$存在. 也就是说, $\lim\limits_{k\to\infty} u^{(k)}(t) = u(t)$. 显然, $u(t)$是方程(4-3)的解, 并且

$$
\begin{aligned}
&u(t) \\
&= u_0 \sum_{i=0}^{\infty} \sum_{m_1+m_2+m_3=i} \frac{i!\left(\mu_2\mu_4\right)^{m_1}}{m_1!m_2!m_3!}\left(-a_1\right)^{m_2}\mu_1^{m_3}t^{\varrho}E_{\gamma,\varrho+1}^{m_1}(\mu_3 t^{\gamma}) \\
&+ u_1 \sum_{i=0}^{\infty} \sum_{m_1+m_2+m_3=i} \frac{i!\left(\mu_2\mu_4\right)^{m_1}}{m_1!m_2!m_3!}\left(-a_1\right)^{m_2}\mu_1^{m_3}t^{\varrho+1}E_{\gamma,\varrho+2}^{m_1}(\mu_3 t^{\gamma}) \\
&- v_0 \sum_{i=0}^{\infty} \sum_{m_1+m_2+m_3=i} \frac{i!\mu_2^{m_1+1}\mu_4^{m_1}}{m_1!m_2!m_3!}\left(-a_1\right)^{m_2}\mu_1^{m_3}t^{\varrho+\alpha}E_{\gamma,\varrho+\alpha+1}^{m_1+1}(\mu_3 t^{\gamma}) \\
&- v_1 \sum_{i=0}^{\infty} \sum_{m_1+m_2+m_3=i} \frac{i!\mu_2^{m_1+1}\mu_4^{m_1}}{m_1!m_2!m_3!}\left(-a_1\right)^{m_2}\mu_1^{m_3}t^{\varrho+\alpha+1}E_{\gamma,\varrho+\alpha+2}^{m_1+1}(\mu_3 t^{\gamma}) \\
&- \sum_{i=0}^{\infty} \sum_{m_1+m_2+m_3=i} \frac{i!\mu_2^{m_1+1}\mu_4^{m_1}}{m_1!m_2!m_3!}\left(-a_1\right)^{m_2}\mu_1^{m_3}(\mathcal{E}_{\gamma,\varrho+\alpha+\gamma,\mu_3;0^+}^{m_1+1}g)(t) \\
&+ \sum_{i=0}^{\infty} \sum_{m_1+m_2+m_3=i} \frac{i!\left(\mu_2\mu_4\right)^{m_1}}{m_1!m_2!m_3!}\left(-a_1\right)^{m_2}\mu_1^{m_3}(\mathcal{E}_{\gamma,\varrho+\alpha,\mu_1;0^+}^{m_1}f)(t)
\end{aligned}
$$

进一步, 借助式(4-8), 可以得到

$$
\begin{aligned}
&v(t) \\
&= E_{\gamma}(\mu_3 t^{\gamma})v_0 - tE_{\gamma,2}(\mu_3 t^{\gamma})v_1 \\
&- u_0 \sum_{i=0}^{\infty} \sum_{m_1+m_2+m_3=i} \frac{i!\mu_2^{m_1}\mu_4^{m_1+1}}{m_1!m_2!m_3!}\left(-a_1\right)^{m_2}\mu_1^{m_3}t^{\varrho+\gamma}E_{\gamma,\varrho+\gamma+1}^{m_1+1}(\mu_3 t^{\gamma}) \\
&- u_1 \sum_{i=0}^{\infty} \sum_{m_1+m_2+m_3=i} \frac{i!\left(\mu_2\mu_4\right)^{m_1}}{m_1!m_2!m_3!}\left(-a_1\right)^{m_2}\mu_1^{m_3}t^{\varrho+\gamma+1}E_{\gamma,\varrho+\gamma+2}^{m_1+1}(\mu_3 t^{\gamma})
\end{aligned}
$$

$$+v_0 \sum_{i=0}^{\infty} \sum_{m_1+m_2+m_3=i} \frac{i!\left(\mu_2\mu_4\right)^{m_1+1}}{m_1!m_2!m_3!}\left(-a_1\right)^{m_2}\mu_1^{m_3}t^{\varrho+\alpha+\gamma}E_{\gamma,\varrho+\alpha+\gamma+1}^{m_1+2}(\mu_3 t^\gamma)$$

$$+v_1 \sum_{i=0}^{\infty} \sum_{m_1+m_2+m_3=i} \frac{i!\left(\mu_2\mu_4\right)^{m_1+1}}{m_1!m_2!m_3!}\left(-a_1\right)^{m_2}\mu_1^{m_3}t^{\varrho+\alpha+\gamma+1}E_{\gamma,\varrho+\alpha+\gamma+2}^{m_1+2}(\mu_3 t^\gamma)$$

$$+\sum_{i=0}^{\infty} \sum_{m_1+m_2+m_3=i} \frac{i!\left(\mu_2\mu_4\right)^{m_1+1}}{m_1!m_2!m_3!}\left(-a_1\right)^{m_2}\mu_1^{m_3}(\mathcal{E}_{\gamma,\varrho+\alpha+2\gamma,\mu_3;0^+}^{m_1+2}g)(t)$$

$$-\sum_{i=0}^{\infty} \sum_{m_1+m_2+m_3=i} \frac{i!\mu_2^{m_1}\mu_4^{m_1+1}}{m_1!m_2!m_3!}\left(-a_1\right)^{m_2}\mu_1^{m_3}(\mathcal{E}_{\gamma,\varrho+\alpha+\gamma,\mu_3;0^+}^{m_1+1}f)(t)$$

$$+(\mathcal{E}_{\gamma,\gamma,\mu_3;0^+}g)(t)$$

其中$\mathcal{E}_{\gamma,\varrho,\mu_3;0^+}^{m_1}$和$\varrho$的定义分别见式(4-4)和式(4-5).

基于定理4.1.1, 可以得到下面的推论.

**推论 4.1.1** 设$0<\beta<\alpha\leqslant 1$, $0<\gamma\leqslant 1$. 那么, 满足初始条件

$$u(0)=u_0,\ v(0)=v_0,\ u_0,\ v_0\in\mathbb{R}$$

的方程(4-3)的唯一解可表示为

$$
\begin{aligned}
&u(t)\\
&=u_0 \sum_{i=0}^{\infty} \sum_{m_1+m_2+m_3=i} \frac{i!\left(\mu_2\mu_4\right)^{m_1}}{m_1!m_2!m_3!}\left(-a_1\right)^{m_2}\mu_1^{m_3}t^\varrho E_{\gamma,\varrho+1}^{m_1}(\mu_3 t^\gamma)\\
&-v_0 \sum_{i=0}^{\infty} \sum_{m_1+m_2+m_3=i} \frac{i!\mu_2^{m_1+1}\mu_4^{m_1}}{m_1!m_2!m_3!}\left(-a_1\right)^{m_2}\mu_1^{m_3}t^{\varrho+\alpha} E_{\gamma,\varrho+\alpha+1}^{m_1+1}(\mu_3 t^\gamma)\\
&-\sum_{i=0}^{\infty} \sum_{m_1+m_2+m_3=i} \frac{i!\mu_2^{m_1+1}\mu_4^{m_1}}{m_1!m_2!m_3!}\left(-a_1\right)^{m_2}\mu_1^{m_3}(\mathcal{E}_{\gamma,\varrho+\alpha+\gamma,\mu_3;0^+}^{m_1+1}g)(t)\\
&+\sum_{i=0}^{\infty} \sum_{m_1+m_2+m_3=i} \frac{i!\left(\mu_2\mu_4\right)^{m_1}}{m_1!m_2!m_3!}\left(-a_1\right)^{m_2}\mu_1^{m_3}(\mathcal{E}_{\gamma,\varrho+\alpha,\mu_1;0^+}^{m_1}f)(t)
\end{aligned}
$$

和

$$v(t)$$

$$= E_\gamma(\mu_3 t^\gamma) v_0$$

$$-u_0 \sum_{i=0}^\infty \sum_{m_1+m_2+m_3=i} \frac{i! \mu_2^{m_1} \mu_4^{m_1+1}}{m_1! m_2! m_3!} (-a_1)^{m_2} \mu_1^{m_3} t^{\varrho+\gamma} E_{\gamma,\varrho+\gamma+1}^{m_1+1}(\mu_3 t^\gamma)$$

$$+v_0 \sum_{i=0}^\infty \sum_{m_1+m_2+m_3=i} \frac{i! (\mu_2 \mu_4)^{m_1+1}}{m_1! m_2! m_3!} (-a_1)^{m_2} \mu_1^{m_3} t^{\varrho+\alpha+\gamma} E_{\gamma,\varrho+\alpha+\gamma+1}^{m_1+2}(\mu_3 t^\gamma)$$

$$+\sum_{i=0}^\infty \sum_{m_1+m_2+m_3=i} \frac{i! (\mu_2 \mu_4)^{m_1+1}}{m_1! m_2! m_3!} (-a_1)^{m_2} \mu_1^{m_3} (\mathcal{E}_{\gamma,\varrho+\alpha+2\gamma,\mu_3;0^+}^{m_1+2} g)(t)$$

$$-\sum_{i=0}^\infty \sum_{m_1+m_2+m_3=i} \frac{i! \mu_2^{m_1} \mu_4^{m_1+1}}{m_1! m_2! m_3!} (-a_1)^{m_2} \mu_1^{m_3} (\mathcal{E}_{\gamma,\varrho+\alpha+\gamma,\mu_3;0^+}^{m_1+1} f)(t)$$

$$+(\mathcal{E}_{\gamma,\gamma,\mu_3;0^+} g)(t)$$

其中 $\mathcal{E}_{\gamma,\varrho,\mu_3;0^+}^{m_1}$ 和 $\varrho$ 的定义分别为式(4-4)和式(4-5).

## 4.2   耦合分数阶对流扩散方程的解析解

本节考虑耦合分数阶对流扩散方程的解析解. 此时, 假设 $0 \leqslant \beta < \alpha \leqslant 1$ 并且 $0 \leqslant \gamma \leqslant 1$. 在此情形下, 方程(4-1) 满足非齐次Dirichlet边界条件(4-2)和初始条件

$$u(x,0) = \psi(x), v(x,0) = \phi(x), \quad 0 < x < L \tag{4-17}$$

为了求得此问题的解, 首先做一变换将非齐次Dirichlet边界条件转化为齐次Dirichlet边界条件. 令

$$u(x,t) = W_1(x,t) + \xi(x,t), v(x,t) = W_2(x,t) + \zeta(x,t) \tag{4-18}$$

其中 $W_1(x,t), W_2(x,t)$ 为两个未知函数, 且

$$\xi(x,t) = \frac{\varphi_2(t) - \varphi_1(t)}{L} x + \varphi_1(t), \zeta(x,t) = \frac{\chi_2(t) - \chi_1(t)}{L} x + \chi_1(t) \tag{4-19}$$

将式(4-18)代入式(4-1)、式(4-2)和式(4-17), 可以得到满足齐次Dirichlet边界条件

$$W_1(0,t) = W_2(L,t) = 0, W_2(0,t) = W_2(L,t) = 0, \quad t > 0 \tag{4-20}$$

和初始条件为

$$W_1(x,0) = \psi(x) - \frac{\varphi_2(0) - \varphi_1(0)}{L}x - \varphi_1(0) \qquad (4\text{-}21)$$

$$W_2(x,0) = \phi(x) - \frac{\chi_2(0) - \chi_1(0)}{L}x - \chi_1(0) \qquad (4\text{-}22)$$

的耦合分数阶微分方程:

$$\begin{cases} P(D_t^*)W_1(x,t) = -k_{p_1}(-\Delta)^{\frac{p_1}{2}}W_1(x,t) - k_{p_2}(-\Delta)^{\frac{p_2}{2}}W_2(x,t) \\ \quad +f_1(x,t) \\ {}_0^C D_t^\gamma W_2(x,t) = -k_{q_1}(-\Delta)^{\frac{q_1}{2}}W_1(x,t) - k_{q_2}(-\Delta)^{\frac{q_2}{2}}W_2(x,t) \\ \quad +g_2(x,t) \end{cases} \qquad (4\text{-}23)$$

其中

$$\begin{aligned} f_1(x,t) &= -P(D_t^*)\xi(x,t) - k_{p_1}(-\Delta)^{\frac{p_1}{2}}\xi(x,t) - k_{p_2}(-\Delta)^{\frac{p_2}{2}}\zeta(x,t) \\ &\quad +f(x,t) \\ g_1(x,t) &= -{}_0^C D_t^\gamma\zeta(x,t) - k_{q_1}(-\Delta)^{\frac{q_1}{2}}\xi(x,t) - k_{q_2}(-\Delta)^{\frac{q_2}{2}}\zeta(x,t) \\ &\quad +g(x,t) \end{aligned}$$

根据引理1.4.1, 满足齐次边界条件的拉普拉斯算子$(-\Delta)$的特征值$\lambda_n^2$ 为$n^2\pi^2/L^2$, 且对应的特征向量为$\varphi_n(x) = \sin(n\pi x/L)$, $n = 1,2,\cdots$. 那么, 令

$$W_1(x,t) = \sum_{n=1}^\infty w_{n1}(t)\sin(n\pi x/L) \qquad (4\text{-}24)$$

$$W_2(x,t) = \sum_{n=1}^\infty w_{n2}(t)\sin(n\pi x/L) \qquad (4\text{-}25)$$

$$f_1(x,t) = \sum_{n=1}^\infty f_{n1}(t)\sin(n\pi x/L) \qquad (4\text{-}26)$$

$$g_1(x,t) = \sum_{n=1}^\infty g_{n1}(t)\sin(n\pi x/L) \qquad (4\text{-}27)$$

将式(4-24)~式(4-27)代入式(4-21)~式(4-23), 可以得到满足初始条件为

$$w_{n1}(0) = \frac{2}{L}\int_0^L W_1(x,0)\sin(n\pi x/L)\mathrm{d}x \tag{4-28}$$

$$w_{n2}(0) = \frac{2}{L}\int_0^L W_2(x,0)\sin(n\pi x/L)\mathrm{d}x \tag{4-29}$$

的耦合分数阶常微分方程:

$$\begin{cases} ({}_0^C D_t^\alpha w_{n1})(t) + a_1({}_0^C D_t^\beta w_{n1})(t) = -k_{p_1}\lambda_n^{p_1}w_{n1}(t) - k_{p_2}\lambda_n^{p_2}w_{n2}(t) \\ \quad + f_{n1}(t) \\ ({}_0^C D_t^\gamma w_{n2})(t) = -k_{q_1}\lambda_n^{q_1}w_{n1}(t) - k_{q_2}\lambda_n^{q_2}w_{n2}(t) + g_{n1}(t) \end{cases} \tag{4-30}$$

根据推论4.1.1, 满足初始条件(4-28)和(4-29)的方程(4-30)的解为

$$
\begin{aligned}
&w_{n1}(t)\\
&= w_{n1}(0)\sum_{i=0}^\infty \sum_{m_1+m_2+m_3=i} \frac{i!\left(\mu_2\mu_4\right)^{m_1}}{m_1!m_2!m_3!}\left(-a_1\right)^{m_2}\mu_1^{m_3}t^\varrho E_{\gamma,\varrho+1}^{m_1}(\mu_3 t^\gamma)\\
&\quad - w_{n2}(0)\sum_{i=0}^\infty \sum_{m_1+m_2+m_3=i} \frac{i!\mu_2^{m_1+1}\mu_4^{m_1}}{m_1!m_2!m_3!}\left(-a_1\right)^{m_2}\mu_1^{m_3}t^{\varrho+\alpha} E_{\gamma,\varrho+\alpha+1}^{m_1+1}(\mu_3 t^\gamma)\\
&\quad - \sum_{i=0}^\infty \sum_{m_1+m_2+m_3=i} \frac{i!\mu_2^{m_1+1}\mu_4^{m_1}}{m_1!m_2!m_3!}\left(-a_1\right)^{m_2}\mu_1^{m_3}(\mathcal{E}_{\gamma,\varrho+\alpha+\gamma,\mu_3;0^+}^{m_1+1}g_{n1})(t)\\
&\quad + \sum_{i=0}^\infty \sum_{m_1+m_2+m_3=i} \frac{i!\left(\mu_2\mu_4\right)^{m_1}}{m_1!m_2!m_3!}\left(-a_1\right)^{m_2}\mu_1^{m_3}(\mathcal{E}_{\gamma,\varrho+\alpha,\mu_1;0^+}^{m_1}f_{n1})(t) \quad (4\text{-}31)
\end{aligned}
$$

和

$$
\begin{aligned}
&w_{n2}(t)\\
&= E_\gamma(\mu_3 t^\gamma)w_{n2}(0)\\
&\quad - w_{n1}(0)\sum_{i=0}^\infty \sum_{m_1+m_2+m_3=i} \frac{i!\mu_2^{m_1}\mu_4^{m_1+1}}{m_1!m_2!m_3!}\left(-a_1\right)^{m_2}\mu_1^{m_3}t^{\varrho+\gamma} E_{\gamma,\varrho+\gamma+1}^{m_1+1}(\mu_3 t^\gamma)\\
&\quad + w_{n2}(0)\sum_{i=0}^\infty \sum_{m_1+m_2+m_3=i} \frac{i!\left(\mu_2\mu_4\right)^{m_1+1}}{m_1!m_2!m_3!}\left(-a_1\right)^{m_2}\lambda_1^{m_3}t^{\varrho+\alpha+\gamma}
\end{aligned}
$$

$$\times E_{\gamma,\varrho+\alpha+\gamma+1}^{m_1+2}(\mu_3 t^\gamma)$$

$$+\sum_{i=0}^{\infty}\sum_{m_1+m_2+m_3=i}\frac{i!(\mu_2\mu_4)^{m_1+1}}{m_1!m_2!m_3!}(-a_1)^{m_2}\lambda_1^{m_3}(\mathcal{E}_{\gamma,\varrho+\alpha+2\gamma,\mu_3;0^+}^{m_1+2}g_{n1})(t)$$

$$-\sum_{i=0}^{\infty}\sum_{m_1+m_2+m_3=i}\frac{i!\mu_2^{m_1}\mu_4^{m_1+1}}{m_1!m_2!m_3!}(-a_1)^{m_2}\lambda_1^{m_3}(\mathcal{E}_{\gamma,\varrho+\alpha+\gamma,\mu_3;0^+}^{m_1+1}f_{n1})(t)$$

$$+(\mathcal{E}_{\gamma,\gamma,\mu_3;0^+}g_{n1})(t) \tag{4-32}$$

其中 $\mathcal{E}_{\gamma,\varrho,\mu_3;0^+}^{m_1}$ 和 $\varrho$ 的定义分别为式(4-4)和式(4-5), 且

$$\mu_1=-k_{p_1}\lambda_n^{p_1},\ \mu_2=k_{p_2}\lambda_n^{p_2},\ \mu_3=-k_{q_1}\lambda_n^{q_1},\ \mu_4=k_{q_2}\lambda_n^{q_2} \tag{4-33}$$

所以, 满足边界条件(4-1), (4-2)以及初始条件(4-17)的方程(4-1)的解为

$$u(x,t)=\sum_{n=1}^{\infty}w_{n1}(t)\sin(n\pi x/L)+\frac{\varphi_2(t)-\varphi_1(t)}{L}x+\varphi_1(t)$$

$$v(x,t)=\sum_{n=1}^{\infty}w_{n2}(t)\sin(n\pi x/L)+\frac{\chi_2(t)-\chi_1(t)}{L}x+\chi_1(t)$$

其中 $w_{n1}(t),\ w_{n2}(t),$ 和 $\mu_i(i=1,2,3)$ 的定义分别为式(4-31)~式(4-33).

## 4.3　耦合分数阶波方程的解析解

本节考虑耦合分数阶波方程的解析解. 此时, 假设 $0\leqslant\beta\leqslant1<\alpha\leqslant2$, 且 $1\leqslant\gamma\leqslant2$. 在此情形下, 方程(4-1) 满足非齐次Dirichlet边界条件(4-2)和初始条件

$$u(x,0)=\psi_1(x),\ u_t'(x,0)=\psi_2(x),\ v(x,0)=\phi_1(x)$$

$$v_t'(x,0)=\phi_2(x),\ 0<x<L \tag{4-34}$$

为了求解(4-1), 首先做一变换将非齐次Dirichlet边界条件转化为齐次Dirichlet边界条件. 令

$$u(x,t)=W_1(x,t)+\xi(x,t),\ v(x,t)=W_2(x,t)+\zeta(x,t) \tag{4-35}$$

其中 $W_1(x,t)$, $W_2(x,t)$ 为两个待求解的函数, 且

$$\xi(x,t) = \frac{\varphi_2(t) - \varphi_1(t)}{L}x + \varphi_1(t), \ \zeta(x,t) = \frac{\chi_2(t) - \chi_1(t)}{L}x + \chi_1(t) \quad (4\text{-}36)$$

将式(4-35)代入式(4-1)、式(4-2)和式(4-34), 可以得到满足齐次Dirichlet边界条件

$$W_1(0,t) = W_2(L,t) = 0, \ W_2(0,t) = W_2(L,t) = 0, \ t > 0 \quad (4\text{-}37)$$

和初始条件

$$W_1(x,0) = \psi_1(x) - \frac{\varphi_2(0) - \varphi_1(0)}{L}x - \varphi_1(0) \quad (4\text{-}38)$$

$$W_2(x,0) = \phi_1(x) - \frac{\chi_2(0) - \chi_1(0)}{L}x - \chi_1(0) \quad (4\text{-}39)$$

$$\left.\frac{\partial W_1(x,t)}{\partial t}\right|_{t=0} = \psi_2(x) - \frac{\varphi_2'(0) - \varphi_1'(0)}{L}x - \varphi_1'(0) \quad (4\text{-}40)$$

$$\left.\frac{\partial W_2(x,t)}{\partial t}\right|_{t=0} = \phi_2(x) - \frac{\chi_2'(0) - \chi_1'(0)}{L}x - \chi_1'(0) \quad (4\text{-}41)$$

的耦合分数阶微分方程:

$$\begin{cases} P(D_t^*)W_1(x,t) = -k_{p_1}(-\Delta)^{\frac{p_1}{2}}W_1(x,t) - k_{p_2}(-\Delta)^{\frac{p_2}{2}}W_2(x,t) \\ +f_1(x,t) \\ {}_0^C D_t^\gamma W_2(x,t) = -k_{q_1}(-\Delta)^{\frac{q_1}{2}}W_1(x,t) - k_{q_2}(-\Delta)^{\frac{q_2}{2}}W_2(x,t) \\ +g_2(x,t) \end{cases} \quad (4\text{-}42)$$

其中

$$\begin{aligned} f_1(x,t) &= -P(D_t^*)\xi(x,t) - k_{p_1}(-\Delta)^{\frac{p_1}{2}}\xi(x,t) - k_{p_2}(-\Delta)^{\frac{p_2}{2}}\zeta(x,t) \\ &\quad +f(x,t) \\ g_1(x,t) &= -{}_0^C D_t^\gamma \zeta(x,t) - k_{q_1}(-\Delta)^{\frac{q_1}{2}}\xi(x,t) - k_{q_2}(-\Delta)^{\frac{q_2}{2}}\zeta(x,t) \\ &\quad +g(x,t) \end{aligned}$$

根据引理1.4.1, 满足齐次边界条件的拉普拉斯算子$(-\Delta)$的特征值$\lambda_n^2$为$n^2\pi^2/L^2$, 且对应的特征向量为$\varphi_n(x) = \sin(n\pi x/L)$, $n = 1, 2, \cdots$. 那么, 令

$$W_1(x,t) = \sum_{n=1}^{\infty} w_{n1}(t)\sin(n\pi x/L) \tag{4-43}$$

$$W_2(x,t) = \sum_{n=1}^{\infty} w_{n2}(t)\sin(n\pi x/L) \tag{4-44}$$

$$f_1(x,t) = \sum_{n=1}^{\infty} f_{n1}(t)\sin(n\pi x/L) \tag{4-45}$$

$$g_1(x,t) = \sum_{n=1}^{\infty} g_{n1}(t)\sin(n\pi x/L) \tag{4-46}$$

将式(4-43)~式(4-46)代入式(4-38)~式(4-42), 可以得到满足初始条件

$$w_{n1}(0) = \frac{2}{L}\int_0^L \psi_1(x)\sin(n\pi x/L)\mathrm{d}x \tag{4-47}$$

$$w'_{n1}(0) = \frac{2}{L}\int_0^L \left(\left.\frac{\partial W_1(x,t)}{\partial t}\right|_{t=0}\right)\sin(n\pi x/L)\mathrm{d}x \tag{4-48}$$

$$w_{n2}(0) = \frac{2}{L}\int_0^L \phi_1(x)\sin(n\pi x/L)\mathrm{d}x \tag{4-49}$$

$$w'_{n2}(0) = \frac{2}{L}\int_0^L \left(\left.\frac{\partial W_2(x,t)}{\partial t}\right|_{t=0}\right)\sin(n\pi x/L)\mathrm{d}x \tag{4-50}$$

$$f_{1n}(t) = \frac{2}{L}\int_0^L f_1(x,t)\sin(n\pi x/L)\mathrm{d}x \tag{4-51}$$

$$g_{1n}(t) = \frac{2}{L}\int_0^L g_1(x,t)\sin(n\pi x/L)\mathrm{d}x \tag{4-52}$$

的耦合分数阶常微分方程:

$$\begin{cases} (_0^C D_t^\alpha w_{n1})(t) + a_1(_0^C D_t^\beta w_{n1})(t) = -k_{p_1}\lambda_n^{p_1} w_{n1}(t) \\ \quad -k_{p_2}\lambda_n^{p_2} w_{n2}(t) + f_{1n}(t),\ t > 0 \\ (_0^C D_t^\gamma w_{n2})(t) = -k_{q_1}\lambda_n^{q_1} w_{n1}(t) - k_{q_2}\lambda_n^{q_2} w_{n2}(t) + g_{1n}(t),\ t > 0 \end{cases} \tag{4-53}$$

根据定理4.1.1, 满足初始条件(4-47)～(4-52)的方程(4-53)的解为

$$w_{n1}(t)$$

$$= w_{n1}(0) \sum_{i=0}^{\infty} \sum_{m_1+m_2+m_3=i} \frac{i!\left(\mu_2\mu_4\right)^{m_1}}{m_1!m_2!m_3!} \left(-a_1\right)^{m_2} \mu_1^{m_3} t^{\varrho} E_{\gamma,\varrho+1}^{m_1}(\mu_3 t^{\gamma})$$

$$+ w_{n1}'(0) \sum_{i=0}^{\infty} \sum_{m_1+m_2+m_3=i} \frac{i!\left(\mu_2\mu_4\right)^{m_1}}{m_1!m_2!m_3!} \left(-a_1\right)^{m_2} \mu_1^{m_3} t^{\varrho+1} E_{\gamma,\varrho+2}^{m_1}(\mu_3 t^{\gamma})$$

$$- w_{n2}(0) \sum_{i=0}^{\infty} \sum_{m_1+m_2+m_3=i} \frac{i!\mu_2^{m_1+1}\mu_4^{m_1}}{m_1!m_2!m_3!} \left(-a_1\right)^{m_2} \mu_1^{m_3} t^{\varrho+\alpha} E_{\gamma,\varrho+\alpha+1}^{m_1+1}(\mu_3 t^{\gamma})$$

$$- w_{n2}'(0) \sum_{i=0}^{\infty} \sum_{m_1+m_2+m_3=i} \frac{i!\mu_2^{m_1+1}\mu_4^{m_1}}{m_1!m_2!m_3!} \left(-a_1\right)^{m_2} \mu_1^{m_3} t^{\varrho+\alpha+1} E_{\gamma,\varrho+\alpha+2}^{m_1+1}(\mu_3 t^{\gamma})$$

$$- \sum_{i=0}^{\infty} \sum_{m_1+m_2+m_3=i} \frac{i!\mu_2^{m_1+1}\mu_4^{m_1}}{m_1!m_2!m_3!} \left(-a_1\right)^{m_2} \mu_1^{m_3} (\mathcal{E}_{\gamma,\varrho+\alpha+\gamma,\mu_3;0^+}^{m_1+1} g_{n1})(t)$$

$$+ \sum_{i=0}^{\infty} \sum_{m_1+m_2+m_3=i} \frac{i!\left(\mu_2\mu_4\right)^{m_1}}{m_1!m_2!m_3!} \left(-a_1\right)^{m_2} \mu_1^{m_3} (\mathcal{E}_{\gamma,\varrho+\alpha,\mu_1;0^+}^{m_1} f_{n1})(t) \qquad (4\text{-}54)$$

和

$$w_{n2}(t)$$

$$= E_{\gamma}(\mu_3 t^{\gamma}) w_{n2}(0) - t E_{\gamma,2}(\mu_3 t^{\gamma}) w_{n2}'(0)$$

$$- w_{n1}(0) \sum_{i=0}^{\infty} \sum_{m_1+m_2+m_3=i} \frac{i!\mu_2^{m_1}\mu_4^{m_1+1}}{m_1!m_2!m_3!} \left(-a_1\right)^{m_2} \mu_1^{m_3} t^{\varrho+\gamma} E_{\gamma,\varrho+\gamma+1}^{m_1+1}(\mu_3 t^{\gamma})$$

$$- w_{n1}'(0) \sum_{i=0}^{\infty} \sum_{m_1+m_2+m_3=i} \frac{i!\left(\mu_2\mu_4\right)^{m_1}}{m_1!m_2!m_3!} \left(-a_1\right)^{m_2} \mu_1^{m_3} t^{\varrho+\gamma+1} E_{\gamma,\varrho+\gamma+2}^{m_1+1}(\mu_3 t^{\gamma})$$

$$+ w_{n2}(0) \sum_{i=0}^{\infty} \sum_{m_1+m_2+m_3=i} \frac{i!\left(\mu_2\mu_4\right)^{m_1+1}}{m_1!m_2!m_3!} \left(-a_1\right)^{m_2} \mu_1^{m_3} t^{\varrho+\alpha+\gamma}$$

$$\times E_{\gamma,\varrho+\alpha+\gamma+1}^{m_1+2}(\mu_3 t^{\gamma})$$

$$+ w_{n2}'(0) \sum_{i=0}^{\infty} \sum_{m_1+m_2+m_3=i} \frac{i!\left(\mu_2\mu_4\right)^{m_1+1}}{m_1!m_2!m_3!} \left(-a_1\right)^{m_2} \mu_1^{m_3} t^{\varrho+\alpha+\gamma+1}$$

$$\times E^{m_1+2}_{\gamma,\varrho+\alpha+\gamma+2}(\mu_3 t^\gamma)$$

$$+\sum_{i=0}^\infty \sum_{m_1+m_2+m_3=i} \frac{i!\left(\mu_2\mu_4\right)^{m_1+1}}{m_1!m_2!m_3!}\left(-a_1\right)^{m_2}\mu_1^{m_3}(\mathcal{E}^{m_1+2}_{\gamma,\varrho+\alpha+2\gamma,\mu_3;0^+}g_{n1})(t)$$

$$-\sum_{i=0}^\infty \sum_{m_1+m_2+m_3=i} \frac{i!\mu_2^{m_1}\mu_4^{m_1+1}}{m_1!m_2!m_3!}\left(-a_1\right)^{m_2}\mu_1^{m_3}(\mathcal{E}^{m_1+1}_{\gamma,\varrho+\alpha+\gamma,\mu_3;0^+}f_{n1})(t)$$

$$+(\mathcal{E}_{\gamma,\gamma,\mu_3;0^+}g_{n1})(t) \tag{4-55}$$

其中$\mathcal{E}^{m_1}_{\gamma,\varrho,\mu_3;0^+}$和$\varrho$的定义分别见式(4-4)和式(4-5), 并且

$$\mu_1 = -k_{p_1}\lambda_n^{p_1}, \quad \mu_2 = k_{p_2}\lambda_n^{p_2}, \quad \mu_3 = -k_{q_1}\lambda_n^{q_1}, \quad \mu_4 = k_{q_2}\lambda_n^{q_2} \quad (4\text{-}56)$$

所以, 满足边界条件(4-2)和初始条件(4-34)的方程(4-1)的解为

$$u(x,t) = \sum_{n=1}^\infty w_{n1}(t)\sin(n\pi x/L) + \frac{\varphi_2(t)-\varphi_1(t)}{L}x + \varphi_1(t)$$

$$v(x,t) = \sum_{n=1}^\infty w_{n2}(t)\sin(n\pi x/L) + \frac{\chi_2(t)-\chi_1(t)}{L}x + \chi_1(t)$$

其中$w_{n1}(t)$, $w_{n2}(t)$ 和 $\mu_i(i=1,2,3)$ 分别通过式 (4-54) $\sim$ 式 (4-56) 给出.

# 5 定义在有限区域上带有时滞项的耦合分数阶偏微分方程的解析解

考虑满足混合Robin边界条件

$$a_o \frac{\partial u(0,t)}{\partial x} + b_o u(0,t) = \chi_o(t) \tag{5-1}$$

$$a_L \frac{\partial u(L,t)}{\partial x} + b_L u(L,t) = \chi_L(t),\ t \in [-h, T] \tag{5-2}$$

$$c_o \frac{\partial v(0,t)}{\partial x} + d_o v(0,t) = 0 \tag{5-3}$$

$$c_L \frac{\partial v(L,t)}{\partial x} + d_L v(L,t) = 0,\ t \in [-h, T] \tag{5-4}$$

的带时滞项的耦合分数阶偏微分方程:

$$\begin{cases} P(\mathcal{D}_t^*)u(x,t) + c_1(-\Delta)^{\frac{q_1}{2}}u(x,t) + c_2(-\Delta)^{\frac{q_2}{2}}v(x,t) \\ \quad + c_3(-\Delta)^{\frac{q_3}{2}}u(x,t-h) + c_4(-\Delta)^{\frac{q_4}{2}}v(x,t-h) = f(x,t) \\ (_0^C D_t^\beta)v(x,t) + \kappa_1(-\Delta)^{\frac{r_1}{2}}u(x,t) + \kappa_2(-\Delta)^{\frac{r_2}{2}}v(x,t) \\ \quad + \kappa_3(-\Delta)^{\frac{r_3}{2}}u(x,t-h) + \kappa_4(-\Delta)^{\frac{r_4}{2}}v(x,t-h) = g(x,t) \end{cases} \tag{5-5}$$

其中$(x,t) \in [0,L] \times [0,T]$ ($L$和$T$为常数), $0 < \beta \leqslant 2$, $a_i$, $b_i$, $c_i$, $d_i$ $(i=o,L)$为特定常数, 算子$P(\mathcal{D}_t^*)u(x,t)$定义为

$$P(\mathcal{D}_t^*)u(x,t) = \left( _0^C D_t^\alpha + \sum_{i=1}^{p} a_i {_0^C} D_t^{\alpha_i} \right) u(x,t),\ 0 \leqslant \alpha_p \leqslant \cdots \leqslant \alpha_1 \leqslant \alpha \leqslant 2$$

$a_i \in \mathbb{R}$, 且$0 \leqslant q_i, r_i \leqslant 2(i=1,2,3,4)$.

## 5.1 多项时间耦合分数阶时滞微分方程的解析解

首先考虑定义在有限时间区间上带有时滞项的耦合分数阶常微分

方程:

$$
\begin{cases}
P(\mathcal{D}_t^*)x_1(t) + \mu_1 x_1(t) + \mu_2 x_2(t) + \sigma_1 x_1(t-h) + \sigma_2 x_2(t-h) = f(t) \\
{}_0^C D_t^\beta x_2(t) + \mu_3 x_1(t) + \mu_4 x_2(t) + \sigma_3 x_1(t-h) + \sigma_4 x_2(t-h) = g(t)
\end{cases}
$$

$$(5\text{-}6)$$

其中 $h > 0$, $f, g \in C([0,T])$ 为已知函数, $x_1(t)$ 和 $x_2(t)$ 为待求解的函数.

**引理 5.1.1** 设 $0 \leqslant \alpha_p \leqslant \cdots \leqslant \alpha_1 \leqslant \alpha \leqslant 1$, 且 $0 < \beta \leqslant 1$. 那么, 满足初始条件

$$
x_1(t) = \varphi_1(t), \ x_2(t) = \varphi_2(t), \ t \in [-h, 0]
$$

的方程(5-6)的解为

$$
\begin{aligned}
x_1(t) &= \sum_{m=0}^{\infty} \sum_{l_1+\cdots+l_{p+2}=m} \frac{m!}{\prod\limits_{i=1}^{p+2} l_i!} \prod_{i=1}^{p} (-a_i)^{l_i} (-\mu_1)^{l_{p+1}} (\mu_2\mu_3)^{l_{p+2}} \\
&\quad \times (\mathcal{E}_{\beta, m\alpha-\sum_{i=1}^{p} l_i\alpha_i + l_{p+2}\beta}^{l_{p+2}} Q)(t)
\end{aligned}
$$

$$(5\text{-}7)$$

且

$$
x_2(t) = \begin{cases}
E_\beta(-\mu_2 t^\beta)\varphi_2(0) - \big(\mathcal{E}_{\beta,\beta}^1(\mu_3 x_1 + \sigma_3\varphi_1(t-h) \\
\quad + \sigma_4\varphi_2(t-h) - g)\big)(t), \ 0 \leqslant t < h \\
\sum\limits_{n=0}^{\lceil t/h\rceil} (-1)^n \sigma_4^n e_{\beta, n\beta+1}^{n+1;(t-nh)} \varphi_2(0) - \mu_3 \sum\limits_{n=0}^{\lceil t/h\rceil} (-1)^n \sigma_4^n \\
\quad \times \big(\mathcal{E}_{\beta,(n+1)\beta}^{n+1} x_1\big)(t-nh) \\
- \sigma_3 \sum\limits_{n=0}^{\lceil t/h\rceil} (-1)^n \sigma_4^n \big(\mathcal{E}_{\beta,(n+1)\beta}^{n+1} x_1\big)(t-(n+1)h) \\
+ \sum\limits_{n=0}^{\lceil t/h\rceil} (-1)^n \sigma_4^n \big(\mathcal{E}_{\beta,(n+1)\beta}^{n+1} g\big)(t-nh), \ h \leqslant t \leqslant T
\end{cases}
$$

$$(5\text{-}8)$$

其中

$$
e_{\gamma,\rho}^{\nu;t} := t^{\rho-1} E_{\gamma,\rho}^\nu(-\mu_2 t^\gamma), \quad \gamma, \rho, \nu > 0
$$

$$(5\text{-}9)$$

$\mathcal{E}_{\gamma,\rho}^{\nu}$ 为定义在空间 $C([0,T])$ 上的算子:

$$(\mathcal{E}_{\gamma,\rho}^{\nu}\phi)(t) = \mathrm{e}_{\gamma,\rho}^{\nu;t} * \phi(t) = \int_0^t (t-\tau)^{\rho-1} E_{\gamma,\rho}^{\nu}(-\mu_2(t-\tau)^{\gamma})\phi(\tau)\mathrm{d}\tau \quad (5\text{-}10)$$

且

$$l(t) = \varphi_1(0) + \sum_{i=1}^{p} \frac{t^{\alpha-\alpha_i}}{\Gamma(\alpha-\alpha_i+1)}\varphi_1(0) \qquad (5\text{-}11)$$

且 $Q(t)$ 为分段函数, 当 $0 \leqslant t < h$ 时, 有

$$
\begin{aligned}
Q(t) \ = \ & l(t) - \mu_2 E_{\beta,\alpha+1}(-\mu_2 t^{\beta})x_2(0) \\
& + \mu_2\big(\mathcal{E}_{\beta,\beta+\alpha}^{1}(\sigma_3\varphi_1(t-h) + \sigma_4\varphi_2(t-h) - g)\big)(t) \\
& - \sigma_1\mathcal{I}_{0^+}^{\alpha}\varphi_1(t-h) - \sigma_2\mathcal{I}_{0^+}^{\alpha}\varphi_2(t-h) + \mathcal{I}_{0^+}^{\alpha}f(t) \qquad (5\text{-}12)
\end{aligned}
$$

当 $h \leqslant t \leqslant T$ 时, 有

$$
\begin{aligned}
Q(t) \ = \ & l(t) - \mu_2 \sum_{n=0}^{\lceil t/h \rceil} (-1)^n \sigma_4^n \mathrm{e}_{\beta,n\beta+\alpha+1}^{n+1;(t-nh)} x_2(0) \\
& - \sigma_2 \sum_{n=0}^{\lceil t/h \rceil} (-1)^n \sigma_4^n \mathrm{e}_{\beta,n\beta+\alpha+1}^{n+1;(t-(n+1)h)} x_2(0) \\
& + \mu_2\mu_3 \sum_{n=1}^{\lceil t/h \rceil} (-1)^n \sigma_4^n \big(\mathcal{E}_{\beta,(n+1)\beta+\alpha}^{n+1} x_1\big)(t-nh) \\
& + \mu_2\sigma_3 \sum_{n=0}^{\lceil t/h \rceil} (-1)^n \sigma_4^n \big(\mathcal{E}_{\beta,(n+1)\beta+\alpha}^{n+1} x_1\big)(t-(n+1)h) \\
& - \mu_2 \sum_{n=0}^{\lceil t/h \rceil} (-1)^n \sigma_4^n \big(\mathcal{E}_{\beta,(n+1)\beta+\alpha}^{n+1} g\big)(t-nh) - \sigma_1\mathcal{I}_{0^+}^{\alpha} x_1(t-h) \\
& + \sigma_2\mu_3 \sum_{n=0}^{\lceil t/h \rceil} (-1)^n \sigma_4^n \big(\mathcal{E}_{\beta,(n+1)\beta+\alpha}^{n+1} x_1\big)(t-(n+1)h) \\
& + \sigma_2\sigma_3 \sum_{n=0}^{\lceil t/h \rceil} (-1)^n \sigma_4^n \big(\mathcal{E}_{\beta,(n+1)\beta+\alpha}^{n+1} x_1\big)(t-(n+2)h)
\end{aligned}
$$

$$-\sigma_2 \sum_{n=0}^{\lceil t/h \rceil} (-1)^n \sigma_4^n \left( \mathcal{E}_{\beta,(n+1)\beta+\alpha}^{n+1} g \right)(t-(n+1)h)$$
$$+\mathcal{I}_{0+}^\alpha f(t) \tag{5-13}$$

**证明：** 在方程(5-6)中第二个方程的两端同做拉普拉斯变换, 有

$$X_2(s) = \frac{s^{\beta-1}x_2(0) - \mu_3 X_1(s) - \sigma_3 \mathrm{e}^{-sh} X_1(s) - \sigma_3 \mathrm{e}^{-sh} \int_{-h}^{0} \mathrm{e}^{-s\tau}\varphi_1(\tau)\mathrm{d}\tau}{s^\beta + \mu_2 + \sigma_4 \mathrm{e}^{-sh}}$$

$$- \frac{\sigma_4 \mathrm{e}^{-sh} \int_{-h}^{0} \mathrm{e}^{-s\tau}\varphi_2(\tau)\mathrm{d}\tau}{s^\beta + \mu_2 + \sigma_4 \mathrm{e}^{-sh}} + \frac{G(s)}{s^\beta + \mu_2 + \sigma_4 \mathrm{e}^{-sh}}$$

其中

$$X_i(s) = \int_0^\infty \mathrm{e}^{-st} x_i(t)\mathrm{d}t \ \ (i=1,2), \quad G(s) = \int_0^\infty \mathrm{e}^{-st} g(t)\mathrm{d}t$$

接下来, 求$X_2(s)$的拉普拉斯逆变换. 设$\left| \frac{\sigma_4 \mathrm{e}^{-sh}}{s^\beta + \mu_2} \right| < 1$, 则有

$$\frac{s^{\beta-1}}{s^\beta + \mu_2 + \sigma_4 \mathrm{e}^{-sh}} = \sum_{n=0}^{\infty} (-1)^n \frac{\sigma_4^n s^{\beta-1} \mathrm{e}^{-snh}}{(s^\beta + \mu_2)^{n+1}}$$

进一步, 根据式(5-9)和式(5-10), 可以得到

$$\mathcal{L}^{-1} \left\{ \frac{s^{\beta-1}}{s^\beta + \mu_2 + \sigma_4 \mathrm{e}^{-sh}} \right\}$$

$$= \sum_{n=0}^{\infty} (-1)^n \sigma_4^n (t-nh)^{n\beta} E_{\beta,n\beta+1}^{n+1}(-\mu_2(t-nh)^\beta) u_{nh}(t)$$

$$= \sum_{n=0}^{\lceil t/h \rceil} (-1)^n \sigma_4^n (t-nh)^{n\beta} E_{\beta,n\beta+1}^{n+1}(-\mu_2(t-nh)^\beta) \tag{5-14}$$

其中$\lceil t/h \rceil$表示不超过$t/h$的最大整数.

利用和式(5-14)相似的研究方法, 可以推得

$$\mathcal{L}^{-1} \left\{ \frac{1}{s^\beta + \mu_2 + \sigma_4 \mathrm{e}^{-sh}} \right\}$$

$$= \sum_{n=0}^{\lceil t/h \rceil} (-1)^n \sigma_4^n (t-nh)^{(n+1)\beta-1} E_{\beta,(n+1)\beta}^{n+1}(-\mu_2(t-nh)^\beta) \quad (5\text{-}15)$$

为了得到 $\mathrm{e}^{-sh} \int_{-h}^0 \mathrm{e}^{-s\tau}\varphi_1(\tau)\mathrm{d}\tau$ 的拉普拉斯逆变换，在 $[-h,\infty)$ 上定义一个新的阶梯函数 $p(t)$，使得

$$p(t) = \begin{cases} 0, & t \geqslant 0 \\ 1, & -h \leqslant t < 0 \end{cases} \quad (5\text{-}16)$$

并将函数 $\varphi_1(t)$ 延拓到 $[-h,\infty)$ 使得，当 $t \geqslant 0$ 时 $\varphi_1(t) = \varphi(0)$. 基于此延拓，有下面的关系式：

$$\mathrm{e}^{-sh} \int_{-h}^0 \mathrm{e}^{-s\tau}\varphi_1(\tau)\mathrm{d}\tau = \mathcal{L}\{\varphi_1(t-h)p(t-h)\} \quad (5\text{-}17)$$

所以，结合式(5-14)~式(5-17)以及卷积的性质，有

$$
\begin{aligned}
x_2(t) = & \sum_{n=0}^{\lceil t/h \rceil} (-1)^n \sigma_4^n (t-nh)^{n\beta} E_{\beta,n\beta+1}^{n+1}(-\mu_2(t-nh)^\beta)x_2(0) \\
& - \sum_{n=0}^{\lceil t/h \rceil} (-1)^n \sigma_4^n (t-nh)^{(n+1)\beta-1} E_{\beta,(n+1)\beta}^{n+1}(-\mu_2(t-nh)^\beta) \\
& * (\mu_3 x_1(t) + \sigma_3 x_1(t-h)u_h(t)) \\
& - \sum_{n=0}^{\lceil t/h \rceil} (-1)^n \sigma_3 \sigma_4^n (t-nh)^{(n+1)\beta-1} E_{\beta,(n+1)\beta}^{n+1}(-\mu_2(t-nh)^\beta) \\
& * (\varphi_1(t-h)p(t-h)) \\
& - \sum_{n=0}^{\lceil t/h \rceil} (-1)^n \sigma_4^{n+1} (t-nh)^{(n+1)\beta-1} E_{\beta,(n+1)\beta}^{n+1}(-\mu_2(t-nh)^\beta) \\
& * (\varphi_2(t-h)p(t-h)) \\
& + \sum_{n=0}^{\lceil t/h \rceil} (-1)^n \sigma_4^n (t-nh)^{(n+1)\beta-1} E_{\beta,(n+1)\beta}^{n+1}(-\mu_2(t-nh)^\beta) \\
& * g(t)
\end{aligned}
\quad (5\text{-}18)
$$

进一步, 根据 $p(t)$ 的定义式(5-16), 可以得到

$$
x_2(t) = \begin{cases}
E_\beta(-\mu_2 t^\beta)x_2(0) - t^{\beta-1}E_{\beta,\beta}(-\mu_2 t^\beta) * (\mu_3 x_1(t) \\
\quad + \sigma_3\varphi_1(t-h) + \sigma_4\varphi_2(t-h) - g(t)), \ 0 \leqslant t < h \\
\sum_{n=0}^{\lceil t/h \rceil} (-1)^n \sigma_4^n (t-nh)^{n\beta} E_{\beta,n\beta+1}^{n+1}(-\mu_2(t-nh)^\beta)x_2(0) \\
\quad - \sum_{n=0}^{\lceil t/h \rceil} (-1)^n \sigma_4^n (t-nh)^{(n+1)\beta-1} E_{\beta,(n+1)\beta}^{n+1}(-\mu_2(t-nh)^\beta) \\
\quad * (\mu_3 x_1(t) + \sigma_3 x_1(t-h)) \\
\quad + \sum_{n=0}^{\lceil t/h \rceil} (-1)^n \sigma_4^n (t-nh)^{(n+1)\beta-1} E_{\beta,(n+1)\beta}^{n+1}(-\mu_2(t-nh)^\beta) \\
\quad * g(t), \ h \leqslant t \leqslant T
\end{cases} \tag{5-19}
$$

借助记号(5-9)和(5-10), 以及式(5-19)和引理5.1.1, $x_2(t)$ 可以重新改写为

$$
x_2(t) = \begin{cases}
E_\beta(-\mu_2 t^\beta)x_2(0) - \big(\mathcal{E}_{\beta,\beta}^1(\mu_3 x_1 + \sigma_3\varphi_1(t-h) \\
\quad + \sigma_4\varphi_2(t-h) - g)\big)(t), \ 0 \leqslant t < h \\
\sum_{n=0}^{\lceil t/h \rceil} (-1)^n \sigma_4^n \mathrm{e}_{\beta,n\beta+1}^{n+1;(t-nh)} x_2(0) \\
\quad - \mu_3 \sum_{n=0}^{\lceil t/h \rceil} (-1)^n \sigma_4^n \big(\mathcal{E}_{\beta,(n+1)\beta}^{n+1} x_1\big)(t-nh) \\
\quad - \sigma_3 \sum_{n=0}^{\lceil t/h \rceil} (-1)^n \sigma_4^n \big(\mathcal{E}_{\beta,(n+1)\beta}^{n+1} x_1\big)(t-(n+1)h) \\
\quad + \sum_{n=0}^{\lceil t/h \rceil} (-1)^n \sigma_4^n \big(\mathcal{E}_{\beta,(n+1)\beta}^{n+1} g\big)(t-nh), \ h \leqslant t \leqslant T
\end{cases} \tag{5-20}
$$

另外, 根据性质1.4.3, 式(5-6)中的第一个方程等价于如下积分方程:

$$
x_1(t) = l(t) - \Big(\sum_{i=1}^p a_i \mathcal{I}_{0^+}^{\alpha-\alpha_i} + \mu_1 \mathcal{I}_{0^+}^\alpha\Big)x_1(t) - \mu_2 \mathcal{I}_{0^+}^\alpha x_2(t)
$$

$$-\sigma_1 \mathcal{I}_{0+}^{\alpha} x_1(t-h) - \sigma_2 \mathcal{I}_{0+}^{\alpha} x_2(t-h) + \mathcal{I}_{0+}^{\alpha} f(t) \qquad (5\text{-}21)$$

其中

$$l(t) = x_1(0) + \sum_{i=1}^{p} \frac{t^{\alpha - \alpha_i}}{\Gamma(\alpha - \alpha_i + 1)} x_1(0) \qquad (5\text{-}22)$$

将式(5-20)代入式(5-21), 并结合引理5.1.1, 可以推得

$$x_1(t) = (\mathcal{K} x_1)(t) + Q(t) \qquad (5\text{-}23)$$

其中

$$(\mathcal{K} x_1)(t) = \left( \mu_2 \mu_3 \mathcal{E}_{\beta,\beta+\alpha}^{1} - \sum_{i=1}^{p} a_i \mathcal{I}_{0+}^{\alpha - \alpha_i} - \mu_1 \mathcal{I}_{0+}^{\alpha} \right) x_1(t)$$

且$Q(t)$为分段函数, 当$0 \leqslant t < h$ 时, 有

$$\begin{aligned} Q(t) &= l(t) - \mu_2 E_{\beta,\alpha+1}(-\mu_2 t^{\beta}) x_2(0) \\ &\quad + \mu_2 \big( \mathcal{E}_{\beta,\beta+\alpha}^{1} (\sigma_3 \varphi_1(t-h) + \sigma_4 \varphi_2(t-h) - g) \big)(t) \\ &\quad - \sigma_1 \mathcal{I}_{0+}^{\alpha} \varphi_1(t-h) - \sigma_2 \mathcal{I}_{0+}^{\alpha} \varphi_2(t-h) + \mathcal{I}_{0+}^{\alpha} f(t) \qquad (5\text{-}24) \end{aligned}$$

当$h \leqslant t \leqslant T$ 时, 有

$$\begin{aligned} Q(t) &= l(t) - \mu_2 \sum_{n=0}^{\lceil t/h \rceil} (-1)^n \sigma_4^n \mathrm{e}_{\beta,n\beta+\alpha+1}^{n+1;(t-nh)} x_2(0) \\ &\quad - \sigma_2 \sum_{n=0}^{\lceil t/h \rceil} (-1)^n \sigma_4^n \mathrm{e}_{\beta,n\beta+\alpha+1}^{n+1;(t-(n+1)h)} x_2(0) \\ &\quad + \mu_2 \mu_3 \sum_{n=1}^{\lceil t/h \rceil} (-1)^n \sigma_4^n \big( \mathcal{E}_{\beta,(n+1)\beta+\alpha}^{n+1} x_1 \big)(t-nh) \\ &\quad + \mu_2 \sigma_3 \sum_{n=0}^{\lceil t/h \rceil} (-1)^n \sigma_4^n \big( \mathcal{E}_{\beta,(n+1)\beta+\alpha}^{n+1} x_1 \big)(t-(n+1)h) \end{aligned}$$

$$-\mu_2 \sum_{n=0}^{\lceil t/h \rceil} (-1)^n \sigma_4^n \big(\mathcal{E}_{\beta,(n+1)\beta+\alpha}^{n+1} g\big)(t-nh) - \sigma_1 \mathcal{I}_{0+}^\alpha x_1(t-h)$$

$$+\sigma_2 \mu_3 \sum_{n=0}^{\lceil t/h \rceil} (-1)^n \sigma_4^n \big(\mathcal{E}_{\beta,(n+1)\beta+\alpha}^{n+1} x_1\big)(t-(n+1)h)$$

$$+\sigma_2 \sigma_3 \sum_{n=0}^{\lceil t/h \rceil} (-1)^n \sigma_4^n \big(\mathcal{E}_{\beta,(n+1)\beta+\alpha}^{n+1} x_1\big)(t-(n+2)h)$$

$$-\sigma_2 \sum_{n=0}^{\lceil t/h \rceil} (-1)^n \sigma_4^n \big(\mathcal{E}_{\beta,(n+1)\beta+\alpha}^{n+1} g\big)(t-(n+1)h)$$

$$+\mathcal{I}_{0+}^\alpha f(t) \tag{5-25}$$

为了求解式 (5-23), 构造一个连续近似迭代序列

$$x_1^{(k+1)}(t) = (\mathcal{K}x_1^{(k)})(t) + Q(t), \quad t \in [0,T], \quad k = 0,1,2,\cdots \tag{5-26}$$

其中 $x_1^{(0)}(t) \equiv \varphi_1(0), t \in [-h, 0]$. 对 $k$ 数学归纳, 可以得到如下关系:

$$x_1^{(k)}(t) = (\mathcal{K}^k \varphi_1)(t) + \sum_{m=0}^{k-1} (\mathcal{K}^m Q)(t), \quad k = 1, 2, \cdots \tag{5-27}$$

其中 $\mathcal{K}^m = \underbrace{\mathcal{K} \circ \cdots \circ \mathcal{K}}_{m}$, 且 $\circ$ 表示算子的复合运算.

接下来, 需要证明 $\lim\limits_{k \to \infty} x_1^{(k)}(t)$ 存在. 为此, 需要说明算子 $\mathcal{K}$ 的谱半径小于 1. 注意到算子 $\mathcal{I}_{0+}^\alpha$ 和 $\mathcal{E}_{\beta,\beta+\alpha}^1$ 为定义在 $C([0,T])$ 上的有界线性算子, 且可交换, 则有如下关系式:

$$r(\mathcal{E}_{\beta,\beta+\alpha}^1 + \mathcal{I}_{0+}^\alpha) \leqslant r(\mathcal{E}_{\beta,\beta+\alpha}^1) + r(\mathcal{I}_{0+}^\alpha)$$

$$r(\mathcal{E}_{\beta,\beta+\alpha}^1 \mathcal{I}_{0+}^\alpha) \leqslant r(\mathcal{E}_{\beta,\beta+\alpha}^1) r(\mathcal{I}_{0+}^\alpha)$$

其中 $r(\cdot)$ 表示该算子的谱半径. 另外, 根据性质 1.3.2, 算子 $\mathcal{I}_{0+}^\alpha$ 的谱半径为 0, 所以, 有 $r(\mathcal{K}) = 0$. 这表明 $\lim\limits_{k \to \infty} x_1^{(k)}(t)$ 存在, 也就是说, $\lim\limits_{k \to \infty} x_1^{(k)}(t) = x_1(t)$. 显然, $x_1(t)$ 是方程 (5-21) 的解.

最后, 根据性质1.3.5, 可以推得复合算子$\mathcal{K}^m$的表达式为

$$\mathcal{K}^m$$
$$= \left( \mu_2 \mu_3 \mathcal{E}_{\beta,\beta+\alpha}^1 - \sum_{i=1}^{p} a_i \mathcal{I}_{0^+}^{\alpha-\alpha_i} - \mu_1 \mathcal{I}_{0^+}^\alpha \right)^m$$
$$= \sum_{l_1+\cdots+l_{p+2}=m} \frac{m!}{\prod\limits_{i=1}^{p+2} l_i!} \prod_{i=1}^{p} (-a_i)^{l_i} (-\mu_1)^{l_{p+1}} (\mu_2 \mu_3)^{l_{p+2}} \mathcal{E}_{\beta,m\alpha-\sum_{i=1}^{p} l_i \alpha_i + l_{p+2}\beta}^{l_{p+2}}$$

所以, $x_1(t)$可以表示为

$$
\begin{aligned}
x_1(t) \ = \ & \sum_{m=0}^{\infty} \sum_{l_1+\cdots+l_{p+2}=m} \frac{m!}{\prod\limits_{i=1}^{p+2} l_i!} \prod_{i=1}^{p} (-a_i)^{l_i} (-\mu_1)^{l_{p+1}} (\mu_2 \mu_3)^{l_{p+2}} \\
& \times (\mathcal{E}_{\beta,m\alpha-\sum_{i=1}^{p} l_i \alpha_i + l_{p+2}\beta}^{l_{p+2}} Q)(t)
\end{aligned}
\tag{5-28}
$$

其中$Q(t)$的定义为式(5-24)和式(5-25), 且$x_2(t)$由式(5-20)给出. 证毕.

为了得到引理 5.1.1 中方程的解析解, 采用了连续近似迭代方法和紧算子谱的性质. 下面, 利用和引理5.1.1相似的讨论方法, 可以得到如下结论.

**引理 5.1.2** 设$1 \leqslant \alpha_p \leqslant \cdots \leqslant \alpha_1 \leqslant \alpha \leqslant 2$且$1 < \beta \leqslant 2$, 那么, 满足初始条件

$$x_1(t) = \varphi_1(t), x_2(t) = \varphi_2(t) \tag{5-29}$$
$$x_1'(t) = \phi_1(t), x_1'(t) = \phi_2(t), t \in [-h, 0] \tag{5-30}$$

的方程(5-6)的解为

$$
\begin{aligned}
x_1(t) \ = \ & \sum_{m=0}^{\infty} \sum_{l_1+\cdots+l_{p+2}=m} \frac{m!}{\prod\limits_{i=1}^{p+2} l_i!} \prod_{i=1}^{p} (-a_i)^{l_i} (-\mu_1)^{l_{p+1}} (\mu_2 \mu_3)^{l_{p+2}} \\
& \times (\mathcal{E}_{\beta,m\alpha-\sum_{i=1}^{p} l_i \alpha_i + l_{p+2}\beta}^{l_{p+2}} \widehat{Q})(t)
\end{aligned}
\tag{5-31}
$$

且

$$
x_2(t) = \begin{cases}
E_\beta(-\mu_2 t^\beta)\varphi_2(0) + E_{\beta,2}(-\mu_2 t^\beta)\phi_2(0) \\
\quad - \big(\mathcal{E}_{\beta,\beta}^1(\mu_3 x_1 + \sigma_3\varphi_1(t-h) \\
\quad + \sigma_4\varphi_2(t-h))\big)(t) + \big(\mathcal{E}_{\beta,\beta}^1 g\big)(t),\ 0 \leqslant t < h \\[2mm]
\displaystyle\sum_{n=0}^{\lceil t/h\rceil}(-1)^n\sigma_4^n\big(\mathrm{e}_{\beta,n\beta+1}^{n+1;(t-nh)}\varphi_2(0) + \mathrm{e}_{\beta,n\beta+2}^{n+1;(t-nh)}\phi_2(0)\big) \\[2mm]
\quad - \mu_3\displaystyle\sum_{n=0}^{\lceil t/h\rceil}(-1)^n\sigma_4^n\big(\mathcal{E}_{\beta,(n+1)\beta}^{n+1}x_1\big)(t-nh) \\[2mm]
\quad - \sigma_3\displaystyle\sum_{n=0}^{\lceil t/h\rceil}(-1)^n\sigma_4^n\big(\mathcal{E}_{\beta,(n+1)\beta}^{n+1}x_1\big)(t-(n+1)h) \\[2mm]
\quad + \displaystyle\sum_{n=0}^{\lceil t/h\rceil}(-1)^n\sigma_4^n\big(\mathcal{E}_{\beta,(n+1)\beta}^{n+1}g\big)(t-nh),\ h \leqslant t \leqslant T
\end{cases}
\tag{5-32}
$$

其中 $\mathrm{e}_{\gamma,\rho}^{\nu;t}$ 和 $\mathcal{E}_{\gamma,\rho}^\nu$ 的定义分别为式(5-9)和式(5-10), 且

$$
\begin{aligned}
\widehat{l}(t) &= \varphi_1(0) + \sum_{i=1}^p \frac{t^{\alpha-\alpha_i}}{\Gamma(\alpha-\alpha_i+1)}\varphi_1(0) + \phi_1(0)t \\
&\quad + \sum_{i=1}^p \frac{t^{1+\alpha-\alpha_i}}{\Gamma(\alpha-\alpha_i+2)}\phi_1(0)
\end{aligned}
\tag{5-33}
$$

且 $Q(t)$ 为分段函数, 当 $0 \leqslant t < h$ 时, 有

$$
\begin{aligned}
Q(t) &= \widehat{l}(t) - \mu_2 E_{\beta,\alpha+1}(-\mu_2 t^\beta)\varphi_2(0) - \mu_2 E_{\beta,\alpha+2}(-\mu_2 t^\beta)\phi_2(0) \\
&\quad + \mu_2\big(\mathcal{E}_{\beta,\beta+\alpha}^1(\sigma_3\varphi_1(t-h) + \sigma_4\varphi_2(t-h) - g)\big)(t) \\
&\quad - \sigma_1\mathcal{I}_{0^+}^\alpha\varphi_1(t-h) - \sigma_2\mathcal{I}_{0^+}^\alpha\varphi_2(t-h) + \mathcal{I}_{0^+}^\alpha f(t)
\end{aligned}
\tag{5-34}
$$

当 $h \leqslant t \leqslant T$ 时, 有

$$
Q(t) = \widehat{l}(t) - \mu_2\sum_{n=0}^{\lceil t/h\rceil}(-1)^n\sigma_4^n\big(\mathrm{e}_{\beta,n\beta+\alpha+1}^{n+1;(t-nh)}\varphi_2(0) + \mathrm{e}_{\beta,n\beta+\alpha+2}^{n+1;(t-nh)}\phi_2(0)\big)
$$

$$-\sigma_2 \sum_{n=0}^{\lceil t/h \rceil} (-1)^n \sigma_4^n \left( \mathrm{e}_{\beta,n\beta+\alpha+1}^{n+1;(t-(n+1)h)} \varphi_2(0) + \mathrm{e}_{\beta,n\beta+\alpha+2}^{n+1;(t-(n+1)h)} \phi_2(0) \right)$$

$$+\mu_2\mu_3 \sum_{n=1}^{\lceil t/h \rceil} (-1)^n \sigma_4^n \left( \mathcal{E}_{\beta,(n+1)\beta+\alpha}^{n+1} x_1 \right) (t-(n+1)h)$$

$$+\mu_2\sigma_3 \sum_{n=0}^{\lceil t/h \rceil} (-1)^n \sigma_4^n \left( \mathcal{E}_{\beta,(n+1)\beta+\alpha}^{n+1} x_1 \right) (t-(n+1)h)$$

$$-\mu_2 \sum_{n=0}^{\lceil t/h \rceil} (-1)^n \sigma_4^n \left( \mathcal{E}_{\beta,(n+1)\beta+\alpha}^{n+1} g \right) (t-nh) - \sigma_1 \mathcal{I}_{0^+}^\alpha x_1(t-h)$$

$$+\sigma_2\mu_3 \sum_{n=0}^{\lceil t/h \rceil} (-1)^n \sigma_4^n \left( \mathcal{E}_{\beta,(n+1)\beta+\alpha}^{n+1} x_1 \right) (t-(n+1)h)$$

$$+\sigma_2\sigma_3 \sum_{n=0}^{\lceil t/h \rceil} (-1)^n \sigma_4^n \left( \mathcal{E}_{\beta,(n+1)\beta+\alpha}^{n+1} x_1 \right) (t-(n+2)h)$$

$$-\sigma_2 \sum_{n=0}^{\lceil t/h \rceil} (-1)^n \sigma_4^n \left( \mathcal{E}_{\beta,(n+1)\beta+\alpha}^{n+1} g \right) (t-(n+1)h)$$

$$+\mathcal{I}_{0^+}^\alpha f(t) \tag{5-35}$$

## 5.2　带有时滞项的耦合分数阶对流扩散方程的解析解

本节主要研究带有常数时滞的耦合分数阶对流扩散方程的解析解. 此时, $0 < \alpha_p \leqslant \cdots \leqslant \alpha_1 \leqslant \alpha \leqslant 1$ 且 $0 < \beta \leqslant 1$. 为了得到其解析解, 假设方程(5-5) 满足非齐次混合Robin边界条件(5-2)和(5-4)以及初始条件

$$u(x,t) = \varphi_1(x,t), \ v(x,t) = \varphi_2(x,t), \ 0 \leqslant x \leqslant L, \ -h \leqslant t \leqslant 0 \tag{5-36}$$

首先, 做一变换将非齐次Robin边界条件转换为齐次Robin边界条件. 令

$$u(x,t) = W(x,t) + \xi(x,t) \tag{5-37}$$

其中$W(x,t)$为待求解的函数, 且

$$\xi(x,t) = \frac{b_L\chi_o(t) - b_o\chi_L(t)}{a_ob_L - b_oa_L - Lb_ob_L}x + \frac{a_o\chi_L(t) - a_L\chi_o(t) - Lb_L\chi_o(t)}{a_ob_L - b_oa_L - Lb_ob_L} \quad (5\text{-}38)$$

将式(5-37)代入式(5-2)、式(5-4)和式(5-5), 可以得到满足齐次混合 Robin 边界条件

$$a_o\frac{\partial W(0,t)}{\partial x} + b_oW(0,t) = 0 \quad (5\text{-}39)$$

$$a_L\frac{\partial W(L,t)}{\partial x} + b_LW(L,t) = 0 \quad (5\text{-}40)$$

$$c_o\frac{\partial v(0,t)}{\partial x} + d_ov(0,t) = 0 \quad (5\text{-}41)$$

$$c_L\frac{\partial v(L,t)}{\partial x} + d_Lv(L,t) = 0 \quad (5\text{-}42)$$

和初始条件

$$\begin{aligned}
W(x,t) = {}& \varphi_1(x,t) - \frac{b_L\chi_o(t) - b_o\chi_L(t)}{a_ob_L - b_oa_L - Lb_ob_L}x \\
& - \frac{a_o\chi_L(t) - a_L\chi_o(t) - Lb_L\chi_o(t)}{a_ob_L - b_oa_L - Lb_ob_L}, \ t \in [-h, 0] \quad (5\text{-}43)
\end{aligned}$$

的方程

$$\begin{cases}
P(\mathcal{D}_t^*)W(x,t) + c_1(-\Delta)^{\frac{q_1}{2}}W(x,t) + c_2(-\Delta)^{\frac{q_2}{2}}v(x,t) \\
+ c_3(-\Delta)^{\frac{q_3}{2}}W(x,t-h) + c_4(-\Delta)^{\frac{q_4}{2}}v(x,t-h) = \widehat{f}(x,t) \\
({}_0^CD_t^\beta v)(x,t) + \kappa_1(-\Delta)^{\frac{r_1}{2}}W(x,t) + \kappa_2(-\Delta)^{\frac{r_2}{2}}v(x,t) \\
+ \kappa_3(-\Delta)^{\frac{r_3}{2}}W(x,t-h) + \kappa_4(-\Delta)^{\frac{r_4}{2}}v(x,t-h) = \widehat{g}(x,t)
\end{cases} \quad (5\text{-}44)$$

其中

$$\begin{aligned}
\widehat{f}(x,t) = {}& f(x,t) - P(\mathcal{D}_t^*)\xi(x,t) - c_1(-\Delta)^{\frac{q_1}{2}}\xi(x,t) \\
& - c_3(-\Delta)^{\frac{q_3}{2}}\xi(x,t-h)
\end{aligned}$$

且

$$\widehat{g}(x,t) = g(x,t) - \kappa_1(-\Delta)^{\frac{r_1}{2}}\xi(x,t) - \kappa_3(-\Delta)^{\frac{r_3}{2}}\xi(x,t-h)$$

那么, 令

$$W(x,t) = \sum_{k=0}^{\infty} w_k(t)\Psi_k(x) \tag{5-45}$$

$$v(x,t) = \sum_{k=0}^{\infty} v_k(t)\Psi_k(x) \tag{5-46}$$

$$\widehat{f}(x,t) = \sum_{k=0}^{\infty} \widehat{f}_k(t)\Psi_k(x) \tag{5-47}$$

$$\widehat{g}(x,t) = \sum_{k=0}^{\infty} \widehat{g}_k(t)\Psi_k(x) \tag{5-48}$$

将式(5-45)~(5-48)代入式(5-43)和式(5-44), 可以得到满足初始条件

$$w_k(t) = \int_0^L \varphi_1(x,t)\Psi_k(x)\mathrm{d}x, \quad v_k(t) = \int_0^L \varphi_2(x,t)\Psi_k(x)\mathrm{d}x \tag{5-49}$$

的分数阶常微分方程:

$$\begin{cases} P(\mathcal{D}_t^*)w_k(t) + c_1\lambda_k^{q_1}w_k(t) + c_2\lambda_k^{q_2}v_k(t) \\ \quad + c_3\lambda_k^{q_3}w_k(t-h) + c_4\lambda_k^{q_4}v_k(t-h) = \widehat{f}_k(t) \\ {}_0^C D_t^\beta v_k(t) + \kappa_1\lambda_k^{r_1}w_k(t) + \kappa_2\lambda_k^{r_2}v_k(t-h) \\ \quad + \kappa_3\lambda_k^{r_3}w_k(t-h) + \kappa_4\lambda_k^{r_4}v_k(t-h) = \widehat{g}_k(t) \end{cases} \tag{5-50}$$

根据引理5.1.1, 满足初始条件(5-49)的方程(5-50)的解为

$$\begin{aligned} w_k(t) &= \sum_{m=0}^{\infty} \sum_{l_1+\cdots+l_{p+2}=m} \frac{m!}{\prod\limits_{i=1}^{p+2} l_i!} \prod_{i=1}^{p}(-a_i)^{l_i}(-\mu_1)^{l_{p+1}}(\mu_2\mu_3)^{l_{p+2}} \\ &\quad \times (\mathcal{E}_{\beta,m\alpha-\sum_{i=1}^p l_i\alpha_i+l_{p+2}\beta}^{l_{p+2}} Q_k)(t) \end{aligned} \tag{5-51}$$

和

$$
v_k(t) = \begin{cases}
E_\beta(-\mu_2 t^\beta)\varphi_{2,k}(0) \\
\quad - \big(\mathcal{E}_{\beta,\beta}^1(\mu_3 w_k + \sigma_3\varphi_{1,k}(t-h) + \sigma_4\varphi_{2,k}(t-h) - \widehat{g}_k)\big)(t), \\
\quad 0 \leqslant t < h \\
\displaystyle\sum_{n=0}^{\lceil t/h\rceil}(-1)^n\sigma_4^n \mathrm{e}_{\beta,n\beta+1}^{n+1;(t-nh)}\varphi_{2,k}(0) \\
\quad -\mu_3\displaystyle\sum_{n=0}^{\lceil t/h\rceil}(-1)^n\sigma_4^n\big(\mathcal{E}_{\beta,(n+1)\beta}^{n+1}w_k\big)(t-nh) \\
\quad -\sigma_3\displaystyle\sum_{n=0}^{\lceil t/h\rceil}(-1)^n\sigma_4^n\big(\mathcal{E}_{\beta,(n+1)\beta}^{n+1}w_k\big)(t-(n+1)h) \\
\quad +\displaystyle\sum_{n=0}^{\lceil t/h\rceil}(-1)^n\sigma_4^n\big(\mathcal{E}_{\beta,(n+1)\beta}^{n+1}\widehat{g}_k\big)(t-nh), \ h \leqslant t \leqslant T
\end{cases}
\tag{5-52}
$$

其中

$$
\mu_1 = c_1\lambda_k^{q_1}, \ \mu_2 = c_2\lambda_k^{q_2}, \ \mu_3 = c_3\lambda_k^{q_3}, \ \mu_4 = c_4\lambda_k^{q_4}
\tag{5-53}
$$

$$
\sigma_1 = \kappa_1\lambda_k^{r_1}, \ \sigma_2 = \kappa_2\lambda_k^{r_2}, \ \sigma_3 = \kappa_3\lambda_k^{r_3}, \ \sigma_4 = \kappa_4\lambda_k^{r_4}
\tag{5-54}
$$

$$
\varphi_{i,k}(t) = \int_0^L \varphi_i(x,t)\Psi_k(x)\mathrm{d}x, \ i=1,2, \ t \in [-h,0]
\tag{5-55}
$$

$\mathrm{e}_{\gamma,\rho}^{\nu;t}$ 和 $\mathcal{E}_{\gamma,\rho}^\nu$ 的定义分别见式(5-9)和式(5-10), 且

$$
l_k(t) = \varphi_{1,k}(0) + \sum_{i=1}^p \frac{t^{\alpha-\alpha_i}}{\Gamma(\alpha-\alpha_i+1)}\varphi_{1,k}(0)
\tag{5-56}
$$

且 $Q_k(t)$ 为分段函数, 当 $0 \leqslant t < h$ 时, 有

$$
\begin{aligned}
Q_k(t) ={}& l_k(t) - \mu_2 E_{\beta,\alpha+1}(-\mu_2 t^\beta)\varphi_{2,k}(0) \\
& +\mu_2\big(\mathcal{E}_{\beta,\beta+\alpha}^1(\sigma_3\varphi_{1,k}(t-h) + \sigma_4\varphi_{2,k}(t-h) - \widehat{g}_k)\big)(t) \\
& -\sigma_1\mathcal{I}_{0^+}^\alpha\varphi_{1,k}(t-h) - \sigma_2\mathcal{I}_{0^+}^\alpha\varphi_{2,k}(t-h) + \mathcal{I}_{0^+}^\alpha\widehat{f}_k(t)
\end{aligned}
\tag{5-57}
$$

当 $h \leqslant t \leqslant T$ 时, 有

$$
\begin{aligned}
Q_k(t) \;=\; & l_k(t) - \mu_2 \sum_{n=0}^{\lceil t/h \rceil} (-1)^n \sigma_4^n \mathrm{e}_{\beta,n\beta+\alpha+1}^{n+1;(t-nh)} \varphi_{2,k}(0) \\
& -\sigma_2 \sum_{n=0}^{\lceil t/h \rceil} (-1)^n \sigma_4^n \mathrm{e}_{\beta,n\beta+\alpha+1}^{n+1;(t-(n+1)h)} \varphi_{2,k}(0) \\
& +\mu_2\mu_3 \sum_{n=1}^{\lceil t/h \rceil} (-1)^n \sigma_4^n \big(\mathcal{E}_{\beta,(n+1)\beta+\alpha}^{n+1} w_k\big)(t-nh) \\
& +\mu_2\sigma_3 \sum_{n=0}^{\lceil t/h \rceil} (-1)^n \sigma_4^n \big(\mathcal{E}_{\beta,(n+1)\beta+\alpha}^{n+1} w_k\big)(t-(n+1)h) \\
& -\mu_2 \sum_{n=0}^{\lceil t/h \rceil} (-1)^n \sigma_4^n \big(\mathcal{E}_{\beta,(n+1)\beta+\alpha}^{n+1} \widehat{g}\big)(t-nh) - \sigma_1 \mathcal{I}_{0^+}^{\alpha} w_k(t-h) \\
& +\sigma_2\mu_3 \sum_{n=0}^{\lceil t/h \rceil} (-1)^n \sigma_4^n \big(\mathcal{E}_{\beta,(n+1)\beta+\alpha}^{n+1} w_k\big)(t-(n+1)h) \\
& +\sigma_2\sigma_3 \sum_{n=0}^{\lceil t/h \rceil} (-1)^n \sigma_4^n \big(\mathcal{E}_{\beta,(n+1)\beta+\alpha}^{n+1} w_k\big)(t-(n+2)h) \\
& -\sigma_2 \sum_{n=0}^{\lceil t/h \rceil} (-1)^n \sigma_4^n \big(\mathcal{E}_{\beta,(n+1)\beta+\alpha}^{n+1} \widehat{g}\big)(t-(n+1)h) \\
& +\mathcal{I}_{0^+}^{\alpha} \widehat{f}(t) \qquad\qquad\qquad\qquad\qquad\qquad\qquad\qquad (5\text{-}58)
\end{aligned}
$$

所以, 满足边界条件(5-2)和(5-4)以及初始条件(5-36)的方程(5-5)的解为

$$
\begin{aligned}
u(x,t) \;=\; & \sum_{k=0}^{\infty} w_k(t)\Psi_k(x) + \frac{b_L\chi_o(t) - b_o\chi_L(t)}{a_o b_L - b_o a_L - L b_o b_L} x \\
& + \frac{a_o\chi_L(t) - a_L\chi_o(t) - L b_L\chi_o(t)}{a_o b_L - b_o a_L - L b_o b_L}
\end{aligned}
$$

且

$$
v(x,t) = \sum_{k=0}^{\infty} v_k(t)\Psi_k(x)
$$

其中$w_k(t)$和$v_k(t)$的定义分别为式(5-51)和式(5-52), $\Psi_k(x)$是每一个特征值$\lambda_k$ ($k = 0, 1, \cdots$) 所对应的特征函数.

## 5.3  带有时滞的耦合分数阶波方程的解析解

本节主要讨论带有常数时滞的耦合分数阶波方程的解析解. 此时, $1 \leqslant \alpha_p \leqslant \cdots \leqslant \alpha_1 \leqslant \alpha \leqslant 2$且$1 < \beta \leqslant 2$. 为了得到其解析解, 假设方程(5-5) 满足非齐次混合Robin边界条件(5-2)和(5-4)以及初始条件

$$u(x,t) = \varphi_1(x,t), v(x,t) = \varphi_2(x,t) \tag{5-59}$$

$$u'_t(x,t) = \phi_1(x,t), v'_t(x,t) = \phi_2(x,t) \tag{5-60}$$

首先, 做一变换将非齐次Robin边界条件转换为齐次Robin边界条件. 令

$$u(x,t) = W(x,t) + \xi(x,t) \tag{5-61}$$

其中$W(x,t)$为待求函数, 且

$$\xi(x,t) = \frac{b_L\chi_o(t) - b_o\chi_L(t)}{a_ob_L - b_oa_L - Lb_ob_L}x + \frac{a_o\chi_L(t) - a_L\chi_o(t) - Lb_L\chi_o(t)}{a_ob_L - b_oa_L - Lb_ob_L} \tag{5-62}$$

将式(5-61)代入式(5-2)、式(5-4)和式(5-5), 可以得到满足齐次Robin边界条件

$$a_o\frac{\partial W(0,t)}{\partial x} + b_oW(0,t) = 0, \ a_L\frac{\partial W(L,t)}{\partial x} + b_LW(L,t) = 0 \tag{5-63}$$

$$c_o\frac{\partial v(0,t)}{\partial x} + d_ov(0,t) = 0, \ c_L\frac{\partial v(L,t)}{\partial x} + d_Lv(L,t) = 0 \tag{5-64}$$

和初始条件

$$\begin{aligned} W(x,t) &= \varphi_1(x,t) - \frac{b_L\chi_o(t) - b_o\chi_L(t)}{a_ob_L - b_oa_L - Lb_ob_L}x \\ &- \frac{a_o\chi_L(t) - a_L\chi_o(t) - Lb_L\chi_o(t)}{a_ob_L - b_oa_L - Lb_ob_L}, \ t \in [-h, 0] \end{aligned} \tag{5-65}$$

$$
\begin{aligned}
W_t'(x,t) \;=\; & \phi_1(x,t) - \frac{b_L\chi_o'(t) - b_o\chi_L'(t)}{a_ob_L - b_oa_L - Lb_ob_L}x \\
& - \frac{a_o\chi_L'(t) - a_L\chi_o'(t) - Lb_L\chi_o'(t)}{a_ob_L - b_oa_L - Lb_ob_L}, \; t \in [-h,0] \quad (5\text{-}66)
\end{aligned}
$$

的耦合方程:

$$
\begin{cases}
P(\mathcal{D}_t^*)W(x,t) + c_1(-\Delta)^{\frac{q_1}{2}}W(x,t) + c_2(-\Delta)^{\frac{q_2}{2}}v(x,t) \\
+c_3(-\Delta)^{\frac{q_3}{2}}W(x,t-h) + c_4(-\Delta)^{\frac{q_4}{2}}v(x,t-h) = \widehat{f}(x,t) \\
({}_0^C D_t^\beta v)(x,t) + \kappa_1(-\Delta)^{\frac{r_1}{2}}W(x,t) + \kappa_2(-\Delta)^{\frac{r_2}{2}}v(x,t) \\
+\kappa_3(-\Delta)^{\frac{r_3}{2}}W(x,t-h) + \kappa_4(-\Delta)^{\frac{r_4}{2}}v(x,t-h) = \widehat{g}(x,t)
\end{cases} \quad (5\text{-}67)
$$

其中

$$
\begin{aligned}
\widehat{f}(x,t) \;=\; & f(x,t) - P(\mathcal{D}_t^*)\xi(x,t) - c_1(-\Delta)^{\frac{q_1}{2}}\xi(x,t) \\
& - c_3(-\Delta)^{\frac{q_3}{2}}\xi(x,t-h)
\end{aligned}
$$

且

$$
\widehat{g}(x,t) = g(x,t) - \kappa_1(-\Delta)^{\frac{r_1}{2}}\xi(x,t) - \kappa_3(-\Delta)^{\frac{r_3}{2}}\xi(x,t-h)
$$

那么, 令

$$
W(x,t) = \sum_{k=0}^{\infty} w_k(t)\Psi_k(x), \, v(x,t) = \sum_{k=0}^{\infty} v_k(t)\Psi_k(x) \quad (5\text{-}68)
$$

$$
\widehat{f}(x,t) = \sum_{k=0}^{\infty} \widehat{f}_k(t)\Psi_k(x), \, \widehat{g}(x,t) = \sum_{k=0}^{\infty} \widehat{g}_k(t)\Psi_k(x) \quad (5\text{-}69)
$$

将式(5-68)和式(5-69)代入式(5-65)~式(5-67), 可以得到满足初始条件

$$
w_k(t) = \int_0^L W(x,t)\Psi_k(x)\mathrm{d}x \quad (5\text{-}70)
$$

$$
v_k(t) = \int_0^L \varphi_2(x,t)\Psi_k(x)\mathrm{d}x \quad (5\text{-}71)
$$

$$
w_k'(t) = \int_0^L W_t'(x,t)\Psi_k(x)\mathrm{d}x \quad (5\text{-}72)
$$

$$v'_k(t) = \int_0^L \phi_2(x,t)\Psi_k(x)\mathrm{d}x \tag{5-73}$$

的分数阶常微分方程

$$
\begin{cases}
P(\mathcal{D}_t^*)w_k(t) + c_1\lambda_k^{q_1}w_k(t) + c_2\lambda_k^{q_2}v_k(t) + c_3\lambda_k^{q_3}w_k(t-h) \\
\quad + c_4\lambda_k^{q_4}v_k(t-h) = \widehat{f}_k(t) \\
{}_0^C D_t^\beta v_k(t) + \kappa_1\lambda_k^{r_1}w_k(t) + \kappa_2\lambda_k^{r_2}v_k(t-h) + \kappa_3\lambda_k^{r_3}w_k(t-h) \\
\quad + \kappa_4\lambda_k^{r_4}v_k(t-h) = \widehat{g}_k(t)
\end{cases}
\tag{5-74}
$$

根据引理5.1.2, 满足初始条件(5-70)~(5-73)的方程(5-74)的解为

$$
\begin{aligned}
w_k(t) &= \sum_{m=0}^\infty \sum_{l_1+\cdots+l_{p+2}=m} \frac{m!}{\prod\limits_{i=1}^{p+2} l_i!} \prod_{i=1}^p (-a_i)^{l_i}(-\mu_1)^{l_{p+1}}(\mu_2\mu_3)^{l_{p+2}} \\
&\quad \times (\mathcal{E}_{\beta,m\alpha-\sum_{i=1}^p l_i\alpha_i+l_{p+2}\beta}^{l_{p+2}}\widehat{Q}_k)(t)
\end{aligned}
\tag{5-75}
$$

和

$$
v_k(t) = 
\begin{cases}
E_\beta(-\mu_2 t^\beta)\varphi_{2,k}(0) + E_{\beta,2}(-\mu_2 t^\beta)\phi_{2,k}(0) \\
\quad - \big(\mathcal{E}_{\beta,\beta}^1(\mu_3 w_k + \sigma_3\varphi_{1,k}(t-h) + \sigma_4\varphi_{2,k}(t-h) - \widehat{g}_k)\big)(t), \\
0 \leqslant t < h \\[2mm]
\displaystyle\sum_{n=0}^{\lceil t/h \rceil} (-1)^n\sigma_4^n\big(\mathrm{e}_{\beta,n\beta+1}^{n+1;(t-nh)}\varphi_{2,k}(0) + \mathrm{e}_{\beta,n\beta+2}^{n+1;(t-nh)}\phi_{2,k}(0)\big) \\[2mm]
\quad - \mu_3\displaystyle\sum_{n=0}^{\lceil t/h \rceil}(-1)^n\sigma_4^n\big(\mathcal{E}_{\beta,(n+1)\beta}^{n+1}w_k\big)(t-nh) \\[2mm]
\quad - \sigma_3\displaystyle\sum_{n=0}^{\lceil t/h \rceil}(-1)^n\sigma_4^n\big(\mathcal{E}_{\beta,(n+1)\beta}^{n+1}w_k\big)(t-(n+1)h) \\[2mm]
\quad + \displaystyle\sum_{n=0}^{\lceil t/h \rceil}(-1)^n\sigma_4^n\big(\mathcal{E}_{\beta,(n+1)\beta}^{n+1}\widehat{g}_k\big)(t-nh), \ h \leqslant t \leqslant T
\end{cases}
\tag{5-76}
$$

其中

$$\mu_1 = c_1\lambda_k^{q_1},\ \mu_2 = c_2\lambda_k^{q_2},\ \mu_3 = c_3\lambda_k^{q_3},\ \mu_4 = c_4\lambda_k^{q_4} \tag{5-77}$$

$$\sigma_1 = \kappa_1\lambda_k^{r_1},\ \sigma_2 = \kappa_2\lambda_k^{r_2},\ \sigma_3 = \kappa_3\lambda_k^{r_3},\ \sigma_4 = \kappa_4\lambda_k^{r_4} \tag{5-78}$$

$$\varphi_{i,k}(t) = \int_0^L \varphi_i(x,t)\Psi_k(x)\mathrm{d}x \tag{5-79}$$

$$\phi_{i,k}(t) = \int_0^L \phi_i(x,t)\Psi_k(x)\mathrm{d}x(i=1,2),\ t \in [-h,0] \tag{5-80}$$

$\mathrm{e}_{\gamma,\rho}^{\nu;t}$ 和 $\mathcal{E}_{\gamma,\rho}^{\nu}$ 的定义分别为(5-9)和(5-10), 且

$$\begin{aligned}
\widehat{l}_k(t) &= \varphi_{1,k}(0) + \sum_{i=1}^p \frac{t^{\alpha-\alpha_i}}{\Gamma(\alpha-\alpha_i+1)}\varphi_{1,k}(0) + \phi_{1,k}(0)t \\
&+ \sum_{i=1}^p \frac{t^{1+\alpha-\alpha_i}}{\Gamma(\alpha-\alpha_i+2)}\phi_{1,k}(0), t \in [0,T]
\end{aligned} \tag{5-81}$$

且 $\widehat{Q}_k(t)$ 为分段函数, 当 $0 \leqslant t < h$ 时, 有

$$\begin{aligned}
\widehat{Q}_k(t) &= \widehat{l}_k(t) - \mu_2 E_{\beta,\alpha+1}(-\mu_2 t^\beta)\varphi_{2,k}(0) - \mu_2 E_{\beta,\alpha+2}(-\mu_2 t^\beta)\phi_{2,k}(0) \\
&+ \mu_2\big(\mathcal{E}_{\beta,\beta+\alpha}^1(\sigma_3\varphi_{1,k}(t-h) + \sigma_4\varphi_{2,k}(t-h) - \widehat{g}_k)\big)(t) \\
&- \sigma_1\mathcal{I}_{0^+}^\alpha\varphi_{1,k}(t-h) - \sigma_2\mathcal{I}_{0^+}^\alpha\varphi_{2,k}(t-h) + \mathcal{I}_{0^+}^\alpha\widehat{f}_k(t)
\end{aligned} \tag{5-82}$$

当 $h \leqslant t \leqslant T$ 时, 有

$$\begin{aligned}
\widehat{Q}_k(t) &= \widehat{l}_k(t) - \mu_2\sum_{n=0}^{\lceil t/h\rceil}(-1)^n\sigma_4^n\big(\mathrm{e}_{\beta,n\beta+\alpha+1}^{n+1;(t-nh)}\varphi_{2,k}(0) \\
&+ \mathrm{e}_{\beta,n\beta+\alpha+2}^{n+1;(t-nh)}\phi_{2,k}(0)\big) \\
&- \sigma_2\sum_{n=0}^{\lceil t/h\rceil}(-1)^n\sigma_4^n\big(\mathrm{e}_{\beta,n\beta+\alpha+1}^{n+1;(t-(n+1)h)}\varphi_{2,k}(0) \\
&+ \mathrm{e}_{\beta,n\beta+\alpha+2}^{n+1;(t-(n+1)h)}\phi_{2,k}(0)\big) \\
&+ \mu_2\mu_3\sum_{n=1}^{\lceil t/h\rceil}(-1)^n\sigma_4^n\big(\mathcal{E}_{\beta,(n+1)\beta+\alpha}^{n+1}w_k\big)(t-nh)
\end{aligned}$$

$$+\mu_2\sigma_3\sum_{n=0}^{\lceil t/h\rceil}(-1)^n\sigma_4^n\big(\mathcal{E}_{\beta,(n+1)\beta+\alpha}^{n+1}w_k\big)(t-(n+1)h)$$

$$-\mu_2\sum_{n=0}^{\lceil t/h\rceil}(-1)^n\sigma_4^n\big(\mathcal{E}_{\beta,(n+1)\beta+\alpha}^{n+1}\widehat{g}\big)(t-nh)-\sigma_1\mathcal{I}_{0^+}^\alpha w_k(t-h)$$

$$+\sigma_2\mu_3\sum_{n=0}^{\lceil t/h\rceil}(-1)^n\sigma_4^n\big(\mathcal{E}_{\beta,(n+1)\beta+\alpha}^{n+1}w_k\big)(t-(n+1)h)$$

$$+\sigma_2\sigma_3\sum_{n=0}^{\lceil t/h\rceil}(-1)^n\sigma_4^n\big(\mathcal{E}_{\beta,(n+1)\beta+\alpha}^{n+1}w_k\big)(t-(n+2)h)$$

$$-\sigma_2\sum_{n=0}^{\lceil t/h\rceil}(-1)^n\sigma_4^n\big(\mathcal{E}_{\beta,(n+1)\beta+\alpha}^{n+1}\widehat{g}\big)(t-(n+1)h)$$

$$+\mathcal{I}_{0^+}^\alpha\widehat{f}(t) \tag{5-83}$$

所以, 满足边界条件(5-2)和(5-4)以及初始条件(5-59)和(5-60)的方程(5-5)的解为

$$\begin{aligned}u(x,t) &= \sum_{k=0}^{\infty}w_k(t)\Psi_k(x)+\frac{b_L\chi_o(t)-b_o\chi_L(t)}{a_ob_L-b_oa_L-Lb_ob_L}x\\&\quad+\frac{a_o\chi_L(t)-a_L\chi_o(t)-Lb_L\chi_o(t)}{a_ob_L-b_oa_L-Lb_ob_L}\end{aligned}$$

且

$$v(x,t)=\sum_{k=0}^{\infty}v_k(t)\Psi_k(x)$$

其中$w_k(t)$和$v_k(t)$的定义分别由式(5-75)和式(5-76)给出, $\Psi_k(x)$是每一个特征值$\lambda_k(k=0,1,\cdots)$所对应的特征函数.

## 5.4  举例

本节给出两个例子说明所得结论的实用性.

**例 5.4.1** 考虑定义在有限区域上的带有常数时滞的耦合分数阶对流扩散方程:

$$
\begin{cases}
\mathcal{D}_t^\alpha u(x,t) + (-\Delta)^{\frac{q_1}{2}} u(x,t) + (-\Delta)^{\frac{q_2}{2}} v(x,t) + (-\Delta)^{\frac{q_3}{2}} u(x,t-h) \\
\quad + (-\Delta)^{\frac{q_4}{2}} v(x,t-h) = f(x,t) \\
({}_0^C D_t^\beta v)(x,t) + (-\Delta)^{\frac{r_1}{2}} u(x,t) + (-\Delta)^{\frac{r_2}{2}} v(x,t) \\
\quad + (-\Delta)^{\frac{r_3}{2}} u(x,t-h) + (-\Delta)^{\frac{r_4}{2}} v(x,t-h) = g(x,t) \\
u(0,t) = u(L,t) = 0, \ v(0,t) = v(L,t) = 0, t \in [0,T] \\
u(x,t) = \varphi_1(x,t), \ v(x,t) = \varphi_2(x,t), (x,t) \in [0,L] \times [-h,0]
\end{cases} \tag{5-84}
$$

其中 $0 < \alpha, \beta \leqslant 1$, $h > 0$, $\varphi_1, \varphi_2 : [0,L] \times [-h,0] \to \mathbb{R}$ 为连续函数.

根据引理1.4.1, 可知 $\lambda_k = \frac{k\pi}{L}$, 且 $\Psi_k(x) = \sin(k\pi x/L)$, $k = 0,1,\cdots$. 那么, 令

$$
\mu_1 = \lambda_k^{q_1}, \ \mu_2 = \lambda_k^{q_2}, \ \mu_3 = \lambda_k^{q_3}, \ \mu_4 = \lambda_k^{q_4} \tag{5-85}
$$

$$
\sigma_1 = \lambda_k^{r_1}, \ \sigma_2 = \lambda_k^{r_2}, \ \sigma_3 = \lambda_k^{r_3}, \ \sigma_4 = \lambda_k^{r_4} \tag{5-86}
$$

$$
\varphi_{i,k}(t) = \frac{2}{L} \int_0^L \varphi_i(x,t) \sin(k\pi x/L)\mathrm{d}x, \ i = 1,2 \tag{5-87}
$$

$e_{\gamma,\rho}^{\nu;t}$ 和 $\mathcal{E}_{\gamma,\rho}^\nu$ 的定义分别通过式(5-9)和式(5-10)给出, 且

$$
u(x,t) = \sum_{k=0}^\infty u_k(t) \sin(k\pi x/L), \ v(x,t) = \sum_{k=0}^\infty v_k(t) \sin(k\pi x/L) \tag{5-88}
$$

$$
f(x,t) = \sum_{k=0}^\infty f_k(t) \sin(k\pi x/L), \ g(x,t) = \sum_{k=0}^\infty g_k(t) \sin(k\pi x/L) \tag{5-89}
$$

根据引理5.1.1, 可以得到

$$
u_k(t) = \sum_{m=0}^\infty \sum_{i=0}^m \frac{m!}{(m-i)!i!} (-\mu_1)^i (\mu_2\mu_3)^{m-i} (\mathcal{E}_{\beta,m\alpha+(m-i)\beta}^{m-i} Q_k)(t) \tag{5-90}
$$

且

$$
v_k(t) = \begin{cases}
E_\beta(-\mu_2 t^\beta)\varphi_{2,k}(0) - \big(\mathcal{E}^1_{\beta,\beta}(\mu_3 u_k + \sigma_3\varphi_{1,k}(t-h) \\
\quad + \sigma_4\varphi_{2,k}(t-h) - g_k)\big)(t),\ 0 \leqslant t < h \\[2ex]
\displaystyle\sum_{n=0}^{\lceil t/h \rceil}(-1)^n\sigma_4^n \mathrm{e}^{n+1;(t-nh)}_{\beta,n\beta+1}\varphi_{2,k}(0) \\[2ex]
\quad -\mu_3 \displaystyle\sum_{n=0}^{\lceil t/h \rceil}(-1)^n\sigma_4^n\big(\mathcal{E}^{n+1}_{\beta,(n+1)\beta}u_k\big)(t-nh) \\[2ex]
\quad -\sigma_3 \displaystyle\sum_{n=0}^{\lceil t/h \rceil}(-1)^n\sigma_4^n\big(\mathcal{E}^{n+1}_{\beta,(n+1)\beta}u_k\big)(t-(n+1)h) \\[2ex]
\quad + \displaystyle\sum_{n=0}^{\lceil t/h \rceil}(-1)^n\sigma_4^n\big(\mathcal{E}^{n+1}_{\beta,(n+1)\beta}g_k\big)(t-nh),\ h \leqslant t \leqslant T
\end{cases} \tag{5-91}
$$

其中 $Q_k(t)$ 为分段函数, 当 $0 \leqslant t < h$ 时, 有

$$
\begin{aligned}
Q_k(t) =\ & \varphi_{1,k}(0) - \mu_2 E_{\beta,\alpha+1}(-\mu_2 t^\beta)\varphi_{2,k}(0) \\
& + \mu_2\big(\mathcal{E}^1_{\beta,\beta+\alpha}(\sigma_3\varphi_{1,k}(t-h) + \sigma_4\varphi_{2,k}(t-h) - g_k)\big)(t) \\
& - \sigma_1\mathcal{I}^\alpha_{0^+}\varphi_{1,k}(t-h) - \sigma_2\mathcal{I}^\alpha_{0^+}\varphi_{2,k}(t-h) + \mathcal{I}^\alpha_{0^+}f_k(t)
\end{aligned}
$$

当 $h \leqslant t \leqslant T$ 时, 有

$$
\begin{aligned}
Q_k(t) =\ & \varphi_{1,k}(0) - \mu_2 \sum_{n=0}^{\lceil t/h \rceil}(-1)^n\sigma_4^n\mathrm{e}^{n+1;(t-nh)}_{\beta,n\beta+\alpha+1}\varphi_{2,k}(0) \\
& -\sigma_2 \sum_{n=0}^{\lceil t/h \rceil}(-1)^n\sigma_4^n\mathrm{e}^{n+1;(t-(n+1)h)}_{\beta,n\beta+\alpha+1}\varphi_{2,k}(0) \\
& +\mu_2\mu_3 \sum_{n=1}^{\lceil t/h \rceil}(-1)^n\sigma_4^n\big(\mathcal{E}^{n+1}_{\beta,(n+1)\beta+\alpha}u_k\big)(t-nh) \\
& +\mu_2\sigma_3 \sum_{n=0}^{\lceil t/h \rceil}(-1)^n\sigma_4^n\big(\mathcal{E}^{n+1}_{\beta,(n+1)\beta+\alpha}u_k\big)(t-(n+1)h)
\end{aligned}
$$

$$-\mu_2\sum_{n=0}^{\lceil t/h\rceil}(-1)^n\sigma_4^n\big(\mathcal{E}_{\beta,(n+1)\beta+\alpha}^{n+1}g\big)(t-nh)-\sigma_1\mathcal{I}_{0+}^{\alpha}u_k(t-h)$$

$$+\sigma_2\mu_3\sum_{n=0}^{\lceil t/h\rceil}(-1)^n\sigma_4^n\big(\mathcal{E}_{\beta,(n+1)\beta+\alpha}^{n+1}u_k\big)(t-(n+1)h)$$

$$+\sigma_2\sigma_3\sum_{n=0}^{\lceil t/h\rceil}(-1)^n\sigma_4^n\big(\mathcal{E}_{\beta,(n+1)\beta+\alpha}^{n+1}u_k\big)(t-(n+2)h)$$

$$-\sigma_2\sum_{n=0}^{\lceil t/h\rceil}(-1)^n\sigma_4^n\big(\mathcal{E}_{\beta,(n+1)\beta+\alpha}^{n+1}g\big)(t-(n+1)h)+\mathcal{I}_{0+}^{\alpha}f(t)$$

所以, 方程(5-84)的解为

$$u(x,t)=\sum_{k=0}^{\infty}u_k(t)\sin(k\pi x/L),\quad v(x,t)=\sum_{k=0}^{\infty}v_k(t)\sin(k\pi x/L)$$

其中$u_k(t)$和$v_k(t)$分别通过式(5-90)和式(5-91)给出.

**例 5.4.2** 考虑如下定义在有限区域上的带有常数时滞的耦合分数阶波方程:

$$\begin{cases}\mathcal{D}_t^{\alpha}u(x,t)+(-\Delta)^{\frac{q_1}{2}}u(x,t)+(-\Delta)^{\frac{q_2}{2}}v(x,t)+(-\Delta)^{\frac{q_3}{2}}u(x,t-h)\\+(-\Delta)^{\frac{q_4}{2}}v(x,t-h)=f(x,t)\\({}_0^CD_t^{\beta}v)(x,t)+(-\Delta)^{\frac{r_1}{2}}u(x,t)+(-\Delta)^{\frac{r_2}{2}}v(x,t)\\+(-\Delta)^{\frac{r_3}{2}}u(x,t-h)+(-\Delta)^{\frac{r_4}{2}}v(x,t-h)=g(x,t)\\u(0,t)=u(L,t)=0,\ v(0,t)=v(L,t)=0,\ t\in[0,T]\\u(x,t)=\varphi_1(x,t),\ v(x,t)=\varphi_2(x,t),\ (x,t)\in[0,L]\times[-h,0]\\u_t(x,t)=\phi_1(x,t),\ v_t(x,t)=\phi_2(x,t),\ (x,t)\in[0,L]\times[-h,0]\end{cases} \tag{5-92}$$

其中$1<\alpha,\beta\leqslant 2,\ h>0,\ \varphi_1,\ \varphi_2,\ \phi_1,\ \phi_2\colon[0,L]\times[-h,0]\to\mathbb{R}$为给定的连续函数.

根据引理1.4.1, 则有$\lambda_k=\frac{k\pi}{L}$, 且$\Psi_k(x)=\sin(k\pi x/L),\ k=0,1,\cdots$. 那么, 令

$$\mu_1=\lambda_k^{q_1},\ \mu_2=\lambda_k^{q_2},\ \mu_3=\lambda_k^{q_3},\ \mu_4=\lambda_k^{q_4} \tag{5-93}$$

$$\sigma_1 = \lambda_k^{r_1}, \ \sigma_2 = \lambda_k^{r_2}, \ \sigma_3 = \lambda_k^{r_3}, \ \sigma_4 = \lambda_k^{r_4} \tag{5-94}$$

$$\varphi_{i,k}(t) = \frac{2}{L} \int_0^L \varphi_i(x,t) \sin(k\pi x/L) \mathrm{d}x, \ t \in [-h, 0] \tag{5-95}$$

$$\phi_{i,k}(t) = \frac{2}{L} \int_0^L \phi_i(x,t) \sin(k\pi x/L) \mathrm{d}x, \ t \in [-h, 0] \tag{5-96}$$

$\mathrm{e}_{\gamma,\rho}^{\nu;t}$ 和 $\mathcal{E}_{\gamma,\rho}^\nu$ 分别通过式(5-9)和式(5-10)给出, 且

$$u(x,t) = \sum_{k=0}^\infty u_k(t) \sin(k\pi x/L), \ v(x,t) = \sum_{k=0}^\infty v_k(t) \sin(k\pi x/L)$$

$$f(x,t) = \sum_{k=0}^\infty f_k(t) \sin(k\pi x/L), \ g(x,t) = \sum_{k=0}^\infty g_k(t) \sin(k\pi x/L)$$

根据引理5.1.2, 可以得到

$$v_k(t) = \begin{cases} E_\beta(-\mu_2 t^\beta) \varphi_{2,k}(0) + E_{\beta,2}(-\mu_2 t^\beta) \phi_{2,k}(0) \\ \quad - \left( \mathcal{E}_{\beta,\beta}^1 (\mu_3 u_k + \sigma_3 \varphi_{1,k}(t-h) + \sigma_4 \varphi_{2,k}(t-h) - g_k) \right)(t), \\ 0 \leqslant t < h \\[2mm] \displaystyle\sum_{n=0}^{\lceil t/h \rceil} (-1)^n \sigma_4^n \mathrm{e}_{\beta,n\beta+1}^{n+1;(t-nh)} \varphi_{2,k}(0) \\[2mm] \displaystyle+ \sum_{n=0}^{\lceil t/h \rceil} (-1)^n \sigma_4^n \mathrm{e}_{\beta,n\beta+2}^{n+1;(t-nh)} \phi_{2,k}(0) \\[2mm] \displaystyle- \mu_3 \sum_{n=0}^{\lceil t/h \rceil} (-1)^n \sigma_4^n \left( \mathcal{E}_{\beta,(n+1)\beta}^{n+1} u_k \right)(t-nh) \\[2mm] \displaystyle- \sigma_3 \sum_{n=0}^{\lceil t/h \rceil} (-1)^n \sigma_4^n \left( \mathcal{E}_{\beta,(n+1)\beta}^{n+1} u_k \right)(t-(n+1)h) \\[2mm] \displaystyle+ \sum_{n=0}^{\lceil t/h \rceil} (-1)^n \sigma_4^n \left( \mathcal{E}_{\beta,(n+1)\beta}^{n+1} g_k \right)(t-nh), h \leqslant t \leqslant T \end{cases} \tag{5-97}$$

和

$$u_k(t) = \sum_{m=0}^\infty \sum_{i=0}^m \frac{m!}{(m-i)!i!} (-\mu_1)^i (\mu_2\mu_3)^{m-i} \left( \mathcal{E}_{\beta,m\alpha+(m-i)\beta}^{m-i} \widehat{Q}_k \right)(t) \tag{5-98}$$

其中$\widehat{Q}_k(t)$为分段函数, 当$0 \leqslant t < h$时, 有

$$
\begin{aligned}
\widehat{Q}_k(t) \;=\;& \varphi_{1,k}(0) + \phi_{1,k}(0)t - \mu_2 E_{\beta,\alpha+1}(-\mu_2 t^\beta)\varphi_{2,k}(0) \\
& -\mu_2 E_{\beta,\alpha+2}(-\mu_2 t^\beta)\phi_{2,k}(0) \\
& +\mu_2\big(\mathcal{E}^1_{\beta,\beta+\alpha}(\sigma_3\varphi_{1,k}(t-h)+\sigma_4\varphi_{2,k}(t-h)-g_k)\big)(t) \\
& -\sigma_1\mathcal{I}^\alpha_{0^+}\varphi_{1,k}(t-h) - \sigma_2\mathcal{I}^\alpha_{0^+}\varphi_{2,k}(t-h) + \mathcal{I}^\alpha_{0^+}f_k(t)
\end{aligned}
$$

当$h \leqslant t \leqslant T$时, 有

$$
\begin{aligned}
\widehat{Q}_k(t) \;=\;& \varphi_{1,k}(0) + \phi_{1,k}(0)t \\
& -\mu_2 \sum_{n=0}^{\lceil t/h\rceil} (-1)^n \sigma_4^n \big(\mathrm{e}^{n+1;(t-nh)}_{\beta,n\beta+\alpha+1}\varphi_{2,k}(0) + \mathrm{e}^{n+1;(t-nh)}_{\beta,n\beta+\alpha+2}\phi_{2,k}(0)\big) \\
& -\sigma_2 \sum_{n=0}^{\lceil t/h\rceil} (-1)^n \sigma_4^n \big(\mathrm{e}^{n+1;(t-(n+1)h)}_{\beta,n\beta+\alpha+1}\varphi_{2,k}(0) + \mathrm{e}^{n+1;(t-(n+1)h)}_{\beta,n\beta+\alpha+2}\phi_{2,k}(0)\big) \\
& +\mu_2\mu_3 \sum_{n=1}^{\lceil t/h\rceil} (-1)^n \sigma_4^n \big(\mathcal{E}^{n+1}_{\beta,(n+1)\beta+\alpha}u_k\big)(t-nh) \\
& +\mu_2\sigma_3 \sum_{n=0}^{\lceil t/h\rceil} (-1)^n \sigma_4^n \big(\mathcal{E}^{n+1}_{\beta,(n+1)\beta+\alpha}u_k\big)(t-(n+1)h) \\
& -\mu_2 \sum_{n=0}^{\lceil t/h\rceil} (-1)^n \sigma_4^n \big(\mathcal{E}^{n+1}_{\beta,(n+1)\beta+\alpha}g\big)(t-nh) - \sigma_1\mathcal{I}^\alpha_{0^+}u_k(t-h) \\
& +\sigma_2\mu_3 \sum_{n=0}^{\lceil t/h\rceil} (-1)^n \sigma_4^n \big(\mathcal{E}^{n+1}_{\beta,(n+1)\beta+\alpha}u_k\big)(t-(n+1)h) \\
& +\sigma_2\sigma_3 \sum_{n=0}^{\lceil t/h\rceil} (-1)^n \sigma_4^n \big(\mathcal{E}^{n+1}_{\beta,(n+1)\beta+\alpha}u_k\big)(t-(n+2)h) \\
& -\sigma_2 \sum_{n=0}^{\lceil t/h\rceil} (-1)^n \sigma_4^n \big(\mathcal{E}^{n+1}_{\beta,(n+1)\beta+\alpha}g\big)(t-(n+1)h) + \mathcal{I}^\alpha_{0^+}f(t)
\end{aligned}
$$

所以, 方程(5-92)的解为

$$u(x,t) = \sum_{k=0}^{\infty} u_k(t)\sin(k\pi x/L), \ v(x,t) = \sum_{k=0}^{\infty} v_k(t)\sin(k\pi x/L)$$

其中, $v_k(t)$和$u_k(t)$分别通过式(5-97)和式(5-98)给出.

# 6 定义在有限区域上的带有分数阶布朗运动的分数阶偏微分方程的解析解

本章研究的是定义在有限区域上的带有分数阶布朗运动的分数阶偏微分方程的解析解.

## 6.1 带有分数阶布朗运动的分数阶随机微分方程解的表示

首先介绍分数阶布朗运动的定义. 设$(\Omega, \mathcal{F}, \mathcal{P})$为完备概率空间, $[0, T]$表示有限时间区间.

**定义 6.1.1** 指标为$H \in (0, 1)$的一维分数阶布朗运动$B_H = \{B_H(t), t \in [0, T]\}$是一个定义在概率空间$(\Omega, \mathcal{F}, \mathcal{P})$上的连续中心高斯过程, 且协方差函数为

$$E[B_H(t)B_H(s)] = \frac{1}{2}(t^{2H} + s^{2H} - |t - s|^{2H}), \quad t, s \in [0, T]$$

如果$H = \frac{1}{2}$, 那么相应的分数阶布朗运动就是通常意义上的布朗运动. 如果$H > \frac{1}{2}$, 那么分数阶布朗运动展现出长时依赖性.

本书中, 假设$H \in (\frac{1}{2}, 1)$.

**引理 6.1.1** (分数阶Itô公式) 若$X(t)$满足

$$\mathrm{d}X(t) = u(t)\mathrm{d}t + v(t)\mathrm{d}B_H(t) \tag{6-1}$$

其中$u, v$是给定的函数. 设$f \in C^2(\mathbb{R})$, 且对任意$X \in \mathbb{R}$, $f'(X)$和$f''(X)$存在并连续. 则有

$$\mathrm{d}f(X(t)) = (f'(X(t))u(t) + Hf''(X(t))t^{2H-1}v^2(t))\mathrm{d}t$$

$$+f'(X(t))v(t)\mathrm{d}B_H(t) \tag{6-2}$$

注意到, 如果 $H = \frac{1}{2}$, 那么式 (6-2) 就是经典的 Itô 公式.

考虑定义在有限时间区间 $[0, T]$ 上的分数阶随机微分方程:

$$\frac{\mathrm{d}Y(t)}{\mathrm{d}t} + D_t^\alpha\big(a(t)Y(t) + p(t)\big) = \big(b(t)Y(t) + q(t)\big)$$
$$+\big(\sigma(t)Y(t) + v(t)\big)\frac{\mathrm{d}B_H(t)}{\mathrm{d}t}, \ Y(0) = y_0 \tag{6-3}$$

其中 $b, p, \sigma, q, a, v \in C([0, T])$, $0 < \alpha \leqslant 1$, $B_H$ 为定义在 $[0, T]$ 上的分数阶布朗运动, $y_0$ 为定义在 $(\Omega, \mathcal{F}, \mathcal{P})$ 上的实值随机变量, 且对任意 $t \in [0, T]$, $y_0$ 与 $B_h(t)$ 相互独立.

本节首先给出方程 (6-3) 的一种等价形式, 然后再研究它的解析解.

在给出方程 (6-3) 的等价形式之前, 首先给出关于 $(\mathrm{d}t)^\alpha$ 积分的定义:

$$\int_0^t f(\tau)(\mathrm{d}\tau)^\alpha = \alpha\int_0^t (t - \tau)^{\alpha-1}f(\tau)\mathrm{d}\tau, \quad t > 0 \tag{6-4}$$

其中 $f \in C([0, T])$, 且 $0 < \alpha \leqslant 1$. 基于此定义, 可以得到 Riemann-Liouville 分数阶积分和关于 $(\mathrm{d}t)^\alpha$ 积分之间的关系:

$$\int_0^t f(\tau)(\mathrm{d}\tau)^\alpha = \alpha\Gamma(\alpha)(\mathcal{I}_t^\alpha f)(t), \quad t > 0 \tag{6-5}$$

其中 $f \in C([0, T])$, 且 $0 < \alpha \leqslant 1$.

在方程 (6-3) 的两端同时做积分, 可知方程 (6-3) 等价于积分方程:

$$
\begin{aligned}
Y(t) \ = \ & y_0 - \frac{1}{\Gamma(1 - \alpha)}\int_0^t (t - \tau)^{-\alpha}\big(a(\tau)Y(\tau) + p(\tau)\big)\mathrm{d}\tau \\
& + \int_0^t \big(b(\tau)Y(\tau) + q(\tau)\big)\mathrm{d}\tau \\
& + \int_0^t \big(\sigma(\tau)Y(\tau) + v(\tau)\big)\mathrm{d}B_H(\tau)
\end{aligned} \tag{6-6}
$$

借助式 (6-4), 方程 (6-6) 可以改写为

$$Y(t) \ = \ y_0 - \frac{1}{\Gamma(2 - \alpha)}\int_0^t \big(a(\tau)Y(\tau) + p(\tau)\big)(\mathrm{d}\tau)^{1-\alpha}$$

$$+ \int_0^t \big(b(\tau)Y(\tau) + q(\tau)\big)\mathrm{d}\tau$$

$$+ \int_0^t \big(\sigma(\tau)Y(\tau) + v(\tau)\big)\mathrm{d}B_H(\tau) \tag{6-7}$$

也就是说, 方程(6-3)等价于下列方程

$$\begin{cases} \mathrm{d}Y(t) = \frac{1}{\Gamma(2-\alpha)}\big(a(t)Y(t) + p(t)\big)(\mathrm{d}t)^{1-\alpha} + \big(b(t)Y(t) + q(t)\big)\mathrm{d}t \\ \quad + \big(\sigma(t)Y(t) + v(t)\big)\mathrm{d}B_H(t) \\ Y(0) = y_0 \end{cases} \tag{6-8}$$

所以, 只需要求解方程(6-8)即可. 为了得到方程(6-8)的解, 下一节中将考虑其对应的齐次微分方程的解.

### 6.1.1 线性问题解的表示

方程(6-8)所对应的齐次微分方程为

$$\begin{cases} \mathrm{d}Y(t) = \frac{1}{\Gamma(2-\alpha)}a(t)Y(t)(\mathrm{d}t)^{1-\alpha} + b(t)Y(t)\mathrm{d}t + \sigma(t)Y(t)\mathrm{d}B_H(t) \\ Y(0) = y_0 \end{cases} \tag{6-9}$$

为了得到方程(6-9)的解, 将方程(6-9)分解为三个子方程:

$$\mathrm{d}Y^f(t) = \frac{1}{\Gamma(2-\alpha)}a(t)Y^f(t)(\mathrm{d}t)^{1-\alpha}, \quad Y^f(0) = y_0^f \tag{6-10}$$

$$\mathrm{d}Y^d(t) = b(t)Y^d(t)\mathrm{d}t, \quad Y^d(0) = y_0^d \tag{6-11}$$

$$\mathrm{d}Y^s(t) = \sigma(t)Y^s(t)\mathrm{d}B_H(t), \quad Y^s(0) = y_0^s \tag{6-12}$$

其中$y_0^f, y_0^d, y_0^s$是满足条件$y_0^f y_0^d y_0^s = y_0$的三个常数. 显然, 有

$$\begin{aligned} \mathrm{d}(Y^f Y^d Y^s) &= Y^d Y^s(\mathrm{d}Y^f) + Y^f Y^s(\mathrm{d}Y^d) + Y^f Y^d(\mathrm{d}Y^s) \\ &= Y^d Y^s \frac{1}{\Gamma(2-\alpha)}a(t)Y^f(t)(\mathrm{d}t)^{1-\alpha} + Y^f Y^s b(t)Y^d(t)\mathrm{d}t \\ &\quad + Y^f Y^d \sigma(t)Y^s(t)\mathrm{d}B_H(t) \\ &= \frac{1}{\Gamma(2-\alpha)}a(t)Y(t)(\mathrm{d}t)^{1-\alpha} + b(t)Y(t)\mathrm{d}t + \sigma(t)Y(t)\mathrm{d}B_H(t) \end{aligned}$$

这表明$Y = Y^f Y^d Y^s$是方程(6-9)的解.

接下来, 目标是求解方程(6-10)和(6-12). 首先考虑方程(6-10)的解.

**引理 6.1.2** 设$0 < \alpha < 1$, 且$a \in C([0, T])$. 那么, 方程(6-10)的解为

$$Y^f(t) = \sum_{i=0}^{\infty} \mathcal{R}_a^i y_0^f \tag{6-13}$$

其中$\mathcal{R}_a$是定义在$C([0, T])$上的算子:

$$(\mathcal{R}_a \varphi)(t) = \frac{1}{\Gamma(1-\alpha)} \int_0^t (t-\tau)^{-\alpha} a(\tau) \varphi(\tau) \mathrm{d}\tau \tag{6-14}$$

$\mathcal{R}_a^0$表示恒等算子, 并且$\mathcal{R}_a^i$表示算子$\mathcal{R}_a$的$i$次复合算子, $i = 1, 2, \cdots$.

**证明:** 注意到, 方程(6-10)等价于下列积分方程:

$$Y(t) = y_0 + \frac{1}{\Gamma(1-\alpha)} \int_0^t (t-\tau)^{-\alpha} a(\tau) Y(\tau) \mathrm{d}\tau \tag{6-15}$$

构造连续近似迭代序列$\{Y_{(k)}^f\}$:

$$Y_{(k+1)}^f(t) = y_0 + \frac{1}{\Gamma(1-\alpha)} \int_0^t (t-\tau)^{-\alpha} a(\tau) Y_{(k)}^f(\tau) \mathrm{d}\tau, k = 0, 1, \cdots \tag{6-16}$$

其中$Y_{(0)}^f(t) \equiv y_0^f$. 那么, 对$k$做数学归纳法, 可以得到

$$Y_{(k)}^f(t) = \sum_{i=0}^{k} \mathcal{R}_a^i y_0^f, \ k = 0, 1, 2, \cdots \tag{6-17}$$

其中, 算子$\mathcal{R}_a$的定义见式(6-14).

下面, 将证明级数$\sum_{i=0}^{\infty} (\mathcal{R}_a^i y_0^f)(t)$关于$t \in [0, T]$一致收敛. 因为$a(t) \in C([0, T])$, 所以, 存在常数$M > 0$使得对所有$t \in [0, T]$, 都有$\|a\| \leqslant M$. 从而有

$$\left\| (\mathcal{R}_a y_0^f)(t) \right\| = \left\| \frac{y_0^f}{\Gamma(1-\alpha)} \int_0^t (t-\tau)^{-\alpha} a(\tau) \mathrm{d}\tau \right\| \leqslant \frac{y_0^f M t^{1-\alpha}}{\Gamma(2-\alpha)} \tag{6-18}$$

进一步, 假设对任意固定的 $i \in \mathbb{N}$, 关系

$$\left\|(\mathcal{R}_a^i y_0^f)(t)\right\| \leqslant \frac{y_0^f M^i t^{i(1-\alpha)}}{\Gamma(i(1-\alpha)+1)} \tag{6-19}$$

成立. 下面将验证对 $i+1$ 关系式 (6-19) 也成立. 利用归纳假设, 可以推得

$$\left\|(\mathcal{R}_a^{i+1} y_0^f)(t)\right\| = \frac{1}{\Gamma(1-\alpha)}\left\|\int_0^t (t-\tau)^{-\alpha} a(\tau)(\mathcal{R}_a^i y_0^f)(\tau)\mathrm{d}\tau\right\|$$

$$\leqslant \frac{y_0^f M^{i+1}}{\Gamma(1-\alpha)\Gamma(i(1-\alpha)+1)}\int_0^t (t-\tau)^{-\alpha}\tau^{i(1-\alpha)}\mathrm{d}\tau$$

做一变量代换 $\tau = \omega t$, 则有

$$\int_0^t (t-\tau)^{-\alpha}\tau^{i(1-\alpha)}\mathrm{d}\tau = t^{(i+1)(1-\alpha)}\int_0^1 (1-\omega)^{-\alpha}\omega^{i(1-\alpha)}\mathrm{d}\omega$$

$$= t^{(i+1)(1-\alpha)}\frac{\Gamma(1-\alpha)\Gamma(i(1-\alpha)+1)}{\Gamma((i+1)(1-\alpha)+1)}$$

进一步, 利用关系式:

$$B(z,w) = \frac{\Gamma(z)\Gamma(w)}{\Gamma(z+w)}$$

所以, 有 $\left\|(\mathcal{R}_a^{i+1} y_0^f)(t)\right\| \leqslant \frac{y_0^f M^{i+1} t^{(i+1)(1-\alpha)}}{\Gamma((i+1)(1-\alpha)+1)}$. 从而, 对任意 $i \in \mathbb{N}$, 有

$$\left\|(\mathcal{R}_a^i y_0^f)(t)\right\| \leqslant \frac{y_0^f M^i t^{i(1-\alpha)}}{\Gamma(i(1-\alpha)+1)} \tag{6-20}$$

也就是说, 级数 $\sum_{i=0}^{\infty}(\mathcal{R}_a^i y_0^f)(t)$ 关于 $t \in [0,T]$ 一致收敛, 并且其和函数是方程 (6-10) 的唯一解. 证毕.

下面考虑分数阶随机微分方程 (6-12) 的解.

**引理 6.1.3** 设 $\frac{1}{2} < H < 1$, 且 $\sigma \in C([0,T])$. 那么, 方程 (6-12) 的解可以表示为

$$Y^s(t) = y_0^s \exp\left(-H\int_0^t \tau^{2H-1}\sigma^2(\tau)\mathrm{d}\tau + \int_0^t \sigma(\tau)\mathrm{d}B_H(\tau)\right) \tag{6-21}$$

**证明:** 设

$$Y^s(t) = y_0^s \exp\left(\int_0^t p_1(\tau)\mathrm{d}\tau + \int_0^t p_2(\tau)\mathrm{d}B_H(\tau)\right) \tag{6-22}$$

是方程(6-12)的解. 那么, 它满足方程(6-12), 也就是说,

$$\mathrm{d}Y^s(t) = y_0^s \sigma(t) \exp\left(\int_0^t p_1(\tau)\mathrm{d}\tau + \int_0^t p_2(\tau)\mathrm{d}B_H(\tau)\right)\mathrm{d}B_H(t) \tag{6-23}$$

另外, 对方程(6-23)中的$Y^s(t)$应用分数阶Itô公式, 可以得到

$$\begin{aligned}\mathrm{d}Y^s(t) &= x_0 \exp\left(\int_0^t p_1(\tau)\mathrm{d}\tau + \int_0^t p_2(\tau)\mathrm{d}B_H(\tau)\right)\\ &\quad \times \left(p_1(t) + Ht^{2H-1}p_2^2(t)\right)\mathrm{d}t + p_2(t)\mathrm{d}B_H(t)\end{aligned} \tag{6-24}$$

式(6-23)和式(6-24)相减, 可以得到

$$p_2(t) = \sigma(t), \quad p_1(t) = -Ht^{2H-1}\sigma^2(t) \tag{6-25}$$

所以, 方程(6-12)的解为

$$Y^s(t) = y_0^s \exp\left(-H\int_0^t \tau^{2H-1}\sigma^2(\tau)\mathrm{d}\tau + \int_0^t \sigma(\tau)\mathrm{d}B_H(\tau)\right) \tag{6-26}$$

证毕.

基于引理 6.1.2 和引理 6.1.3, 可以建立下面的定理.

**定理 6.1.1** 设 $a, b, \sigma \in C([0,T])$, $0 < \alpha < 1$, 且 $\frac{1}{2} < H < 1$. 那么, 方程(6-9)的解为

$$Y(t) = \exp\left(\int_0^t \left(b(\tau) - H\tau^{2H-1}\sigma^2(\tau)\right)\mathrm{d}\tau + \int_0^t \sigma(\tau)\mathrm{d}B_H(\tau)\right) \sum_{i=0}^{\infty} \mathcal{R}_a^i y_0$$

其中$\mathcal{R}_a$的定义见式(6-14), 并且$\mathcal{R}_a^i$表示算子$\mathcal{R}_a$的$i$次复合算子.

记

$$
\begin{aligned}
\Phi(t) \;=\;& \exp\left(\int_0^t b(\tau)\mathrm{d}\tau - H\int_0^t \tau^{2H-1}\sigma^2(\tau)\mathrm{d}\tau + \int_0^t \sigma(\tau)\mathrm{d}B_H(\tau)\right) \\
& \times \sum_{i=0}^\infty \mathcal{R}_a^i \qquad\qquad (6\text{-}27)
\end{aligned}
$$

可以看到$\Phi$是方程(6-9)的基本解. 下面我们将证明$\Phi$是可逆的.

**定理 6.1.2** 设$\Phi$是方程(6-9)的基本解. 那么, 对任意$t\in[0,T]$, $\Phi$是可逆的, 并且它的逆为

$$
\begin{aligned}
\Phi^{-1} \;=\;& \exp\left(-\int_0^t \big(b(\tau)-H\tau^{2H-1}\sigma^2(\tau)\big)\mathrm{d}\tau - \int_0^t \sigma(\tau)\mathrm{d}B_H(\tau)\right) \\
& \times \sum_{i=0}^\infty (-1)^i \mathcal{R}_a^i \qquad\qquad (6\text{-}28)
\end{aligned}
$$

其中$\mathcal{R}_a$的定义为式(6-14).

**证明:** 根据定理6.1.1, 可以看到方程

$$
\begin{aligned}
\mathrm{d}Z(t) \;=\;& -\frac{1}{\Gamma(2-\alpha)}a(t)Z(t)(\mathrm{d}t)^{1-\alpha} - \big(b(t)-2Ht^{2H-1}\sigma^2(t)\big)Z(t)\mathrm{d}t \\
& -\sigma(t)Z(t)\mathrm{d}B_H(t),\ Z(0)=z_0 \qquad\qquad (6\text{-}29)
\end{aligned}
$$

存在唯一解$Z(t)=z_0\Psi(t)$, 其中$\Psi(t)$是方程(6-29)的解, 它的表达式为

$$
\Psi = \exp\left(-\int_0^t \big(b(\tau)-H\tau^{2H-1}\sigma^2(\tau)\big)\mathrm{d}\tau - \int_0^t \sigma(\tau)\mathrm{d}B_H(\tau)\right)\sum_{i=0}^\infty (-1)^i\mathcal{R}_a^i
$$

从而

$$
\begin{aligned}
\mathrm{d}\Psi(t) \;=\;& -\frac{1}{\Gamma(2-\alpha)}a(t)\Psi(t)(\mathrm{d}t)^{1-\alpha} - \big(b(t)-2Ht^{2H-1}\sigma^2(t)\big)\Psi(t)\mathrm{d}t \\
& -\sigma(t)\Psi(t)\mathrm{d}B_H(t) \qquad\qquad (6\text{-}30)
\end{aligned}
$$

又因为 $\Phi$ 满足

$$
\begin{aligned}
\mathrm{d}\Phi(t) \;=\; & \frac{1}{\Gamma(2-\alpha)}a(t)\Phi(t)(\mathrm{d}t)^{1-\alpha} + b(t)\Phi(t)\mathrm{d}t \\
& + \sigma(t)\Phi(t)\mathrm{d}B_H(t)
\end{aligned}
\tag{6-31}
$$

那么, 根据函数乘积的微分法则, 可以得到

$$
\mathrm{d}(\Phi\Psi) = \Psi(\mathrm{d}\Phi) + \Phi(\mathrm{d}\Psi) + \mathrm{d}\Phi\mathrm{d}\Psi = 0
\tag{6-32}
$$

这表明对任意 $t \in [0,T]$, 有 $\Phi\Psi \equiv \mathrm{constant}$. 另外, 由于 $\Phi(0)\Psi(0) = 1$. 所以, 对任意 $t \in [0,T]$, 有 $\Phi(t)\Psi(t) \equiv 1$. 也就是说, 对任意 $t \in [0,T]$, $\Phi$ 是可逆的 $[0,T]$, 且其逆为 $\Psi$. 证毕.

### 6.1.2　非线性问题解的表示

本小节考虑非齐次方程(6-3)的解. 采用常数变易法去寻找方程(6-3)的特解 $Y_p$. 假设

$$
Y_p(t) = \Phi(t)c(t)
\tag{6-33}
$$

是方程(6-3)的特解, 其中 $c(t)$ 是一未知的随机函数, 且满足 $c(0) = y_0$.

根据乘积公式, 有

$$
\mathrm{d}Y_p(t) = \mathrm{d}\Phi(t)c(t) + \Phi(t)\mathrm{d}c(t) + \mathrm{d}\Phi(t)\mathrm{d}c(t)
\tag{6-34}
$$

因为 $\Phi$ 是可逆的, 所以有

$$
\mathrm{d}c(t) = \Phi^{-1}\big(\mathrm{d}Y_p(t) - \mathrm{d}\Phi(t)c(t) - \mathrm{d}\Phi(t)\mathrm{d}c(t)\big)
\tag{6-35}
$$

又因为 $Y_p(t)$ 是方程(6-3)的特解, 并且 $\Phi$ 是方程(6-9)的基本解, 则有

$$
\begin{aligned}
\mathrm{d}c(t) \;=\; & \Phi^{-1}(t)p(t)(\mathrm{d}t)^{1-\alpha} + \Phi^{-1}(t)q(t)\mathrm{d}t + \Phi^{-1}(t)v(t)\mathrm{d}B_H(t) \\
& - \Phi^{-1}\mathrm{d}\Phi(t)\mathrm{d}c(t)
\end{aligned}
$$

又由于

$$\mathrm{d}\Phi(t)\mathrm{d}c(t) = 2Ht^{2H-1}v(t)\sigma(t)\mathrm{d}t$$

则有

$$
\begin{aligned}
\mathrm{d}c(t) &= \Phi^{-1}(t)p(t)(\mathrm{d}t)^{1-\alpha} + \Phi^{-1}(t)\big(q(t) - 2Ht^{2H-1}v(t)\sigma(t)\big)\mathrm{d}t \\
&\quad + \Phi^{-1}(t)v(t)\mathrm{d}B_H(t)
\end{aligned}
\tag{6-36}
$$

且

$$
\begin{aligned}
c(t) &= c(0) + \int_0^t \Phi^{-1}(\tau)p(\tau)(\mathrm{d}\tau)^{1-\alpha} \\
&\quad + \int_0^t \Phi^{-1}(\tau)\big(q(\tau) - 2H\tau^{2H-1}v(\tau)\sigma(\tau)\big)\mathrm{d}\tau \\
&\quad + \int_0^t \Phi^{-1}(\tau)v(\tau)\mathrm{d}B_H(\tau)
\end{aligned}
\tag{6-37}
$$

所以, 方程(6-3)的解为

$$
\begin{aligned}
Y(t) &= \Phi(t)y_0 + \int_0^t \Phi(t,\tau)p(\tau)(\mathrm{d}\tau)^{1-\alpha} \\
&\quad + \int_0^t \Phi(t,\tau)\big(q(\tau) - 2H\tau^{2H-1}v(\tau)\sigma(\tau)\big)\mathrm{d}\tau \\
&\quad + \int_0^t \Phi(t,\tau)v(\tau)\mathrm{d}B_H(\tau)
\end{aligned}
\tag{6-38}
$$

其中 $\Phi(t,\tau) = \Phi(t)\Phi^{-1}(\tau)$, $\Phi$ 和 $\Phi^{-1}$ 的定义分别为式(6-27)和式(6-28).

基于以上分析, 可以建立如下定理.

**定理 6.1.3** 设 $a, p, q, v, \sigma \in C[0,T]$, $0 < \alpha < 1$, 且 $\frac{1}{2} < H < 1$. 那么, 方程(6-3)的解为

$$Y(t) = \Phi(t)y_0 + \int_0^t \Phi(t,\tau)p(\tau)(\mathrm{d}\tau)^{1-\alpha}$$

$$+ \int_0^t \Phi(t,\tau)\big(q(\tau) - 2H\tau^{2H-1}v(\tau)\sigma(\tau)\big)\mathrm{d}\tau$$

$$+ \int_0^t \Phi(t,\tau)v(\tau)\mathrm{d}B_H(\tau) \tag{6-39}$$

其中$\Phi(t,\tau) = \Phi(t)\Phi^{-1}(\tau)$, $\Phi$和$\Phi^{-1}$的定义分别为式(6-27)和式(6-28).

## 6.2   应用

本节通过两个例子来展示所得到结果的实用性.

**例 6.2.1** 考虑如下分数阶随机偏微分方程:

$$\frac{\partial U(x,t)}{\partial t} + D_t^\alpha U(x,t) = -k_{p_1}(-\Delta)^{\frac{p_1}{2}}U(x,t) - k_{p_2}(-\Delta)^{\frac{p_2}{2}}U(x,t)$$

$$+ U(x,t)\frac{\mathrm{d}B_H(t)}{\mathrm{d}t} \tag{6-40}$$

满足非齐次Dirichlet边界条件

$$U(0,t) = U(L,t) = 0 \tag{6-41}$$

和初始条件

$$U(x,0) = \phi(x) \tag{6-42}$$

其中$(x,t) \in [0,L] \times [0,T]$ (L和T为常数), $0 < \alpha < 1$, $0 < p_1 \leqslant 1$, $1 < p_2 \leqslant 2$, $\frac{1}{2} < H < 1$, 且$\varphi(x)$为一随机函数.

根据引理1.4.1, 满足齐次边界条件的拉普拉斯算子$(-\Delta)$的特征值$\lambda_n^2$ $(n = 1,2,\cdots)$为$\lambda_n^2 = n^2\pi^2/L^2$, 且其相应的特征函数为$\varphi_n(x) = \sin(n\pi x/L)$, $n = 1,2,\cdots$. 那么, 令

$$U(x,t) = \sum_{n=1}^\infty U_n(t)\sin(n\pi x/L) \tag{6-43}$$

将式(6-43)代入式(6-40)和式(6-42), 可以得到满足初始条件

$$U_n(0) = \frac{2}{L}\int_0^L \phi(x)\sin(n\pi x/L)\mathrm{d}x \tag{6-44}$$

的方程

$$\frac{\mathrm{d}U_n(t)}{\mathrm{d}t} + D_t^\alpha U_n(t) = -k_{p_1}\lambda_n^{p_1}U_n(t) - k_{p_2}\lambda_n^{p_2}U_n(t) \\ + U_n(t)\frac{\mathrm{d}B_H(t)}{\mathrm{d}t} \tag{6-45}$$

根据定理6.1.1, 满足初始条件(6-44)的方程(6-45)的解为

$$U_n(t) = U_n(0)\exp\left(\left(-k_{p_1}\lambda_n^{p_1} - k_{p_2}\lambda_n^{p_2}\right)t - \frac{t^{2H}}{H} + B_H(t)\right) \\ \times E_{1-\alpha}(t^{1-\alpha}) \tag{6-46}$$

所以, 满足边界条件(6-41)和初始条件(6-42)的方程(6-40)的解为

$$u(x,t) = \sum_{n=1}^{\infty} U_n(0)\exp\left(\left(-k_{p_1}\lambda_n^{p_1} - k_{p_2}\lambda_n^{p_2}\right)t - \frac{t^{2H}}{H} + B_H(t)\right) \\ \times E_{1-\alpha}(t^{1-\alpha})\sin(n\pi x/L)$$

**例 6.2.2** 考虑如下分数阶随机偏微分方程:

$$\frac{\partial U(x,t)}{\partial t} + D_t^\alpha U(x,t) = -k_{p_1}(-\Delta)^{\frac{p_1}{2}}U(x,t) - k_{p_2}(-\Delta)^{\frac{p_2}{2}}U(x,t) \\ + v(t)\frac{\mathrm{d}B_H(t)}{\mathrm{d}t} + f(x,t) \tag{6-47}$$

满足齐次Dirichlet边界条件

$$U(0,t) = U(L,t) = 0 \tag{6-48}$$

和初始条件

$$U(x,0) = \psi(x) \tag{6-49}$$

其中$(x,t) \in [0,L] \times [0,T]$ ($L$和$T$为常数), $0 < \alpha < 1$, $0 < p_1 \leqslant 1$, $1 < p_2 \leqslant 2$, $\frac{1}{2} < H < 1$, 且$\varphi(x)$为一随机函数.

根据引理1.4.1, 满足齐次边界条件的拉普拉斯算子$(-\Delta)$的特征值$\lambda_n^2$ 为$n^2\pi^2/L^2$, 且其相应的特征函数为$\varphi_n(x) = \sin(n\pi x/L)$, $n = 1, 2, \cdots$. 那么, 令

$$U(x,t) = \sum_{n=1}^{\infty} U_n(t)\sin(n\pi x/L), \quad f(x,t) = \sum_{n=1}^{\infty} f_n(t)\sin(n\pi x/L) \quad (6\text{-}50)$$

将式(6-50)代入式(6-47)和式(6-49), 可以得到满足初始条件

$$U_n(0) = \frac{2}{L}\int_0^L \psi(x)\sin(n\pi x/L)\mathrm{d}x \quad (6\text{-}51)$$

的方程

$$\begin{aligned}\frac{\mathrm{d}U_n(t)}{\mathrm{d}t} + D_t^\alpha U_n(t) &= -k_{p_1}\lambda_n^{p_1}U_n(t) - k_{p_2}\lambda_n^{p_2}U_n(t) \\ &\quad + v(t)\frac{\mathrm{d}B_H(t)}{\mathrm{d}t} + f_n(t)\end{aligned} \quad (6\text{-}52)$$

根据定理6.1.3, 满足初始条件(6-51)的方程(6-52)的解为

$$\begin{aligned}U_n(t) &= \Phi(t)U_n(0) + \int_0^t \Phi(t,\tau)f_n(\tau)(\mathrm{d}\tau)^{1-\alpha} + \int_0^t \Phi(t,\tau)f_n(\tau)\mathrm{d}\tau \\ &\quad + \int_0^t \Phi(t,\tau)v(\tau)\mathrm{d}B_H(\tau)\end{aligned} \quad (6\text{-}53)$$

其中

$$\Phi(t) = \exp\left(-(k_{p_1}\lambda_n^{p_1} + k_{p_2}\lambda_n^{p_2})t\right)E_{1-\alpha}(t^{1-\alpha}) \quad (6\text{-}54)$$

$$\Phi^{-1}(t) = \exp\left((k_{p_1}\lambda_n^{p_1} + k_{p_2}\lambda_n^{p_2})t\right)E_{1-\alpha}(-t^{1-\alpha}) \quad (6\text{-}55)$$

且$\Phi(t,\tau) = \Phi(t)\Phi^{-1}(\tau)$.

所以, 满足边界条件(6-48)和初始条件(6-49)的方程(6-50)的解为

$$U(x,t) = \sum_{n=1}^{\infty} U_n(t)\sin(n\pi x/L)$$

其中$U_n(t)$的定义为式(6-53).

# 7 定义在无限区域上的分数阶偏微分方程的解析解

考虑定义在无限区域上的多项时间-空间分数阶偏微分方程:

$$P(D_t^*)u(x,t) = \nu^2 {}_{-\infty}D_x^\gamma u(x,t) + \xi^2 u(x,t) + f(x,t) \tag{7-1}$$

其中空间变量$x \in \mathbb{R}$, 时间变量$t > 0$, $\nu^2$为扩散系统, $f$为非线性函数, 并且假设$\lim\limits_{|x|\to\infty} u(x,t) = 0$.

这里, 算子$P(D_t^*)u(x,t)$定义为

$$P(D_t^*)u(x,t) = \left( {}_0^C D_t^\alpha + \sum_{i=1}^p a_{i0}^C D_t^{\alpha_i} \right) u(x,t), \ 0 \leqslant \alpha_p < \cdots < \alpha_1 < \alpha \leqslant 2$$

其中${}_0^C D_t^{\alpha_i}$为关于时间$t$的$\alpha_i$阶Caputo分数阶导数, ${}_{-\infty}D_x^\gamma$为关于空间变量$x$的$\gamma$阶Wely分数阶算子, 并且$n-1 < \gamma \leqslant n, n \in \mathbb{N}$.

在讨论方程(7-1)的解之前, 先给出下面几个引理.

## 7.1 准备工作

**引理 7.1.1** 设$0 \leqslant \alpha_p < \cdots < \alpha_1 < \alpha$, 且$\left| \dfrac{\sum\limits_{i=2}^p a_i s^{\alpha_i}+b}{s^\alpha+a_1 s^{\alpha_1}} \right| < 1$. 那么, 有

$$\mathcal{L}^{-1}\left\{ \frac{1}{s^\alpha + \sum\limits_{i=1}^p a_i s^{\alpha_i} + b} \right\}$$

$$= \sum_{m=0}^\infty \frac{(-1)^m}{m!} \sum_{k_1+k_2+\cdots+k_p=m} (m; k_1, k_2, \cdots, k_p)$$

$$\times \prod_{i=2}^p b^{k_1} a_i^{k_i} t^{(\alpha-\alpha_1)m+\alpha+k_1\alpha_1+\sum_{j=2}^p k_j(\alpha_1-\alpha_j)-1}$$

$$\times E^{(m)}_{\alpha-\alpha_1,\alpha+k_1\alpha_1+\sum_{j=2}^p k_j(\alpha_1-\alpha_j)}(-a_1 t^{\alpha-\alpha_1})$$

其中 $(m;k_1,k_2,\cdots,k_p)$ 定义为

$$(m;k_1,k_2,\cdots,k_p) = \frac{m!}{k_1!k_2!\cdots k_p!}$$

这里 $k_1+k_2+\cdots+k_p = m$, 并且 $k_i \geqslant 0$, $i = 1,2,\cdots,p$.

**证明：** 不失一般性, 假设 $a_1 \neq 0$. 那么, 有

$$\frac{1}{s^\alpha + \sum\limits_{i=1}^p a_i s^{\alpha_i} + b}$$

$$= \frac{1}{s^\alpha + a_1 s^{\alpha_1}} \frac{1}{1 + \frac{\sum\limits_{i=2}^p a_i s^{\alpha_i} + b}{s^\alpha + a_1 s^{\alpha_1}}}$$

$$= \frac{1}{s^{\alpha_1}(s^{\alpha-\alpha_1} + a_1)} \frac{1}{1 + \frac{s^{-\alpha_1}(\sum\limits_{i=2}^p a_i s^{\alpha_i} + b)}{s^{\alpha-\alpha_1} + a_1}}$$

$$= \frac{1}{s^{\alpha_1}(s^{\alpha-\alpha_1} + a_1)} \sum_{m=0}^\infty (-1)^m \frac{\left(\sum\limits_{i=2}^p a_i s^{\alpha_i} + b\right)^m (s^{-\alpha_1})^m}{(s^{\alpha-\alpha_1} + a_1)^m}$$

$$= \sum_{m=0}^\infty (-1)^m \frac{s^{-\alpha_1}}{(s^{\alpha-\alpha_1} + a_1)^{m+1}} \left(\sum_{i=2}^p a_i s^{\alpha_i-\alpha_1} + b s^{-\alpha_1}\right)^m$$

$$= \sum_{m=0}^\infty (-1)^m \frac{s^{-\alpha_1}}{(s^{\alpha-\alpha_1} + a_1)^{m+1}} \sum_{k_1+\cdots+k_p=m} (m;k_1,\cdots,k_p)$$

$$\times \prod_{i=2}^p b^{k_1} s^{-k_1\alpha_1} (a_i s^{\alpha_i-\alpha_1})^{k_i}$$

$$= \sum_{m=0}^\infty (-1)^m \sum_{k_1+\cdots+k_p=m} (m;k_1,\cdots,k_p) \prod_{i=2}^p b^{k_1} a_i^{k_i} \frac{s^{\sum_{j=2}^p k_j(\alpha_j-\alpha_1)-k_1\alpha_1-\alpha_1}}{(s^{\alpha-\alpha_1} + a_1)^{m+1}}$$

对上式取拉普拉斯逆变换, 可以得到

$$G(t) = \mathcal{L}^{-1}\left\{\frac{1}{s^{\alpha} + \sum\limits_{i=1}^{p} a_i s^{\alpha_i} + b}\right\}$$

$$= \sum_{m=0}^{\infty} \frac{(-1)^m}{m!} \sum_{k_1+k_2+\cdots+k_p=m} (m; k_1, k_2, \cdots, k_p)$$

$$\times \prod_{i=2}^{p} b^{k_1} a_i^{k_i} t^{(\alpha-\alpha_1)m+\alpha+k_1\alpha_1+\sum_{j=2}^{p} k_j(\alpha_1-\alpha_j)-1}$$

$$\times E_{\alpha-\alpha_1, \alpha+k_1\alpha_1+\sum_{j=2}^{p} k_j(\alpha_1-\alpha_j)}^{(m)}\left(-a_1 t^{\alpha-\alpha_1}\right)$$

证毕.

**引理 7.1.2** 设 $0 \leqslant \alpha_p < \cdots < \alpha_1 < \alpha \leqslant 1$, 且 $\left|\dfrac{\sum\limits_{i=2}^{p} a_i s^{\alpha_i} + b}{s^{\alpha} + a_1 s^{\alpha_1}}\right| < 1$. 则有

$$\mathcal{L}^{-1}\left\{\frac{s^{\alpha-1} + \sum\limits_{i=1}^{p} a_i s^{\alpha_i-1}}{s^{\alpha} + \sum\limits_{i=1}^{p} a_i s^{\alpha_i} + b}\right\}$$

$$= \sum_{m=0}^{\infty} \frac{(-1)^m}{m!} \sum_{k_1+k_2+\cdots+k_p=m} (m; k_1, k_2, \cdots, k_p)$$

$$\times \prod_{i=2}^{p} b^{k_1} a_i^{k_i} t^{(\alpha-\alpha_1)m+k_1\alpha_1+\sum_{j=2}^{p} k_j(\alpha_1-\alpha_j)}$$

$$\times E_{\alpha-\alpha_1, k_1\alpha_1+\sum_{j=2}^{p} k_j(\alpha_1-\alpha_j)+1}^{(m)}\left(-a_1 t^{\alpha-\alpha_1}\right)$$

$$+ \sum_{m=0}^{\infty} \frac{(-1)^m}{m!} \sum_{k_1+k_2+\cdots+k_p=m} (m; k_1, k_2, \cdots, k_p) \prod_{i=2}^{p} b^{k_1} a_i^{k_i}$$

$$\times \sum_{n=1}^{p} a_n t^{(\alpha-\alpha_1)m+\alpha-\alpha_n+k_1\alpha_1+\sum_{j=2}^{p} k_j(\alpha_1-\alpha_j)}$$

$$\times E_{\alpha-\alpha_1, \alpha-\alpha_n+k_1\alpha_1+\sum_{j=2}^{p} k_j(\alpha_1-\alpha_j)+1}^{(m)}\left(-a_1 t^{\alpha-\alpha_1}\right)$$

**证明：** 不失一般性, 假设 $a_1 \neq 0$. 利用和引理7.1.1类似的讨论方法, 可以得到

$$
\frac{s^{\alpha-1} + \sum\limits_{i=1}^{p} a_i s^{\alpha_i-1}}{s^{\alpha} + \sum\limits_{i=1}^{p} a_i s^{\alpha_i} + b} = \sum_{m=0}^{\infty} (-1)^m \sum_{k_1+\cdots+k_p=m} (m; k_1, \cdots, k_p)
$$

$$
\times \prod_{i=2}^{p} b^{k_1} a_i^{k_i} \frac{s^{\alpha + \sum_{j=2}^{p} k_j(\alpha_j-\alpha_1) - k_1\alpha_1 - \alpha_1 - 1}}{\left(s^{\alpha-\alpha_1} + a_1\right)^{m+1}}
$$

$$
+ \sum_{m=0}^{\infty} (-1)^m \sum_{k_1+\cdots+k_p=m} (m; k_1, \cdots, k_p)
$$

$$
\times \prod_{i=2}^{p} b^{k_1} a_i^{k_i} \frac{\sum\limits_{n=1}^{p} a_n s^{\alpha_n + \sum_{j=2}^{p} k_j(\alpha_j-\alpha_1) - k_1\alpha_1 - \alpha_1 - 1}}{\left(s^{\alpha-\alpha_1} + a_1\right)^{m+1}}
$$

对上式取拉普拉斯逆变换, 可以得到

$$
G(t) = \mathcal{L}^{-1} \left\{ \frac{s^{\alpha-1} + \sum\limits_{i=1}^{p} a_i s^{\alpha_i-1}}{s^{\alpha} + \sum\limits_{i=1}^{p} a_i s^{\alpha_i} + b}; t \right\}
$$

$$
= \sum_{m=0}^{\infty} \frac{(-1)^m}{m!} \sum_{k_1+k_2+\cdots+k_p=m} (m; k_1, k_2, \cdots, k_p)
$$

$$
\times \prod_{i=2}^{p} b^{k_1} a_i^{k_i} t^{(\alpha-\alpha_1)m + k_1\alpha_1 + \sum_{j=2}^{p} k_j(\alpha_1-\alpha_j)}
$$

$$
\times E^{(m)}_{\alpha-\alpha_1, k_1\alpha_1 + \sum_{j=2}^{p} k_j(\alpha_1-\alpha_j)+1} \left(-a_1 t^{\alpha-\alpha_1}\right)
$$

$$
+ \sum_{m=0}^{\infty} \frac{(-1)^m}{m!} \sum_{k_1+k_2+\cdots+k_p=m} (m; k_1, k_2, \cdots, k_p) \prod_{i=2}^{p} b^{k_1} a_i^{k_i}
$$

$$
\times \sum_{n=1}^{p} a_n t^{(\alpha-\alpha_1)m + \alpha - \alpha_n + k_1\alpha_1 + \sum_{j=2}^{p} k_j(\alpha_1-\alpha_j)}
$$

$$
\times E^{(m)}_{\alpha-\alpha_1, \alpha-\alpha_n + k_1\alpha_1 + \sum_{j=2}^{p} k_j(\alpha_1-\alpha_j)+1} \left(-a_1 t^{\alpha-\alpha_1}\right)
$$

证毕.

利用和引理7.1.1类似的讨论方法, 可以得到如下引理.

**引理 7.1.3** 设 $1 \leqslant \alpha_s < \cdots < \alpha_1 < \alpha \leqslant 2$, 且 $\left| \dfrac{\sum\limits_{i=2}^{p} a_i s^{\alpha_i} + b}{s^\alpha + a_1 s^{\alpha_1}} \right| < 1$. 则有

$$
\mathcal{L}^{-1} \left\{ \frac{s^{\alpha-2} + \sum\limits_{i=1}^{p} a_i s^{\alpha_i - 2}}{s^\alpha + \sum\limits_{i=1}^{p} a_i s^{\alpha_i} + b} ; t \right\}
$$

$$
= \sum_{m=0}^{\infty} \frac{(-1)^m}{m!} \sum_{k_1+k_2+\cdots+k_p=m} (m; k_1, k_2, \cdots, k_p)
$$

$$
\times \prod_{i=2}^{p} b^{k_1} a_i^{k_i} t^{(\alpha-\alpha_1)m + k_1\alpha_1 + \sum_{j=2}^{p} k_j(\alpha_1 - \alpha_j) + 1}
$$

$$
\times E^{(m)}_{\alpha-\alpha_1, k_1\alpha_1 + \sum_{j=2}^{p} k_j(\alpha_1-\alpha_j) + 2} (-a_1 t^{\alpha-\alpha_1})
$$

$$
+ \sum_{m=0}^{\infty} \frac{(-1)^m}{m!} \sum_{k_1+k_2+\cdots+k_p=m} (m; k_1, k_2, \cdots, k_p) \prod_{i=2}^{p} b^{k_1} a_i^{k_i}
$$

$$
\times \sum_{n=1}^{p} a_n t^{(\alpha-\alpha_1)m + \alpha - \alpha_n + k_1\alpha_1 + \sum_{j=2}^{p} k_j(\alpha_1 - \alpha_j) + 1}
$$

$$
\times E^{(m)}_{\alpha-\alpha_1, \alpha-\alpha_n + k_1\alpha_1 + \sum_{j=2}^{p} k_j(\alpha_1-\alpha_j) + 2} (-a_1 t^{\alpha-\alpha_1})
$$

## 7.2  带有多项时间分数阶扩散项情形的解析解

本节讨论当 $0 \leqslant \alpha_s < \cdots < \alpha_1 < \alpha \leqslant 1$ 时方程(7-1)的解. 此时, 假设方程满足的初始条件为

$$
u(x, 0) = \varphi(x), \quad x \in \mathbb{R} \tag{7-2}
$$

采用积分变换法去求解. 在方程(7-1)的两端同时对变量 $t$ 做拉普拉斯变换, 可以得到

$$
s^\alpha \widehat{u}(x, s) - s^{\alpha-1} \varphi(x) + \sum_{i=1}^{p} a_i (s^{\alpha_i} \widehat{u}(x, s) - s^{\alpha_i - 1} \varphi(x))
$$

$$= \nu^2\,_{-\infty}D_x^\gamma \widehat{u}(x,s) + \xi^2 \widehat{u}(x,s) + \widehat{f}(x,s) \tag{7-3}$$

其中$\widehat{u}(x,s)$表示$u(x,t)$关于时间$t$的拉普拉斯变换.

进一步, 借助关系式

$$\mathcal{F}\{_{-\infty}D_x^\gamma f(x); \omega\} = (\mathrm{i}\omega)^\gamma F(\omega)$$

其中$F(\omega)$表示$f$的傅里叶变换, 在方程(7-3)的两端同时对空间变量$x$做傅里叶变换, 可以得到

$$s^\alpha U(\omega,s) - s^{\alpha-1}\Phi(\omega) + \sum_{i=1}^{p} a_i(s^{\alpha_i}U(\omega,s) - s^{\alpha_i-1}\Phi(\omega))$$
$$= -\nu^2|\omega|^\gamma U(\omega,s) + \xi^2 U(\omega,s) + F(\omega,s)$$

其中$U(\omega,s)$表示$\widehat{u}(x,s)$关于空间变量$x$的傅里叶变换.

将$U(\omega,s)$从上式中解出, 可以得到

$$U(\omega,s) = \frac{\left(s^{\alpha-1} + \sum\limits_{i=1}^{p} a_i s^{\alpha_i-1}\right)\Phi(\omega) + F(\omega,s)}{s^\alpha + \sum\limits_{i=1}^{p} a_i s^{\alpha_i} + b} \tag{7-4}$$

其中$b = \nu^2|\omega|^\gamma - \xi^2$.

对上式先求拉普拉斯逆变换, 可以得到

$$
\begin{aligned}
U(\omega,t) &= \left( \sum_{m=0}^{\infty} \frac{(-1)^m}{m!} \sum_{k_1+k_2+\cdots+k_p=m} (m; k_1, k_2\cdots, k_p) \right.\\
&\quad \times \prod_{i=2}^{p} b^{k_1} a_i^{k_i} t^{(\alpha-\alpha_1)m+q} E_{\alpha-\alpha_1, q+1}^{(m)}(-a_1 t^{\alpha-\alpha_1}) \\
&\quad + \sum_{m=0}^{\infty} \frac{(-1)^m}{m!} \sum_{k_1+k_2\cdots+k_p=m} (m; k_1, k_2\cdots, k_p) \prod_{i=2}^{p} b^{k_1} a_i^{k_i} \\
&\quad \left. \times \sum_{n=1}^{p} a_n t^{(\alpha-\alpha_1)m+\alpha-\alpha_n+q} E_{\alpha-\alpha_1, \alpha-\alpha_n+1}^{(m)}(-a_1 t^{\alpha-\alpha_1}) \right)\Phi(\omega)
\end{aligned}
$$

$$+ \sum_{m=0}^{\infty} \frac{(-1)^m}{m!} \sum_{k_1+k_2+\cdots+k_p=m} (m; k_1, k_2, \cdots, k_p) \prod_{i=2}^{p} b^{k_1} a_i^{k_i}$$

$$\times \int_0^t \tau^{(\alpha-\alpha_1)m+\alpha+q-1} E_{\alpha-\alpha_1,\alpha+q}^{(m)}(-a_1 \tau^{\alpha-\alpha_1}) F(\omega, t-\tau) \mathrm{d}\tau$$

其中

$$q = k_1 \alpha_1 + \sum_{j=2}^{p} k_j(\alpha_1 - \alpha_j) \tag{7-5}$$

最后, 再对上式做傅里叶逆变换, 可以得到

$$u(x,t)$$

$$= \frac{1}{2\pi} \int_{-\infty}^{\infty} \mathrm{e}^{-\mathrm{i}\omega t} \left( \sum_{m=0}^{\infty} \frac{(-1)^m}{m!} \sum_{k_1+k_2+\cdots+k_p=m} (m; k_1, k_2, \cdots, k_p) \right.$$

$$\times \prod_{i=2}^{p} b^{k_1} a_i^{k_i} t^{(\alpha-\alpha_1)m+q} E_{\alpha-\alpha_1,q+1}^{(m)}(-a_1 t^{\alpha-\alpha_1})$$

$$+ \sum_{m=0}^{\infty} \frac{(-1)^m}{m!} \sum_{k_1+k_2+\cdots+k_p=m} (m; k_1, k_2, \cdots, k_p) \prod_{i=2}^{p} b^{k_1} a_i^{k_i}$$

$$\left. \times \sum_{n=1}^{p} a_n t^{(\alpha-\alpha_1)m+\alpha-\alpha_n+q} E_{\alpha-\alpha_1,\alpha-\alpha_n+q+1}^{(m)}(-a_1 t^{\alpha-\alpha_1}) \right) \Phi(\omega) \mathrm{d}\omega$$

$$+ \frac{1}{2\pi} \int_{-\infty}^{\infty} \mathrm{e}^{-\mathrm{i}\omega t} \left( \sum_{m=0}^{\infty} \frac{(-1)^m}{m!} \sum_{k_1+k_2+\cdots+k_p=m} (m; k_1, k_2, \cdots, k_p) \prod_{i=2}^{p} b^{k_1} a_i^{k_i} \right.$$

$$\left. \times \int_0^t \tau^{(\alpha-\alpha_1)m+\alpha+q-1} E_{\alpha-\alpha_1,\alpha+q}^{(m)}(-a_1 \tau^{\alpha-\alpha_1}) F(\omega, t-\tau) \mathrm{d}\tau \right) \mathrm{d}\omega \tag{7-6}$$

其中$q$的定义见式(7-5).

## 7.3  带有多项时间分数阶波动项情形的解析解

本节讨论当$1 \leqslant \alpha_s < \cdots < \alpha_1 < \alpha \leqslant 2$时方程(7-1)的解. 此时, 假

96

设方程满足的初始条件为

$$u(x,0) = \varphi(x), u_t(x,0) = \phi(x), x \in \mathbb{R} \qquad (7\text{-}7)$$

在方程(7-1)的两端同时对变量$t$做拉普拉斯变换, 可以得到

$$\begin{aligned}
& s^\alpha \widehat{u}(x,s) - s^{\alpha-1}\varphi(x) - s^{\alpha-2}\phi(x) \\
& + \sum_{i=1}^{p} a_i(s^{\alpha_i}\widehat{u}(x,s) - s^{\alpha_i-1}\varphi(x) - s^{\alpha_i-2}\phi(x)) \\
& = \nu^2 {}_{-\infty}D_x^\gamma \widehat{u}(x,s) + \xi^2 \widehat{u}(x,s) + \widehat{f}(x,s)
\end{aligned} \qquad (7\text{-}8)$$

其中$\widehat{u}(x,s)$表示$u(x,t)$关于时间$t$的拉普拉斯变换.

进一步, 在方程(7-8)的两端对空间变量$x$做傅里叶变换, 可以得到

$$\begin{aligned}
& s^\alpha U(x,s) - s^{\alpha-1}\Phi(\omega) - s^{\alpha-2}\Psi(\omega) \\
& + \sum_{i=1}^{p} a_i(s^{\alpha_i}U(\omega,s) - s^{\alpha_i-1}\Phi(\omega) - s^{\alpha_i-2}\Psi(\omega)) \\
& = -\nu^2 |\omega|^\gamma U(\omega,s) + \xi^2 U(\omega,s) + F(\omega,s)
\end{aligned}$$

其中$U(\omega,s)$表示$\widehat{u}(x,s)$关于空间变量$x$的傅里叶变换.

将$U(\omega,s)$解出, 有

$$\begin{aligned}
U(\omega,s) & = \frac{\left(s^{\alpha-1} + \sum\limits_{i=1}^{p} a_i s^{\alpha_i-1}\right)\Phi(\omega) + \left(s^{\alpha-2} + \sum\limits_{i=1}^{p} a_i s^{\alpha_i-2}\right)\Psi(\omega)}{s^\alpha + \sum\limits_{i=1}^{p} a_i s^{\alpha_i} + b} \\
& + \frac{F(\omega,s)}{s^\alpha + \sum\limits_{i=1}^{p} a_i s^{\alpha_i} + b}
\end{aligned} \qquad (7\text{-}9)$$

其中$b = \nu^2 |\omega|^\gamma - \xi^2$.

对上式首先求拉普拉斯逆变换, 得到

$$U(\omega,t) = \left( \sum_{m=0}^{\infty} \frac{(-1)^m}{m!} \sum_{k_1+k_2+\cdots+k_p=m} (m; k_1, k_2, \cdots, k_p) \right.$$

$$\times \prod_{i=2}^{p} b^{k_1} a_i^{k_i} t^{(\alpha-\alpha_1)m+q} E_{\alpha-\alpha_1,q+1}^{(m)}(-a_1 t^{\alpha-\alpha_1})$$

$$+\sum_{m=0}^{\infty} \frac{(-1)^m}{m!} \sum_{k_1+k_2+\cdots+k_p=m} (m;k_1,k_2,\cdots,k_p) \prod_{i=2}^{p} b^{k_1} a_i^{k_i}$$

$$\times \sum_{n=1}^{p} a_n t^{(\alpha-\alpha_1)m+\alpha-\alpha_n+q} E_{\alpha-\alpha_1,\alpha-\alpha_n+1}^{(m)}(-a_1 t^{\alpha-\alpha_1}) \Bigg) \Phi(\omega)$$

$$+\Bigg(\sum_{m=0}^{\infty} \frac{(-1)^m}{m!} \sum_{k_1+k_2+\cdots+k_p=m} (m;k_1,k_2,\cdots,k_p)$$

$$\times \prod_{i=2}^{p} b^{k_1} a_i^{k_i} t^{(\alpha-\alpha_1)m+q+1} E_{\alpha-\alpha_1,q+2}^{(m)}(-a_1 t^{\alpha-\alpha_1})$$

$$+\sum_{m=0}^{\infty} \frac{(-1)^m}{m!} \sum_{k_1+k_2+\cdots+k_p=m} (m;k_1,k_2,\cdots,k_p) \prod_{i=2}^{p} b^{k_1} a_i^{k_i}$$

$$\times \sum_{n=1}^{p} a_n t^{(\alpha-\alpha_1)m+\alpha-\alpha_n+q+1} E_{\alpha-\alpha_1,\alpha-\alpha_n+2}^{(m)}(-a_1 t^{\alpha-\alpha_1}) \Bigg) \Psi(\omega)$$

$$+\sum_{m=0}^{\infty} \frac{(-1)^m}{m!} \sum_{k_1+k_2+\cdots+k_p=m} (m;k_1,k_2,\cdots,k_p) \prod_{i=2}^{p} b^{k_1} a_i^{k_i}$$

$$\times \int_0^t \tau^{(\alpha-\alpha_1)m+\alpha+q-1} E_{\alpha-\alpha_1,\alpha+q}^{(m)}(-a_1 \tau^{\alpha-\alpha_1}) F(\omega,t-\tau)\mathrm{d}\tau$$

其中$q$的定义见(7-5).

最后, 再对做傅里叶逆变换, 则有

$$u(x,t)$$

$$= \frac{1}{2\pi} \int_{-\infty}^{\infty} \mathrm{e}^{-\mathrm{i}\omega t} \Bigg( \sum_{m=0}^{\infty} \frac{(-1)^m}{m!} \sum_{k_1+k_2+\cdots+k_p=m} (m;k_1,k_2,\cdots,k_p)$$

$$\times \prod_{i=2}^{p} b^{k_1} a_i^{k_i} t^{(\alpha-\alpha_1)m+q} E_{\alpha-\alpha_1,q+1}^{(m)}(-a_1 t^{\alpha-\alpha_1})$$

$$+\sum_{m=0}^{\infty} \frac{(-1)^m}{m!} \sum_{k_1+k_2+\cdots+k_p=m} (m;k_1,k_2,\cdots,k_p) \prod_{i=2}^{p} b^{k_1} a_i^{k_i}$$

$$\times \sum_{n=1}^{p} a_n t^{(\alpha-\alpha_1)m+\alpha-\alpha_n+q} E_{\alpha-\alpha_1,\alpha-\alpha_n+q+1}^{(m)}(-a_1 t^{\alpha-\alpha_1})\Bigg) \Phi(\omega)\mathrm{d}\omega$$

$$+\frac{1}{2\pi}\int_{-\infty}^{\infty} \mathrm{e}^{-\mathrm{i}\omega t}\left(\sum_{m=0}^{\infty}\frac{(-1)^m}{m!}\sum_{k_1+k_2+\cdots+k_p=m}(m;k_1,k_2,\cdots,k_p)\right.$$

$$\times \prod_{i=2}^{p} b^{k_1} a_i^{k_i} t^{(\alpha-\alpha_1)m+q+1} E_{\alpha-\alpha_1,q+2}^{(m)}(-a_1 t^{\alpha-\alpha_1})$$

$$+\sum_{m=0}^{\infty}\frac{(-1)^m}{m!}\sum_{k_1+k_2+\cdots+k_p=m}(m;k_1,k_2,\cdots,k_p)\prod_{i=2}^{p} b^{k_1} a_i^{k_i}$$

$$\times \sum_{n=1}^{p} a_n t^{(\alpha-\alpha_1)m+\alpha-\alpha_n+q+1} E_{\alpha-\alpha_1,\alpha-\alpha_n+q+2}^{(m)}(-a_1 t^{\alpha-\alpha_1})\Bigg) \Psi(\omega)\mathrm{d}\omega$$

$$+\frac{1}{2\pi}\int_{-\infty}^{\infty} \mathrm{e}^{-\mathrm{i}\omega t}\left(\sum_{m=0}^{\infty}\frac{(-1)^m}{m!}\sum_{k_1+k_2+\cdots+k_p=m}(m;k_1,k_2,\cdots,k_p)\prod_{i=2}^{p} b^{k_1} a_i^{k_i}\right.$$

$$\times \int_0^t \tau^{(\alpha-\alpha_1)m+\alpha+q-1} E_{\alpha-\alpha_1,\alpha+q}^{(m)}(-a_1\tau^{\alpha-\alpha_1})F(\omega,t-\tau)\mathrm{d}\tau\Bigg)\mathrm{d}\omega \quad (7\text{-}10)$$

其中$q$的定义见式(7-5).

## 7.4    带有多项时间扩散-波动混合项情形的解析解

本节讨论当$0 \leqslant \alpha_s < \cdots < \alpha_{h_0-1} \leqslant 1 < \alpha_{h_0} < \cdots < \alpha_1 < \alpha \leqslant 2$时方程(7-1)的解. 此时, 假设方程满足的初始条件为(7-7).

在方程(7-1)的两端同时对变量$t$做拉普拉斯变换, 可以得到

$$s^{\alpha}\widehat{u}(x,s) - s^{\alpha-1}\varphi(x) - s^{\alpha-2}\phi(x)$$

$$+\sum_{i=1}^{h_0} a_i(s^{\alpha_i}\widehat{u}(x,s) - s^{\alpha_i-1}\varphi(x) - s^{\alpha_i-2}\phi(x))$$

$$+\sum_{i=h_0-1}^{p} a_i(s^{\alpha_i}\widehat{u}(x,s) - s^{\alpha_i-1}\varphi(x))$$

$$= \nu^2 {}_{-\infty}D_x^{\gamma}\widehat{u}(x,s) + \xi^2\widehat{u}(x,s) + \widehat{f}(x,s) \quad (7\text{-}11)$$

其中$\widehat{u}(x,s)$表示$u(x,t)$关于时间$t$的拉普拉斯变换.

进一步, 在方程(7-11)的两端对空间变量$x$做傅里叶变换, 可以得到

$$s^{\alpha}U(x,s) - s^{\alpha-1}\Phi(\omega) - s^{\alpha-2}\Psi(\omega)$$

$$+ \sum_{i=1}^{h_0} a_i(s^{\alpha_i}U(\omega,s) - s^{\alpha_i-1}\Phi(\omega) - s^{\alpha_i-2}\Psi(\omega))$$

$$+ \sum_{i=h_0-1}^{p} a_i(s^{\alpha_i}U(\omega,s) - s^{\alpha_i-1}\Phi(\omega))$$

$$= -\nu^2|\omega|^{\gamma}U(\omega,s) + \xi^2 U(\omega,s) + F(\omega,s)$$

其中$U(\omega,s)$表示$\widehat{u}(x,s)$关于空间变量$x$的傅里叶变换.

将$U(\omega,s)$解出, 有

$$U(\omega,s) = \frac{\left(s^{\alpha-1} + \sum\limits_{i=1}^{p} a_i s^{\alpha_i-1}\right)\Phi(\omega) + \left(s^{\alpha-2} + \sum\limits_{i=1}^{h_0} a_i s^{\alpha_i-2}\right)\Psi(\omega)}{s^{\alpha} + \sum\limits_{i=1}^{p} a_i s^{\alpha_i} + b}$$

$$+ \frac{F(\omega,s)}{s^{\alpha} + \sum\limits_{i=1}^{p} a_i s^{\alpha_i} + b} \tag{7-12}$$

其中$b = \nu^2|\omega|^{\gamma} - \xi^2$.

对上式首先求拉普拉斯逆变换, 得到

$$U(\omega,t) = \left( \sum_{m=0}^{\infty} \frac{(-1)^m}{m!} \sum_{k_1+k_2+\cdots+k_p=m} (m; k_1, k_2, \cdots, k_p) \right.$$

$$\times \prod_{i=2}^{p} b^{k_1} a_i^{k_i} t^{(\alpha-\alpha_1)m+q} E_{\alpha-\alpha_1,q+1}^{(m)}(-a_1 t^{\alpha-\alpha_1})$$

$$+ \sum_{m=0}^{\infty} \frac{(-1)^m}{m!} \sum_{k_1+k_2+\cdots+k_p=m} (m; k_1, k_2, \cdots, k_p) \prod_{i=2}^{p} b^{k_1} a_i^{k_i}$$

$$\left. \times \sum_{n=1}^{p} a_n t^{(\alpha-\alpha_1)m+\alpha-\alpha_n+q} E_{\alpha-\alpha_1,\alpha-\alpha_n+1}^{(m)}(-a_1 t^{\alpha-\alpha_1}) \right) \Phi(\omega)$$

$$
+ \left( \sum_{m=0}^{\infty} \frac{(-1)^m}{m!} \sum_{k_1+k_2+\cdots+k_p=m} (m; k_1, k_2, \cdots, k_p) \right.
$$

$$
\times \prod_{i=2}^{h_0} b^{k_1} a_i^{k_i} t^{(\alpha-\alpha_1)m+q+1} E_{\alpha-\alpha_1,q+2}^{(m)}(-a_1 t^{\alpha-\alpha_1})
$$

$$
+ \sum_{m=0}^{\infty} \frac{(-1)^m}{m!} \sum_{k_1+k_2+\cdots+k_p=m} (m; k_1, k_2, \cdots, k_p) \prod_{i=2}^{p} b^{k_1} a_i^{k_i}
$$

$$
\times \sum_{n=1}^{h_0} a_n t^{(\alpha-\alpha_1)m+\alpha-\alpha_n+q+1} E_{\alpha-\alpha_1,\alpha-\alpha_n+q+2}^{(m)}(-a_1 t^{\alpha-\alpha_1}) \right) \Psi(\omega)
$$

$$
+ \sum_{m=0}^{\infty} \frac{(-1)^m}{m!} \sum_{k_1+k_2+\cdots+k_p=m} (m; k_1, k_2, \cdots, k_p) \prod_{i=2}^{p} b^{k_1} a_i^{k_i}
$$

$$
\times \int_0^t \tau^{(\alpha-\alpha_1)m+\alpha+q-1} E_{\alpha-\alpha_1,\alpha+q}^{(m)}(-a_1 \tau^{\alpha-\alpha_1}) F(\omega, t-\tau) \mathrm{d}\tau
$$

其中$q$的定义见式(7-5).

最后, 再对做傅里叶逆变换, 则有

$$
u(x,t)
$$

$$
= \frac{1}{2\pi} \int_{-\infty}^{\infty} \mathrm{e}^{-\mathrm{i}\omega t} \left( \sum_{m=0}^{\infty} \frac{(-1)^m}{m!} \sum_{k_1+k_2+\cdots+k_p=m} (m; k_1, k_2, \cdots, k_p) \right.
$$

$$
\times \prod_{i=2}^{p} b^{k_1} a_i^{k_i} t^{(\alpha-\alpha_1)m+q} E_{\alpha-\alpha_1,q+1}^{(m)}(-a_1 t^{\alpha-\alpha_1})
$$

$$
+ \sum_{m=0}^{\infty} \frac{(-1)^m}{m!} \sum_{k_1+k_2+\cdots+k_p=m} (m; k_1, k_2, \cdots, k_p) \prod_{i=2}^{p} b^{k_1} a_i^{k_i}
$$

$$
\times \sum_{n=1}^{p} a_n t^{(\alpha-\alpha_1)m+\alpha-\alpha_n+q} E_{\alpha-\alpha_1,\alpha-\alpha_n+q+1}^{(m)}(-a_1 t^{\alpha-\alpha_1}) \right) \Phi(\omega) \mathrm{d}\omega
$$

$$
+ \frac{1}{2\pi} \int_{-\infty}^{\infty} \mathrm{e}^{-\mathrm{i}\omega t} \left( \sum_{m=0}^{\infty} \frac{(-1)^m}{m!} \sum_{k_1+k_2+\cdots+k_p=m} (m; k_1, k_2, \cdots, k_p) \right.
$$

$$\times \prod_{i=2}^{h_0} b^{k_1} a_i^{k_i} t^{(\alpha-\alpha_1)m+q+1} E_{\alpha-\alpha_1,q+2}^{(m)}(-a_1 t^{\alpha-\alpha_1})$$

$$+ \sum_{m=0}^{\infty} \frac{(-1)^m}{m!} \sum_{k_1+k_2+\cdots+k_p=m} (m; k_1, k_2, \cdots, k_p) \prod_{i=2}^{p} b^{k_1} a_i^{k_i}$$

$$\times \sum_{n=1}^{h_0} a_n t^{(\alpha-\alpha_1)m+\alpha-\alpha_n+q+1} E_{\alpha-\alpha_1,\alpha-\alpha_n+q+2}^{(m)}(-a_1 t^{\alpha-\alpha_1}) \Bigg) \Psi(\omega) \mathrm{d}\omega$$

$$+ \frac{1}{2\pi} \int_{-\infty}^{\infty} \mathrm{e}^{-\mathrm{i}\omega t} \Bigg( \sum_{m=0}^{\infty} \frac{(-1)^m}{m!} \sum_{k_1+k_2+\cdots+k_p=m} (m; k_1, k_2, \cdots, k_p) \prod_{i=2}^{p} b^{k_1} a_i^{k_i}$$

$$\times \int_0^t \tau^{(\alpha-\alpha_1)m+\alpha+q-1} E_{\alpha-\alpha_1,\alpha+q}^{(m)}(-a_1 \tau^{\alpha-\alpha_1}) F(\omega, t-\tau) \mathrm{d}\tau \Bigg) \mathrm{d}\omega$$

其中$q$的定义见式(7-5).

# 8   分数阶微分方程的波形松弛方法

大型的分数阶微分方程在很多物理和工程问题中的模型有很多应用. 例如, 将分数阶扩散方程的空间变量离散, 就可以得到一个关于时间变量的高维分数阶常微分方程组. 所以, 如何求解大型的分数阶常微分方程组成为受关注的课题. 本章主要介绍分数阶微分方程的波形松弛方法, 并分析这种方法的收敛性.

## 8.1   线性分数阶微分方程的波形松弛方法

### 8.1.1   波形松弛方法的求解格式

考虑线性分数阶常微分方程的初值问题:

$$({}_0^C D_t^\alpha x)(t) + Ax(t) = b(t),\ x(0) = x_0,\ t \geqslant 0,\ 0 < \alpha < 1 \qquad (8\text{-}1)$$

其中 $A \in \mathbb{R}^{n \times n}$, $b(t) \in \mathbb{R}^n$ 为已知函数, $x_0 \in \mathbb{R}^n$ 为初始值, $x(t)$ 为待求函数.

方程(8-1)的一般波形松弛方法的迭代格式为

$$\begin{cases} ({}_0^C D_t^\alpha x^{(k+1)})(t) + A_1 x^{(k+1)}(t) = A_2 x^{(k)}(t) + b(t) \\ x^{(k+1)}(0) = x_0, k = 0, 1, \cdots \end{cases} \qquad (8\text{-}2)$$

其中 $A = A_1 - A_2$, $x^{(0)}(t)$ 是初始迭代函数. 初始函数可以选取为 $x^{(0)}(t) \equiv x_0, t \geqslant 0$.

矩阵 $A$ 的分裂方式会影响(8-2)的迭代效率. 这里给出一些典型的分裂方法, 例如

Picard 分裂: $A_1 = 0, A_2 = -A$;

Jacobi (JAC) 分裂: $A_1 = D, A_2 = L + U$;

Gauss-Seidel (GS) 分裂: $A_1 = D - L$, $A_2 = U$;

SOR 分裂: $A_1 = \frac{1}{\omega}D - L$, $A_2 = \frac{1-\omega}{\omega}D + U$, 其中 $\omega$ $(\omega \neq 0)$ 为松弛因子, $D$ 为矩阵 $A$ 的对角部分, $L$ 为矩阵 $A$ 的严格下三角部分, 并且 $U$ 为矩阵 $A$ 的严格上三角部分. 类似于静态迭代, 也可定义相应的块迭代.

根据定理2.1.1, 得知方程(8-2)的解 $x^{(k+1)}(t)$ 为

$$
\begin{aligned}
x^{(k+1)}(t) &= \int_0^t (t-\tau)^{\alpha-1}E_{\alpha,\alpha}(-A_1(t-\tau)^\alpha)A_2 x^{(k)}(\tau)\mathrm{d}\tau \\
&+ \int_0^t (t-\tau)^{\alpha-1}E_{\alpha,\alpha}(-A_1(t-\tau)^\alpha)b(\tau)\mathrm{d}\tau \\
&+ E_\alpha(-A_1 t^\alpha)x_0
\end{aligned} \tag{8-3}
$$

所以, 为了证明迭代格式(8-2)的收敛性, 只需要证明由式(8-3)定义的迭代序列 $\{x^{(k)}\}_{k=0}^\infty$ 的收敛性. 下面分别在有限时间区间和无限时间区间上讨论它的收敛性.

### 8.1.2 有限时间区间上的收敛性分析

这一节主要在有限时间区间 $[0, T]$ 上分析迭代序列(8-3)的收敛性. 为了方便, 记

$$
x^{(k+1)}(t) = (\mathcal{R}x^{(k)})(t) + \varphi(t)
$$

其中

$$
(\mathcal{R}x^{(k)})(t) = \int_0^t (t-\tau)^{\alpha-1}E_{\alpha,\alpha}(-A_1(t-\tau)^\alpha)A_2 x^{(k)}(\tau)\mathrm{d}\tau
$$

$$
\varphi(t) = \int_0^t (t-\tau)^{\alpha-1}E_{\alpha,\alpha}(-A_1(t-\tau)^\alpha)b(\tau)\mathrm{d}\tau + E_\alpha(-A_1 t^\alpha)x_0
$$

可以看到, 算子 $\mathcal{R}$ 是一个以 $\mathcal{K}(t) = t^{\alpha-1}E_{\alpha,\alpha}(-A_1 t^\alpha)A_2$ 为核函数的卷积, 即

$$
(\mathcal{R}x^{(k)})(t) = (\mathcal{K} * x^{(k)})(t) = \int_0^t \mathcal{K}(t-\tau)x^{(k)}(\tau)\mathrm{d}\tau
$$

通常, 称算子 $\mathcal{R}$ 为波形松弛算子.

下面给出(8-2)在有限时间区间 $[0, T]$ 上的收敛性结果.

**定理 8.1.1** 设 $0 < \alpha < 1, t \in [0,T]$, $b(t) \in C([0,T],\mathbb{R}^n)$. 那么, 由(8-2)定义的波形松弛解收敛于(8-1)的唯一解 $x(t) \in C^{\alpha}([0,T],\mathbb{R}^n)$.

**证明:** 分四步证明序列 $\{x^{(k)}\}_{k=0}^{\infty}$ 的收敛性.

**第一步.** 证明序列 $\{x^{(k)}\}_{k=0}^{\infty} \subseteq C([0,T],\mathbb{R}^n)$. 为此, 需要证明: 对任意 $x(t) \in C([0,T],\mathbb{R}^n)$, 都有 $(\mathcal{R}x)(t) \in C([0,T],\mathbb{R}^n)$.

设 $x(t) \in C([0,T],\mathbb{R}^n), t_1, t_2 \in [0,T]$, 并且 $t_1 < t_2$. 那么有

$$
\begin{aligned}
& \|(\mathcal{R}x)(t_1) - (\mathcal{R}x)(t_2)\| \\
& \leqslant \left\| \int_0^{t_1} \big( (t_1 - \tau)^{\alpha-1} E_{\alpha,\alpha}(-A_1(t_1-\tau)^{\alpha}) \right. \\
& \left. - (t_2 - \tau)^{\alpha-1} E_{\alpha,\alpha}(-A_1(t_2-\tau)^{\alpha}) \big) A_2 x(\tau) \mathrm{d}\tau \right\| \\
& + \left\| \int_{t_1}^{t_2} (t_2 - \tau)^{\alpha-1} E_{\alpha,\alpha}(-A_1(t_2-\tau)^{\alpha}) A_2 x(\tau) \mathrm{d}\tau \right\| \\
& \leqslant \|x\| \|A_2\| \sum_{i=0}^{\infty} \frac{\|-A_1\|^i}{\Gamma(i\alpha+\alpha+1)} \left( t_1^{i\alpha+\alpha} - t_2^{i\alpha+\alpha} + 2(t_2-t_1)^{i\alpha+\alpha} \right)
\end{aligned}
$$

由此可以看出: 当 $|t_1 - t_2| \to 0$ 时, 成立 $\|(\mathcal{R}x)(t_1) - (\mathcal{R}x)(t_2)\| \to 0$. 所以, $(\mathcal{R}x)(t) \in C([0,T],\mathbb{R}^n)$.

而且, 因为 $b(t) \in C([0,T],\mathbb{R}^n)$, 所以, 利用类似的方法可以证明 $\varphi(t) \in C([0,T],\mathbb{R}^n)$. 从而有 $\{x^{(k)}\}_{k=0}^{\infty} \subseteq C([0,T],\mathbb{R}^n)$.

**第二步.** 证明 $\lim\limits_{k\to\infty} x^{(k+1)}(t)$ 存在. 因为

$$
x^{(k+1)}(t) = x^{(0)}(t) + \sum_{i=0}^{k} (x^{(i+1)}(t) - x^{(i)}(t))
$$

所以, 只需要证明级数 $\sum\limits_{i=0}^{\infty}(x^{(i+1)}(t) - x^{(i)}(t))$ 关于 $t \in [0,T]$ 一致收敛. 首先, 有下面的估计:

$$
\|x^{(1)} - x^{(0)}\|
$$

$$= \max_{0 \leqslant t \leqslant T} \left\| \int_0^t (t-\tau)^{\alpha-1} E_{\alpha,\alpha}(-A_1(t-\tau)^\alpha) A_2 x_0 \mathrm{d}\tau \right.$$

$$+ \int_0^t (t-\tau)^{\alpha-1} E_{\alpha,\alpha}(-A_1(t-\tau)^\alpha) b(\tau) \mathrm{d}\tau + E_\alpha(-A_1 t^\alpha) x_0 - x_0 \right\|$$

$$\leqslant M$$

其中 $M = T^\alpha E_{\alpha,\alpha+1}(\| -A_1\|T^\alpha)\|A_2\|(\|x_0\| + \|b\|) + (E_\alpha(\| -A_1\|T^\alpha) + 1)\|x_0\|$.

类似地, 可以得到

$$\|x^{(2)}(t) - x^{(1)}(t)\|$$

$$= \left\| \int_0^t (t-\tau)^{\alpha-1} E_{\alpha,\alpha}(-A_1(t-\tau)^\alpha) A_2 (x^{(1)}(\tau) - x^{(0)}(\tau)) \mathrm{d}\tau \right\|$$

$$\leqslant \|x^{(1)} - x^{(0)}\| \int_0^t (t-\tau)^{\alpha-1} E_{\alpha,\alpha}(\| -A_1\|(t-\tau)^\alpha)\|A_2\| \mathrm{d}\tau$$

$$\leqslant M\|A_2\| t^\alpha E_{\alpha,\alpha+1}(\|A_1\|t^\alpha)$$

和

$$\|x^{(3)}(t) - x^{(2)}(t)\|$$

$$= \left\| \int_0^t (t-\tau)^{\alpha-1} E_{\alpha,\alpha}(-A_1(t-\tau)^\alpha) A_2 (x^{(2)}(\tau) - x^{(1)}(\tau)) \mathrm{d}\tau \right\|$$

$$\leqslant \int_0^t (t-\tau)^{\alpha-1} E_{\alpha,\alpha}(\| -A_1\|(t-\tau)^\alpha)\|A_2\| \|x^{(2)}(\tau) - x^{(1)}(\tau)\| \mathrm{d}\tau$$

$$\leqslant \|x^{(1)} - x^{(0)}\| \int_0^t (t-\tau)^{\alpha-1} E_{\alpha,\alpha}(\| -A_1\|(t-\tau)^\alpha)\|A_2\|$$

$$\times \left( \int_0^\tau (\tau-s)^{\alpha-1} E_{\alpha,\alpha}(\| -A_1\|(\tau-s)^\alpha)\|A_2\| \mathrm{d}s \right) \mathrm{d}\tau$$

$$= \|x^{(1)} - x^{(0)}\| \int_0^t (t-s)^{2\alpha-1} E_{\alpha,2\alpha}^2(\| -A_1\|(t-s)^\alpha)\|A_2\|^2 \mathrm{d}s$$

$$\leqslant M\|A_2\|^2 t^{2\alpha} E_{\alpha,2\alpha+1}^2(\|A_1\|t^\alpha)$$

利用递推的方法, 可以推得

$$\|x^{(i+1)}(t) - x^{(i)}(t)\| \leqslant M\|A_2\|^i t^{i\alpha} E^i_{\alpha, i\alpha+1}(\|A_1\|t^\alpha)$$

进一步, 有如下关系:

$$\sum_{i=1}^\infty \|x^{(i+1)}(t) - x^{(i)}(t)\| \leqslant \sum_{i=1}^\infty M\|A_2\|^i t^{i\alpha} E^i_{\alpha, i\alpha+1}(\|A_1\|t^\alpha) \qquad (8\text{-}4)$$

根据引理 1.3.1, 可知(8-4)右端的级数关于 $t \in [0, T]$ 一致收敛. 所以, 函数序列 $\{x^{(k)}\}_{k=0}^\infty$ 关于 $t \in [0, T]$ 一致收敛, 记为 $\lim\limits_{k\to\infty} x^{(k+1)}(t) = x(t)$, $t \in [0, T]$.

**第三步.** 验证 $x(t)$ 是方程(8-1)的解, 并且 $x(t) \in C^\alpha([0, T], \mathbb{R}^n)$. 因为 $\{x^{(k)}\}_{k=0}^\infty \subseteq C([0, T], \mathbb{R}^n)$, 并且 $\lim\limits_{k\to\infty} x^{(k+1)}(t) = x(t)$, 其中 $x(t) \in C([0, T], \mathbb{R}^n)$, 所以有

$$\begin{aligned} x(t) &= \lim_{k\to\infty} (\mathcal{R}x^{(k)})(t) + \varphi(t) \\ &= \int_0^t (t-\tau)^{\alpha-1} E_{\alpha,\alpha}(-A_1(t-\tau)^\alpha) A_2 \lim_{k\to\infty} x^{(k)}(\tau)\mathrm{d}\tau + \varphi(t) \\ &= (\mathcal{R}x)(t) + \varphi(t) \end{aligned}$$

这表明函数 $x(t)$ 是方程(8-1)的解.

验证 $({}^C_0 D_t^\alpha x)(t) \in C([0, T], \mathbb{R}^n)$. 因为

$$\begin{aligned} &\|({}^C_0 D_t^\alpha x^{(k+1)})(t) - ({}^C_0 D_t^\alpha x)(t)\| \\ &= \|A_1(x(t) - x^{(k+1)}(t)) + A_2(x^{(k)}(t) - x(t))\| \\ &\leqslant \|A_1\|\|x^{(k+1)}(t) - x(t)\| + \|A_2\|\|x^{(k)}(t) - x(t)\| \end{aligned}$$

所以, 随着 $k \to \infty$, 有 $({}^C_0 D_t^\alpha x^{(k+1)})(t) \to ({}^C_0 D_t^\alpha x)(t)$. 又因为空间 $C([0, T], \mathbb{R}^n)$ 在最大值范数下是完备的, 从而有 $({}^C_0 D_t^\alpha x)(t) \in C([0, T], \mathbb{R}^n)$. 换句话说, $x(t) \in C^\alpha([0, T], \mathbb{R}^n)$.

**第四步.** 证明方程(8-1)的解是唯一的. 假设方程(8-1)有两个不同的解 $x(t)$ 和 $y(t)$. 首先, 证明函数序列 $\{x^{(k)}\}_{k=0}^\infty$ ($\subseteq C([0, T], \mathbb{R}^n)$) 关于 $t \in [0, T]$ 一致地收敛于 $y(t)$.

因为 $y(t)$ 是方程(8-1)的解, 所以, 有估计

$$
\begin{aligned}
&\|x^{(0)} - y\| \\
&= \max_{0 \leqslant t \leqslant T} \left\| \int_0^t (t-\tau)^{\alpha-1} E_{\alpha,\alpha}(-A(t-\tau)^\alpha) b(\tau)\mathrm{d}\tau + E_\alpha(-At^\alpha)x_0 - x_0 \right\| \\
&\leqslant M^*
\end{aligned}
$$

其中 $M^* = T^\alpha E_{\alpha,\alpha+1}(\|-A\|T^\alpha)\|b\| + (E_\alpha(\|-A\|T^\alpha)+1)\|x_0\|$. 从而有不等式

$$
\begin{aligned}
&\|x^{(1)}(t) - y(t)\| \\
&= \left\| \int_0^t (t-\tau)^{\alpha-1} E_{\alpha,\alpha}(-A_1(t-\tau)^\alpha) A_2(x^{(0)}(\tau)-y(\tau))\mathrm{d}\tau \right\| \\
&\leqslant M^*\|A_2\|t^\alpha E_{\alpha,\alpha+1}(\|A_1\|t^\alpha)
\end{aligned}
$$

进一步, 假设

$$
\|x^{(k)}(t) - y(t)\| \leqslant M^*\|A_2\|^k t^{k\alpha} E_{\alpha,k\alpha+1}^k(\|A_1\|t^\alpha)
$$

那么, 可以推得

$$
\begin{aligned}
&\|x^{(k+1)}(t) - y(t)\| \\
&= \left\| \int_0^t (t-\tau)^{\alpha-1} E_{\alpha,\alpha}(-A_1(t-\tau)^\alpha) A_2(x^{(k)}(\tau)-y(\tau))\mathrm{d}\tau \right\| \\
&\leqslant M^*\|A_2\|^{k+1} t^{(k+1)\alpha} E_{\alpha,(k+1)\alpha+1}^{k+1}(\|A_1\|t^\alpha)
\end{aligned} \tag{8-5}
$$

由引理 1.3.1 可以知道, 随着 $k \to \infty$, 不等式 (8-5) 右端的函数一致地趋于零. 从而有 $\lim_{k\to\infty} x^{(k+1)}(t) = y(t)$. 根据极限的唯一性, 可以得到 $x(t) \equiv y(t)$, $t \in [0,T]$. 证毕.

### 8.1.3　无穷时间区间上的收敛性分析

这一节主要考虑波形松弛方法(8-2)在无穷时间区间上的收敛性. 在无穷时间区间上, 我们记波形松弛算子为 $\Re_\infty$. 注意到, 无穷时间区间

上的波形松弛解 $x^{(k+1)}(t)$ $(k = 0, 1, \cdots)$ 和有限时间区间上的波形松弛解具有相同的表达形式. 所以, 算子 $\Re_\infty$ 和 $\mathcal{R}$ 具有相同的表达形式. 然而, 在无穷时间区间上算子 $\Re_\infty$ 的核函数是无界的. 所以, 无穷时间区间上波形松弛方法收敛性的研究和有限时间区间上波形松弛方法的收敛性的研究方式不同. 事实上, 利用拉普拉斯变换我们还可以得到算子 $\Re_\infty$ 的另外一种表达形式.

首先, 给出函数空间的收敛横轴的概念.

**定义 8.1.1** 称实数 $\sigma_\Omega$ 为函数空间 $\Omega$ 的收敛横轴是指对任意 $x \in \Omega$, 当 $\mathrm{Re}(s) > \sigma_\Omega$ 时, 积分

$$\int_0^\infty \mathrm{e}^{-st} x(t) \mathrm{d}t$$

收敛; 当 $\mathrm{Re}(s) < \sigma_\Omega$ 时, 该积分发散.

对于某个给定的正实数 $r$, 定义如下加权可积向量值函数空间

$$L_r = \left\{ x : [0, \infty) \to \mathbb{R}^n, x \text{ 可测且 } \|x\|_r := \int_0^\infty \mathrm{e}^{-rt} \|x(t)\| \mathrm{d}t < \infty \right\} \quad (8\text{-}6)$$

**引理 8.1.1** 由式(8-6)定义的函数空间 $L_r$ 在范数 $\| \cdot \|_r$ 下是完备的.

**证明:** 令 $\omega_r(t) = \mathrm{e}^{-rt}$, $\mathrm{d}\mu(t) = \mathrm{e}^{-rt}\mathrm{d}t$, 则 $L_r = L^1([0, \infty), \mathbb{R}^n, \mathrm{d}\mu)$. 注意到, 对任意 $x \in L_r$, 当且仅当 $\omega_r x \in L^1([0, \infty), \mathbb{R}^n)$. 定义映射 $\Pi : L_r \to L^1([0, \infty), \mathbb{R}^n)$ 为 $\Pi(x) = \omega_r x$. 则 $\Pi$ 为线性映射, 且对任意 $x \in L^r$, 有 $\|\Pi(x)\|_{L^1} = \|x\|_r$. 另一方面, 对任意 $y \in L^1([0, \infty), \mathbb{R}^n)$, 有 $\omega_r^{-1} y \in L_r$, 且 $\Pi(\omega_r^{-1}y) = \omega_r \omega_r^{-1} y = y \in L^1([0, \infty), \mathbb{R}^n)$. 故 $\Pi$ 为等距线性同构. 因为 $L^1([0, \infty), \mathbb{R}^n)$ 为 Banach 空间, 所以 $L_r$ 也是 Banach 空间.

下面在空间 $L_r$ 中考虑无穷时间区间上波形松弛方法(8-2)的收敛性. 首先给出两个有用的引理.

**引理 8.1.2** 空间 $L_r$ 的收敛横轴是 $\sigma_{L_r} = r$.

**证明:** 设 $s \in \mathbb{C}$, $\text{Re}(s) > r$, 则对任意 $x \in L_r$, 有

$$\int_0^\infty \|\mathrm{e}^{-st}x(t)\|\mathrm{d}t = \int_0^\infty \mathrm{e}^{-\text{Re}(s)t}\|x(t)\|\mathrm{d}t \leqslant \int_0^\infty \mathrm{e}^{-rt}\|x(t)\|\mathrm{d}t < \infty$$

所以 $\int_0^\infty \mathrm{e}^{-st}x(t)\mathrm{d}t$ 绝对收敛, 从而此积分收敛.

当 $\text{Re}(s) < r$ 时, 取 $\delta$ 使得 $\text{Re}(s) < \delta < r$. 并定义

$$x_0(t) = (\mathrm{e}^{\delta t}, \mathrm{e}^{\delta t}, \cdots, \mathrm{e}^{\delta t})^{\mathrm{T}} \in \mathbb{R}^n$$

其中 $t \geqslant 0$. 则有

$$\int_0^\infty \mathrm{e}^{-rt}\|x_0(t)\|\mathrm{d}t = \int_0^\infty \mathrm{e}^{-(r-\delta)t}\sqrt{n}\mathrm{d}t < \infty$$

由此可见 $x_0 \in L_r$. 但是

$$\int_0^\infty \|\mathrm{e}^{-st}x_0(t)\|\mathrm{d}t = \sqrt{n}\int_0^\infty \mathrm{e}^{(\delta-\text{Re}(s))t}\mathrm{d}t = \infty$$

故空间 $L_r$ 的收敛横轴是 $\sigma_{L_r} = r$.

**引理 8.1.3** 考虑无穷时间区间 $[0, \infty)$ 上的迭代格式(8-2). 如果 $x^{(k)}, b \in L_r$, 其中 $r > 0$, 那么, $x^{(k+1)}$ 也属于 $L_r$.

**证明:** 根据 $L_r$ 的定义, 需要证明 $\|x^{(k+1)}\|_r < \infty$. 首先, 有

$$\int_0^\infty \mathrm{e}^{-rt}\left\|\int_0^t (t-\tau)^{\alpha-1}E_{\alpha,\alpha}(-A_1(t-\tau)^\alpha)A_2 x^{(k)}(\tau)\mathrm{d}\tau\right\|\mathrm{d}t$$

$$= \int_0^\infty \mathrm{e}^{-rt}\left\|\int_0^t \sum_{i=0}^\infty \frac{(-A_1)^i(t-\tau)^{i\alpha+\alpha-1}}{\Gamma(i\alpha+\alpha)}x^{(k)}(\tau)\mathrm{d}\tau\right\|\mathrm{d}t$$

$$\leqslant \sum_{i=0}^\infty \frac{\|(-A_1)^i\|}{\Gamma(i\alpha+\alpha)}\int_0^\infty \|x^{(k)}(\tau)\|\mathrm{d}\tau \int_\tau^\infty \mathrm{e}^{-rt}(t-\tau)^{i\alpha+\alpha-1}\mathrm{d}t$$

$$\leqslant \sum_{i=0}^\infty \frac{\|(-A_1)^i\|r^{-i\alpha-\alpha}}{\Gamma(i\alpha+\alpha)}\int_0^\infty \mathrm{e}^{-r\tau}\|x^{(k)}(\tau)\|\mathrm{d}\tau \int_0^\infty \mathrm{e}^{-rs}(rs)^{i\alpha+\alpha-1}\mathrm{d}(rs)$$

$$\leqslant (r^\alpha - \|A_1\|)^{-1}\int_0^\infty \mathrm{e}^{-r\tau}\|x^{(k)}(\tau)\|\mathrm{d}\tau < \infty$$

类似地, 可以证明

$$\int_0^\infty \mathrm{e}^{-rt} \| E_\alpha(-A_1 t^\alpha) x_0 \| \mathrm{d}t < \infty$$

和

$$\int_0^\infty \mathrm{e}^{-rt} \left\| \int_0^t (t-\tau)^{\alpha-1} E_{\alpha,\alpha}(-A_1(t-\tau)^\alpha) b(\tau) \mathrm{d}\tau \right\| \mathrm{d}t < \infty$$

故 $x^{(k+1)} \in L_r$. 证毕.

**注 8.1.1** 引理 8.1.3 表明在空间 $L_r$ 上考虑波形松弛方法(8-2)的收敛性是合理的.

设 $x(t)$ 是方程(8-1)的解, 并且 $e^{(k)}(t) = x^{(k)}(t) - x(t)$. 那么, 可知 $e^{(k)}(t) = (\Re_\infty^k e^{(0)})(t)$. 所以, 为了分析迭代格式(8-2)在无穷时间区间 $[0,\infty)$ 上的收敛性, 只需分析算子 $\Re_\infty$ 的谱半径, 记为 $\rho(\Re_\infty) = \sup\{\lambda : \lambda \in \sigma(\Re_\infty)\}$, 其中 $\sigma(\Re_\infty) = \sigma_p(\Re_\infty) \cup \sigma_r(\Re_\infty) \cup \sigma_c(\Re_\infty)$. 根据泛函知识, 有下面的收敛性结果.

**定理 8.1.2** 设 $0 < \alpha < 1$, $t \in [0,\infty)$, 并且 $\Re_\infty$ 为定义在空间 $L_r$ 上的算子. 如果 $\rho(\Re_\infty) < 1$, 那么波形松弛方法(8-2)是收敛的.

### 8.1.4  收敛分裂构造

这一节讨论如何构造合适的分裂使得它满足定理 8.1.2 中的收敛条件. 仅限于考虑无穷时间区间上的线性问题, 因为有限时间区间上的任意分裂所对应的波形松弛方法都收敛. 首先给出一个引理.

**引理 8.1.4** 设 $0 < \alpha < 1$, $t \in [0,\infty)$, 并且设 $x^{(0)}$ 和 $b$ 都属于 $L_p$, 其中 $p$ 是一个正数. 定义 $r = \max\{p,q\}$, 其中 $q$ 是使得 $\det(s^\alpha I + A_1) = 0$ 成立的最小上界. 那么, 波形松弛算子 $\Re_\infty$ 的谱半径为 $\rho(\Re_\infty) = \sup_{\mathrm{Re}(s) \geqslant r} \rho((s^\alpha I + A_1)^{-1} A_2)$.

**证明:** 根据公式(1-17), $x^{(k+1)}(t)$ 又可以写为

$$
\begin{aligned}
x^{(k+1)}(t) &= \int_0^t (t-\tau)^{\alpha-1} E_{\alpha,\alpha}(-A_1(t-\tau)^\alpha) A_2 x^{(k)}(\tau)\mathrm{d}\tau + \varphi(t) \\
&= (\mathcal{L}^{-1}(s^\alpha I + A_1)^{-1} A_2 \mathcal{L} x^{(k)})(t) + \varphi(t)
\end{aligned}
$$

则有 $\Re_\infty = \mathcal{L}^{-1}(s^\alpha I + A_1)^{-1} A_2 \mathcal{L}$, 其中 $\mathcal{L}$ 和 $\mathcal{L}^{-1}$ 分别表示拉普拉斯算子和拉普拉斯逆算子. 记

$$
R(s) = (s^\alpha I + A_1)^{-1} A_2
$$

注意到, $R(s)$ 正好是核函数 $t^{\alpha-1} E_{\alpha,\alpha}(-A_1 t^\alpha) A_2$ 的拉普拉斯变换. 通常, 把 $R(s)$ 称为算子 $\Re_\infty$ 的矩阵值符号.

考虑算子方程 $\lambda x(t) - (\Re_\infty x)(t) = y(t)$ 的解, 其中 $I$ 为恒等算子. 设 $\lambda \neq 0$, 并且 $\lambda \in \mathbb{C}\backslash\sigma_p(\Re_\infty)$. 那么对任意 $y(t) \in L_r$, 通过初等的计算, 可以得到算子方程

$$
(\lambda I - \Re_\infty)x(t) = y(t)
$$

的解为

$$
x(t) = \frac{1}{\lambda}y(t) + \frac{1}{\lambda^2}\int_0^t (t-\tau)^{\alpha-1} E_{\alpha,\alpha}\left(-(A_1 - \frac{1}{\lambda}A_2)(t-\tau)^\alpha\right)y(\tau)\mathrm{d}\tau \in L_r
$$

这表明对任意 $\lambda \in \mathbb{C}\backslash\sigma_p(\Re_\infty)$, 并且 $\lambda \neq 0$, 有 $R(\lambda I - \Re_\infty) = L_r$, 其中 $R(\lambda I - \Re_\infty)$ 表示 $\lambda I - \Re_\infty$ 的值域. 所以, 有 $\sigma_r(\Re_\infty) = \sigma_c(\Re_\infty) = \varnothing$. 从而, $\sigma(\Re_\infty)\backslash\{0\} = \sigma_p(\Re_\infty)\backslash\{0\}$. 基于上面的考虑, 可以得到

$$
\begin{aligned}
&\rho(\Re_\infty) \\
&= \sup\{\lambda : \lambda \in \sigma(\Re_\infty)\} \\
&= \sup\{\lambda : \lambda \in \sigma_p(\Re_\infty)\} \\
&= \sup\{\lambda : (\lambda I - \Re_\infty)x(t) = 0, \exists 0 \neq x(t) \in L_r\} \\
&= \inf\{\varrho : (\lambda I - \Re_\infty)x(t) \neq 0, \exists 0 \neq x(t) \in L_r, |\lambda| > \varrho\} \\
&= \inf\{\varrho : (\mathcal{L}^{-1}(\lambda I - (s^\alpha I + A_1)^{-1}A_2)\mathcal{L}x)(t) \neq 0, \exists 0 \neq x(t) \in L_r,
\end{aligned}
$$

$$\Re(s) > r, |\lambda| > \varrho\}$$
$$= \inf\{\varrho : \det(\lambda I - (s^\alpha I + A_1)^{-1} A_2) \neq 0, \Re(s) > r, |\lambda| > \varrho\}$$
$$= \sup_{\mathrm{Re}(s) \geqslant r} \rho((s^\alpha I + A_1)^{-1} A_2)$$

证毕.

**定理 8.1.3** 假设矩阵 $A$ 的所有特征值 $\mu_i$ $(i = 1, 2, \cdots, n)$ 有正实部. 那么, 对任意 $\omega \in (0, \omega^*)$, 其中 $\omega^* = \min_i \frac{2Re(\mu_i)}{|\mu_i|^2}$, 基于分裂 $A_1 = \frac{1}{\omega} I$, $A_2 = \frac{1}{\omega} I - A$ 的波形松弛迭代收敛.

**证明:** 根据引理 8.1.4, 可以知道 $R_\omega(s) = \left(s^\alpha I + \frac{1}{\omega} I\right)^{-1} \left(\frac{1}{\omega} I - A\right)$. 设 $\lambda_i$ 是矩阵 $R_\omega(s)$ 的一个特征值. 那么, 经过简单的计算, 推得 $\mu_i = \frac{1}{\omega} - \left(s^\alpha + \frac{1}{\omega}\right) \lambda_i$ 是矩阵 $A$ 的特征值. 对于 $\mathrm{Re}(s^\alpha) \geqslant 0$, 有

$$|\lambda_i|^2 = \frac{\frac{1}{\omega} - \mu_i}{s^\alpha + \frac{1}{\omega}} \frac{\frac{1}{\omega} - \overline{\mu_i}}{\overline{s^\alpha} + \frac{1}{\omega}} = \frac{\frac{1}{\omega^2} - \frac{2}{\omega}\mathrm{Re}(\mu_i) + |\mu_i|^2}{\frac{1}{\omega^2} + \frac{2}{\omega}\mathrm{Re}(s^\alpha) + |s^\alpha|^2} \leqslant 1 - 2\omega \mathrm{Re}(\mu_i) + \omega^2 |\mu_i|^2$$

因此, 如果 $0 < \omega < \frac{2\mathrm{Re}(\mu_i)}{|\mu_i|^2}$, 那么 $\rho(R_\omega(s)) < 1$. 证毕.

根据此定理, 容易得到下面的推论.

**推论 8.1.1** 假设矩阵 $A$ 的所有特征值都是正实数. 那么, 对任意 $\omega \in (0, \omega^*)$, 其中 $\omega^* = \min_i \frac{2}{\mu_i}$, 基于分裂 $A_1 = \frac{1}{\omega} I$, $A_2 = \frac{1}{\omega} I - A$ 的波形松弛迭代收敛.

为了下面讨论的方便, 引入一些记号. 符号 $C = (c_{ij}) \geqslant 0$ 表示 $C$ 中的每一个元素 $c_{ij} \geqslant 0$, 其中 $1 \leqslant i \leqslant n, 1 \leqslant j \leqslant m$. 而符号 $|C|$ 表示 $C$ 中的每一个元素取模, 即 $|C| = (|c_{ij}|) \in \mathbb{R}^{n \times m}$.

**定理 8.1.4** 假设矩阵 $A = (a_{ij}) \in \mathbb{R}^{n \times n}$ 的对角元素均为正数, 即 $a_{ii} > 0, i = 1, 2, \cdots, n$. 并且假设 $\rho(|J(0)|) < 1$, 其中 $J(0) = D^{-1}(L + U)$ 使得 $D - L - U = A$. 那么, 对任意 $\omega \in \left(0, \frac{2}{1 + \rho(|J(0)|)}\right)$, SOR 波形松弛方法都收敛.

**证明:** 根据引理 8.1.4, 我们有 $R_\omega(s) = \left(\frac{1}{\omega}(s^\alpha\omega I + D) - L\right)^{-1}\left(\frac{1-\omega}{\omega}D + U\right)$. 为了方便, 记 $M_\omega(s) = \frac{1}{\omega}(s^\alpha\omega I + D) - L$, 并且 $N_\omega = \frac{1-\omega}{\omega}D + U$. 下面考虑矩阵

$$\widetilde{M}_\omega = \frac{1}{\omega}|D| - |L|, \quad \widetilde{N}_\omega = \frac{|1-\omega|}{\omega}|D| + |U|$$

注意到, $|N_\omega| \leqslant \widetilde{N}_\omega$.

为了得到矩阵 $|M_\omega^{-1}(s)|$ 的一个上界, 首先估计

$$
\begin{aligned}
M_\omega^{-1}(s) &= \left(\frac{1}{\omega}(s^\alpha\omega I + D) - L\right)^{-1} \\
&= \left(\frac{1}{\omega}(s^\alpha\omega I + D)(I - \omega(s^\alpha\omega I + D)^{-1}L)\right)^{-1} \\
&= \left(I - \omega(s^\alpha\omega I + D)^{-1}L\right)^{-1}\left(\frac{1}{\omega}(s^\alpha\omega I + D)\right)^{-1} \\
&= \sum_{i=0}^\infty \left(\omega(s^\alpha\omega I + D)^{-1}L\right)^i\left(\frac{1}{\omega}(s^\alpha\omega I + D)\right)^{-1}
\end{aligned}
$$

因为矩阵 $(s^\alpha\omega I + D)^{-1}L$ 是严格下三角矩阵, 所以, 存在正整数 $m$ 使得 $((s^\alpha\omega I + D)^{-1}L)^m = 0$. 从而, 利用上面的不等式, 我们有

$$
\begin{aligned}
|M_\omega^{-1}(s)| &\leqslant \sum_{i=0}^{m-1} |\omega(s^\alpha\omega I + D)^{-1}L|^i\omega|s^\alpha\omega I + D|^{-1} \\
&\leqslant \left(I - |\omega(s^\alpha\omega I + D)^{-1}L|\right)^{-1}\omega|s^\alpha\omega I + D|^{-1} \\
&= \left(\frac{1}{\omega}|s^\alpha\omega I + D|(I - |\omega(s^\alpha\omega I + D)^{-1}L|)\right)^{-1} \\
&= \left(\frac{1}{\omega}|s^\alpha\omega I + D| - |L|\right)^{-1}
\end{aligned}
$$

这表明 $\widetilde{M}_\omega$ 是一个 $M$ 矩阵, 因为它的逆是非负的, 并且非对角元素是非正的. 进一步, 可以知道 $\left(\frac{1}{\omega}|s^\alpha\omega I + D| - |L|\right)^{-1} \leqslant \widetilde{M}_\omega^{-1}$. 再结合 $|N_\omega| \leqslant \widetilde{N}_\omega$, 从而 $\widetilde{A}_\omega = \widetilde{M}_\omega - \widetilde{N}_\omega$ 为正则分裂.

为了说明这种分裂是收敛的正则分裂, 还需要证明 $\widetilde{A}_\omega^{-1} \geqslant 0$. 因为

$$\widetilde{A}_\omega = \frac{1}{\omega}|D| - |L| - \frac{|1-\omega|}{\omega}|D| - |U| = |D|\left(\frac{1-|1-\omega|}{\omega}I - |J(0)|\right)$$

并且 $|D|^{-1} > 0$, 如果 $1 - |1 - \omega| > 0$, 并且 $\rho(|J(0)|) < \frac{1-|1-\omega|}{\omega}$, 那么 $\widetilde{A}_\omega^{-1} \geqslant 0$. 也就是说, 当 $\rho(|J(0)|) < 1$ 时, 对任意 $\omega \in (0, 1]$, 有 $\widetilde{A}_\omega^{-1} \geqslant 0$; 或者, 当 $\omega \in \left(1, \frac{2}{1+\rho(|J(0)|)}\right)$ 时, 有 $\widetilde{A}_\omega^{-1} \geqslant 0$. 换句话说, 如果满足条件 $\rho(|J(0)|) < 1$, 那么对于任意 $\omega \in \left(0, \frac{2}{1+\rho(|J(0)|)}\right)$, 都有 $\rho(\widetilde{M}_\omega^{-1} \widetilde{N}_\omega) < 1$. 而且有 $\rho(R_\omega(s)) = \rho(M_\omega^{-1}(s)N_\omega) \leqslant \rho(|M_\omega^{-1}(s)||N_\omega|) \leqslant \rho(\widetilde{M}_\omega^{-1} \widetilde{N}_\omega)$. 从而定理结论成立. 证毕.

当 $\omega = 1$ 时, SOR 波形松弛方法恰好是 GS 波形松弛方法. 所以, 由上面的定理可得下面推论.

**推论 8.1.2** 假设矩阵 $A = (a_{ij}) \in \mathbb{R}^{n \times n}$ 的对角元素都是正数, 即 $a_{ii} > 0$, $i = 1, 2, \cdots, n$. 如果 $\rho(|J(0)|) < 1$, 其中 $J(0) = D^{-1}(L + U)$ 使得 $D - L - U = A$, 那么 GS 波形松弛方法收敛.

接下来, 讨论对称分裂.

**定理 8.1.5** 假设对称正定矩阵 $A$ 被分裂为两个对称矩阵, 即 $A = A_1 - A_2$, 其中 $A_1$ 和 $A_2$ 都是对称矩阵, 并且 $A_1$ 是正定的. 如果矩阵 $2A_1 - A$ 是正定的, 那么相应的波形松弛方法收敛.

**证明:** 对称分裂的矩阵值符号为 $R(s) = (s^\alpha I + A_1)^{-1} A_2$. 设 $\lambda$ 是矩阵 $R(s)$ 的特征值. 那么存在非零特征向量 $v \in \mathbb{C}^n$ 使得 $(s^\alpha I + A_1)^{-1} A_2 v = \lambda v$. 进一步, 我们有

$$\langle A_2 v, v \rangle = \langle \lambda s^\alpha v, v \rangle + \lambda \langle A_1 v, v \rangle \tag{8-7}$$

其中 $\langle \cdot, \cdot \rangle$ 表示两个向量的内积. 因为 $A_1$ 和 $A_2$ 都是对称的, 所以上面的内积是实的. 为了计算方便, 不妨取 $\langle v, v \rangle = 1$, 并且记 $\langle A_1 v, v \rangle = \mu \in \mathbb{R}^+$, $\langle A_2 v, v \rangle = \nu \in \mathbb{R}$, 那么可以从 (8-7) 中把 $\lambda = \xi + \eta i$ 解出来. 如果写 $s^\alpha = \zeta + \vartheta i$, $\zeta > 0$, 那么可以得到方程

$$\nu = \xi\zeta + \xi\mu - \eta\vartheta, \quad 0 = \xi\vartheta + \eta\zeta + \eta\mu$$

通过求解可知 $|\lambda|^2 = |\xi|^2 + |\eta|^2 = \frac{\nu^2}{(\mu+\zeta)^2+\vartheta^2}$. 所以, 如果 $|\nu| < \mu$ 或者 $|\langle A_1 v, v\rangle - \langle Av, v\rangle| < \langle A_1 v, v\rangle$, 那么相应的波形松弛方法收敛. 换句话说, 如果矩阵 $2A_1 - A$ 正定, 那么相应的波形松弛方法收敛. 证毕.

现在, 考虑三对角矩阵 $A$ 的一种特殊对称分裂. 设三对角矩阵 $A$ 的形式为

$$A = \text{tridiag}[-a, b, -a], \quad a > 0, \, b \geqslant 2a \tag{8-8}$$

假设矩阵 $A$ 分裂为 $A = A_1 - A_2$, 其中 $A_1 = \text{tridiag}[-c, d, -c]$ 是一个单调对称三对角矩阵, $A_2$ 是一个非负对称三对角矩阵. 那么存在常数

$$q = \frac{c}{a}, \quad w = d - \frac{b}{a}c \tag{8-9}$$

使得

$$A_1 = wI + qA, \quad A_2 = wI - (1-q)A \tag{8-10}$$

这样的分裂称为 $(q, w)$-分裂, 其中 $q$ 和 $w$ 由式(8-9)定义. 那么, 根据定理 8.1.5, 可以得到下面的定理.

**定理 8.1.6** 设矩阵 $A$ 具有形式(8-8). 如果下面三个条件之一:
(i) $q > 1/2$, 并且 $w \geqslant 0$,
(ii) $q = 1/2$, 并且 $w > 0$,
(iii) $q < 1/2$, 并且 $2w/(1-2q) \geqslant b + 2a$
成立, 那么矩阵 $A$ 的 $(q, w)$-分裂所对应的波形松弛方法收敛.

**证明:** 根据定理 8.1.5 可知, 如果矩阵 $2A_1 - A$ 正定, 那么 $(q, w)$-分裂所对应的波形松弛方法收敛. 进一步, 由定理 8.1.5 可知, 如果矩阵 $2wI + (2q-1)A$ 正定, 那么相应的波形松弛方法收敛. 显然, 如果条件 (i) 或者 (ii) 成立, 那么矩阵 $2wI + (2q-1)A$ 正定. 现在证明 $q < 1/2$ 的情形. 因为 $2wI + (2q-1)A = \text{tridiag}[-(2q-1)a, 2w + (2q-1)b, -(2q-1)a]$, 所以, 如果 $2|-(2q-1)a| \leqslant 2w + (2q-1)b$, 那么矩阵 $2wI + (2q-1)A$

正定. 从而, 对 $q < 1/2$ 的情形, 如果 $2w/(1-2q) \geqslant b + 2a$, 那么矩阵 $2wI + (2q-1)A$ 正定. 证毕.

最后, 给出三个例子来展示前面的理论在实际问题中的应用.

**例 8.1.1** 考虑区域 $\mathbb{R}^{++} = \{(t,x) \in (\mathbb{R}^+)^2 : t > 0, x > 0\}$ 上的分数阶扩散方程

$$({}_0^C D_t^\alpha u)(t,x) = \frac{\partial^2 u(t,x)}{\partial x^2}, \quad (t,x) \in (\mathbb{R}^+)^2, 0 < \alpha < 1$$

满足初边值条件 $u(0,x) = 0$, $u(t,0) = g(t)$, 其中 $g(t)$ 是已知函数.

利用中心差分法离散此扩散方程中的空间变量, 这里取等步长 $h > 0$, 从而可以产生一个分数阶常微分方程组, 它的系数矩阵 $A$ 为

$$A = \frac{1}{h^2} \begin{bmatrix} 2 & -1 & & & \\ -1 & 2 & -1 & & \\ & -1 & 2 & \ddots & \\ & & \ddots & \ddots & -1 \\ & & & -1 & 2 \end{bmatrix} \in \mathbb{R}^{N \times N}$$

显然, 矩阵 $A$ 的特征值 $\mu_i$ 为 $\mu_i = \frac{4}{h^2} \sin^2(i\pi h/2)$, $i = 1, 2, \cdots, N$. 所以, 根据推论 8.1.1, 如果 $\omega \in (0, \omega^*)$, 其中 $\omega^* = \min_i \frac{2}{\mu_i}$, 那么基于分裂 $A_1 = \frac{1}{\omega}I$, $A_2 = \frac{1}{\omega}I - A$ 所对应的波形松弛方法收敛.

此外, 因为 $a_{ii} > 0$ $(i = 1, 2, \cdots, N)$, 所以, 矩阵 $A$ 是一个 $H$-矩阵, 也就是说, 矩阵 $|A|$ 是一个 $M$-矩阵. 从而, $\rho(|J(0)|) < 1$. 所以, 由定理 8.1.4 可知, 如果 $\omega \in \left(0, \frac{2}{1+\rho(|J(0)|)}\right)$, 那么 SOR 波形松弛方法收敛. 特别地, GS 波形松弛方法也收敛.

显然, $A$ 是一个正定三对角矩阵, 那么, 根据定理 8.1.6, 我们也可以给出矩阵 $A$ 的 $(q,w)$-分裂.

**例 8.1.2** 考虑分数阶偏微分方程

$$({}_0^C D_t^\alpha u)(t,x) + \frac{\partial u(t,x)}{\partial x} = b(t), \quad u(0,x) = g(t)$$
$$t > 0, \ x > 0, \ 0 < \alpha < 1, \ b(t), \ g(t) \in \mathbb{R}$$

利用向后差分法离散此方程中的空间变量, 这里取等步长 $h > 0$, 从而可以产生一个分数阶常微分方程组, 它的系数矩阵 $A$ 为

$$A = \frac{1}{h} \begin{bmatrix} 1 & 0 & & & \\ -1 & 1 & 0 & & \\ & -1 & 1 & \ddots & \\ & & \ddots & \ddots & 0 \\ & & & - & 1 \end{bmatrix} \in \mathbb{R}^{N \times N}$$

显然, 矩阵 $A$ 的所有特征值为 $\mu_1 = \cdots = \mu_N = 1/h > 0$. 所以, 根据推论 8.1.1, 如果 $\omega \in (0, 2h)$, 那么基于分裂 $A_1 = \frac{1}{\omega}I$, $A_2 = \frac{1}{\omega}I - A$ 所对应的波形松弛方法收敛.

此外, 因为对所有 $i = 1, 2, \cdots, N$, $a_{ii} > 0$, 并且 $\rho(|J(0)|) = 0$, 所以, 根据定理 8.1.4, 如果 $\omega \in (0, 2)$, 那么, SOR 波形松弛方法收敛. 特别地, GS 波形松弛方法也收敛.

**例 8.1.3** 考虑如下分数阶电路系统

$$({}^C_0 D^\alpha_t x)(t) + Ax(t) = b(t), \quad x(0) = x_0, \ t > 0$$

其中

$$A = \begin{bmatrix} 0 & 0 & -1/C_1 & 0 \\ 0 & 0 & 0 & -1/C_2 \\ 1/L_1 & 0 & (R_1 + R_3)/L_1 & R_3/L_1 \\ 0 & 1/L_2 & -R_3/L_2 & (R_2 - R_3)/L_2 \end{bmatrix} \in \mathbb{R}^{4 \times 4}$$

$C_1, C_2, L_1, L_2, R_1, R_2, R_3$ 为电路中的参数. 如果取 $C_1 = C_2 = L_1 = L_2 = R_1 = R_2 = R_3 = 1$, 那么矩阵 $A$ 的特征值为 $\lambda_{1,2} = 0.5000 + 0.8660\text{i}$, $\lambda_{3,4} = 0.5000 - 0.8660\text{i}$, 其中 $\sqrt{\text{i}} = -1$. 这表明矩阵 $A$ 的所有特征值有正实部. 所以, 根据定理 8.1.3, 如果 $\omega \in (0, 1)$, 那么基于分裂 $A_1 = \frac{1}{\omega}I$, $A_2 = \frac{1}{\omega}I - A$ 所对应的波形松弛方法收敛.

## 8.2　非线性分数阶微分方程的波形松弛方法

### 8.2.1　波形松弛方法的求解格式

这一节研究非线性分数阶微分方程在有限时间区间 $[0, T]$ 上的波形松弛方法. 非线性问题描述为

$$({}^C_0 D^\alpha_t x)(t) = f(t, x(t)), x(0) = x_0, 0 < \alpha < 1,\ t \in [0, T] \qquad (8\text{-}11)$$

其中 $f : [0, T] \times \mathbb{R}^n \to \mathbb{R}^n$ 是一非线性函数, $x_0 \in \mathbb{R}^n$ 为初始值, $x(t) \in \mathbb{R}^n$ 为所求函数.

对于非线性问题(8-11), 它的一般波形松弛格式为

$$\begin{cases} ({}^C_0 D^\alpha_t x^{(k+1)})(t) = F(t, x^{(k)}(t), x^{(k+1)}(t)), 0 < \alpha < 1, t \in [0, T] \\ x^{(k+1)}(0) = x_0, k = 0, 1, \cdots \end{cases} \qquad (8\text{-}12)$$

其中 $x^{(0)}(t)$ 为给定的初始迭代函数 (可以选取 $x^{(0)}(t) \equiv x_0,\ t \in [0, T]$), 分裂函数 $F : [0, T] \times \mathbb{R}^n \times \mathbb{R}^n \to \mathbb{R}^n$ 满足 $F(t, x(t), x(t)) = f(t, x(t))$, $t \in [0, T]$, $x(t) \in \mathbb{R}^n$. 类似于线性问题, 也可以采用典型分裂, 比如 Jacobi 分裂, Gauss-Seidel 分裂. 通常, 式(8-11)的解 $x^{(k+1)}(t)$ 称为波形松弛解. 事实上, $x^{(k+1)}(t)$ 是原系统(8-11)的近似解析解. 换句话说, 利用波形松弛方法可以得到原系统的近似解析解. 然而, 在有些情形下, 经典的波形松弛分裂对求近似解析解不方便. 比如, 考虑如下变系数的分数阶微分方程

$$\begin{cases} ({}^C_0 D^{\frac{1}{2}}_t x_1)(t) = (1+t)x_1(t) - x_2(t) - t + \frac{2}{\Gamma(\frac{1}{2})} t^{\frac{1}{2}} \\ ({}^C_0 D^{\frac{1}{2}}_t x_2)(t) = -2tx_1(t) + (\sin t + 2)x_2(t) + \frac{8}{3\Gamma(\frac{1}{2})} tx_3(t) - t^2 \sin t \\ ({}^C_0 D^{\frac{1}{2}}_t x_3)(t) = -t^{\frac{1}{2}} x_2(t) + (1+t^2)x_3(t) - t^{\frac{1}{2}} + \frac{1}{2}\Gamma(\frac{1}{2}) \\ ({}^C_0 D^{\frac{1}{2}}_t x_4)(t) = -t^2 x_1(t) - tx_2(t) + 2x_4(t) + \frac{16}{5\Gamma(\frac{1}{2})} t^{\frac{5}{2}} \\ x_1(0) = 0, x_2(0) = 0, x_3(0) = 0, x_4(0) = 0, t \in [0, 1] \end{cases}$$

此系统有唯一解 $x(t)$. 注意到, 如果利用经典的波形松弛分裂, 比如 Jacobi, Gauss-Seidel, SOR 分裂函数, 那么解耦后的子系统还很难求解, 因为解耦后的子系统仍然是变系数的分数阶微分方程组.

现在, 采用如下的方式分裂系数矩阵:

$$A = \begin{bmatrix} 1+t & -1 & 0 & 0 \\ -2t & \sin t + 2 & \frac{8}{3\Gamma(\frac{1}{2})}t & 0 \\ 0 & -t^{\frac{1}{2}} & 1+t^2 & 0 \\ -t^2 & -t & 0 & 2 \end{bmatrix}$$

$$= \begin{bmatrix} 1 & 0 & 0 & 0 \\ -2t & 2 & 0 & 0 \\ 0 & -t^{\frac{1}{2}} & 1 & 0 \\ -t^2 & -t & 0 & 2 \end{bmatrix} + \begin{bmatrix} t & -1 & 0 & 0 \\ 0 & \sin t & \frac{8}{3\Gamma(\frac{1}{2})}t & 0 \\ 0 & 0 & t^2 & 0 \\ 0 & 0 & 0 & 0 \end{bmatrix} = A_1 + A_2$$

那么, 相应的波形松弛格式为

$$\begin{cases} ({}_0^C D_t^{\frac{1}{2}} x_1^{(k+1)})(t) = x_1^{(k+1)}(t) + t x_1^{(k)}(t) - x_2^{(k)}(t) - t + \frac{2}{\Gamma(\frac{1}{2})} t^{\frac{1}{2}} \\ ({}_0^C D_t^{\frac{1}{2}} x_2^{(k+1)})(t) = -2t x_1^{(k+1)}(t) + (\sin t) x_2^{(k)}(t) + 2 x_2^{(k+1)}(t) \\ \quad + \frac{8}{3\Gamma(\frac{1}{2})} t x_3^{(k)}(t) - t^2 \sin t \\ ({}_0^C D_t^{\frac{1}{2}} x_3^{(k+1)})(t) = -t^{\frac{1}{2}} x_2^{(k+1)}(t) + x_3^{(k+1)}(t) + t^2 x_3^{(k)}(t) - t^{\frac{1}{2}} + \frac{1}{2}\Gamma(\frac{1}{2}) \\ ({}_0^C D_t^{\frac{1}{2}} x_4^{(k+1)})(t) = -t^2 x_1^{(k+1)}(t) - t x_2^{(k+1)}(t) + 2 x_4^{(k+1)}(t) + \frac{16}{5\Gamma(\frac{1}{2})} t^{\frac{5}{2}} \\ x_1^{(k+1)}(0) = 0, x_2^{(k+1)}(0) = 0, x_3^{(k+1)}(0) = 0, x_4^{(k+1)}(0) = 0, t \in [0,1] \end{cases}$$

显然, 近似解析解 $x^{(k+1)}(t) = [x_1^{(k+1)}(t), x_2^{(k+1)}(t), x_3^{(k+1)}(t), x_4^{(k+1)}(t)]^{\mathrm{T}}$ 为

$$\begin{cases} x_1^{(k+1)}(t) = \int_0^t (t-\tau)^{-\frac{1}{2}} E_{\frac{1}{2},\frac{1}{2}}((t-\tau)^{\frac{1}{2}})(\tau x_1^{(k)}(\tau) - x_2^{(k)}(\tau) \\ \quad -\tau + \frac{2}{\Gamma(\frac{1}{2})}\tau^{\frac{1}{2}}) \mathrm{d}\tau \\ x_2^{(k+1)}(t) = \int_0^t (t-\tau)^{-\frac{1}{2}} E_{\frac{1}{2},\frac{1}{2}}(2(t-\tau)^{\frac{1}{2}})(-2\tau x_1^{(k+1)}(\tau) + (\sin\tau) x_2^{(k)}(\tau) \\ \quad + \frac{8}{3\Gamma(\frac{1}{2})}\tau x_3(\tau) - \tau^2 \sin\tau) \mathrm{d}\tau \\ x_3^{(k+1)}(t) = \int_0^t (t-\tau)^{-\frac{1}{2}} E_{\frac{1}{2},\frac{1}{2}}((t-\tau)^{\frac{1}{2}})(-\tau^{\frac{1}{2}} x_2^{(k+1)}(\tau) + \tau^2 x_3^{(k)}(\tau) \\ \quad -\tau^{\frac{1}{2}} + \frac{1}{2}\Gamma(\frac{1}{2})) \mathrm{d}\tau \\ x_4^{(k+1)}(t) = \int_0^t (t-\tau)^{-\frac{1}{2}} E_{\frac{1}{2},\frac{1}{2}}(2(t-\tau)^{\frac{1}{2}})(-\tau^2 x_1^{(k+1)}(\tau) \\ \quad -\tau x_2^{(k+1)}(\tau) + \frac{16}{5\Gamma(\frac{1}{2})}\tau^{\frac{5}{2}}) \mathrm{d}\tau \end{cases}$$

下一节将证明 $\lim\limits_{k\to\infty} x^{(k+1)}(t) = x(t)$.

## 8.2.2　收敛性分析

这一节主要分析非线性分数阶微分方程的波形松弛方法在有限时间区间 $[0,T]$ 上的收敛性. 为了给出收敛性结果, 需要下面的条件.

**条件 8.2.1** 函数 $F:[0,T]\times\mathbb{R}^n\times\mathbb{R}^n\to\mathbb{R}^n$ 满足 Lipschitz 条件: 对任意 $(x_1,y_1),(x_2,y_2)\in\mathbb{R}^n\times\mathbb{R}^n$, 存在正常数 $L_1$ 和 $L_2$ 使得

$$\|F(t,x_1,y_1)-F(t,x_2,y_2)\|\leqslant L_1\|x_1-x_2\|+L_2\|y_1-y_2\|$$

现在, 给出迭代方法(8-12)的收敛性结果.

**定理 8.2.1** 假设对任意给定 $x(t),y(t)\in\mathbb{R}^n$, 分裂函数 $F(t,x(t),y(t))$ 关于 $t\in[0,T]$ 连续, 并且满足条件 8.2.1. 那么波形松弛方法(8-12)收敛.

**证明:** 周知, 初值问题(8-12)等价于积分方程:

$$x^{(k+1)}(t)=x_0+\frac{1}{\Gamma(\alpha)}\int_0^t(t-\tau)^{\alpha-1}F(\tau,x^{(k)}(\tau),x^{(k+1)}(\tau))\mathrm{d}\tau \quad (8\text{-}13)$$

所以, 只需要证明由(8-13)定义的迭代序列 $\{x^{(k)}\}_{k=0}^\infty$ 是收敛的.

记函数 $x(t)$ 经过一次迭代后得到的函数为 $\overline{x}(t)=(\mathcal{R}x)(t)$, 即

$$\overline{x}(t)=x_0+\frac{1}{\Gamma(\alpha)}\int_0^t(t-\tau)^{\alpha-1}F(\tau,x(\tau),\overline{x}(\tau))\mathrm{d}\tau \quad (8\text{-}14)$$

类似地, 记

$$\overline{y}(t)=x_0+\frac{1}{\Gamma(\alpha)}\int_0^t(t-\tau)^{\alpha-1}F(\tau,y(\tau),\overline{y}(\tau))\mathrm{d}\tau \quad (8\text{-}15)$$

因为分裂函数 $F(t,x(t),y(t))$ 属于 $C([0,T],\mathbb{R}^n)$, 所以, 算子 $\mathcal{R}$ 是空间 $C([0,T],\mathbb{R}^n)$ 自身中的映射.

式(8-14)减去式(8-15), 并结合条件 8.2.1, 可以得到

$$\|\overline{x}(t)-\overline{y}(t)\|$$

$$= \frac{1}{\Gamma(\alpha)} \left\| \int_0^t (t-\tau)^{\alpha-1}(F(\tau,x(\tau),\overline{x}(\tau)) - F(\tau,y(\tau),\overline{y}(\tau)))\mathrm{d}\tau \right\|$$

$$\leqslant \frac{L_1}{\Gamma(\alpha)} \int_0^t (t-\tau)^{\alpha-1}\|x(\tau)-y(\tau)\|\mathrm{d}\tau$$

$$+ \frac{L_2}{\Gamma(\alpha)} \int_0^t (t-\tau)^{\alpha-1}\|\overline{x}(\tau)-\overline{y}(\tau)\|\mathrm{d}\tau$$

上式两端同时乘以 $\mathrm{e}^{-\lambda t}$ 可推出

$$\begin{aligned}
\mathrm{e}^{-\lambda t}\|\overline{x}(t)-\overline{y}(t)\| &\leqslant \frac{L_1\mathrm{e}^{-\lambda t}}{\Gamma(\alpha)} \int_0^t (t-\tau)^{\alpha-1}\mathrm{e}^{\lambda\tau}(\mathrm{e}^{-\lambda\tau}\|x(\tau)-y(\tau)\|)\mathrm{d}\tau \\
&\quad + \frac{L_2\mathrm{e}^{-\lambda t}}{\Gamma(\alpha)} \int_0^t (t-\tau)^{\alpha-1}\mathrm{e}^{\lambda\tau}(\mathrm{e}^{-\lambda\tau}\|\overline{x}(\tau)-\overline{y}(\tau)\|)\mathrm{d}\tau \\
&\leqslant \frac{L_1\mathrm{e}^{-\lambda t}}{\Gamma(\alpha)}\|x(\tau)-y(\tau)\|_{\lambda,t} \int_0^t (t-\tau)^{\alpha-1}\mathrm{e}^{\lambda\tau}\mathrm{d}\tau \\
&\quad + \frac{L_2\mathrm{e}^{-\lambda t}}{\Gamma(\alpha)}\|\overline{x}(\tau)-\overline{y}(\tau)\|_{\lambda,t} \int_0^t (t-\tau)^{\alpha-1}\mathrm{e}^{\lambda\tau}\mathrm{d}\tau
\end{aligned}$$

又因为

$$\int_0^t (t-\tau)^{\alpha-1}\mathrm{e}^{\lambda\tau}\mathrm{d}\tau = \int_0^t \mathrm{e}^{\lambda(t-s)}s^{\alpha-1}\mathrm{d}s \leqslant \lambda^{-\alpha}\mathrm{e}^{\lambda t}\Gamma(\alpha)$$

所以, 可将上面的不等式进一步估计为

$$\begin{aligned}
\mathrm{e}^{-\lambda t}\|\overline{x}(t)-\overline{y}(t)\| &\leqslant \frac{L_1\mathrm{e}^{-\lambda t}}{\Gamma(\alpha)}\lambda^{-\alpha}\mathrm{e}^{\lambda t}\Gamma(\alpha)\|x(\tau)-y(\tau)\|_{\lambda,t} \\
&\quad + \frac{L_2\mathrm{e}^{-\lambda t}}{\Gamma(\alpha)}\lambda^{-\alpha}\mathrm{e}^{\lambda t}\Gamma(\alpha)\|\overline{x}(\tau)-\overline{y}(\tau)\|_{\lambda,t}
\end{aligned}$$

从而, 有

$$\|\overline{x}(t)-\overline{y}(t)\|_{\lambda,T} \leqslant L_1\lambda^{-\alpha}\|x(t)-y(t)\|_{\lambda,T} + L_2\lambda^{-\alpha}\|\overline{x}(t)-\overline{y}(t)\|_{\lambda,T}$$

进一步, 有不等式

$$\|\overline{x}(t)-\overline{y}(t)\|_{\lambda,T} \leqslant \frac{L_1}{\lambda^{\alpha}-L_2}\|x(t)-y(t)\|_{\lambda,T}$$

如果 $\lambda$ 足够大使得 $L_1 + L_2 < \lambda^\alpha$, 那么算子 $\mathcal{R}$ 在此范数意义下为压缩映射. 因为函数空间 $C([0,T], \mathbb{R}^n)$ 在范数 $\|\cdot\|_{\lambda,T}$ 下是完备的, 所以, 由压缩映射原理可知, 波形松弛解收敛到原系统的解 $x(t)$.

最后, 还需要证明解 $x(t)$ 属于 $C^\alpha([0,T], \mathbb{R}^n)$. 根据 $C^\alpha([0,T], \mathbb{R}^n)$ 的定义, 只需验证 $({}_0^C D_t^\alpha x)(t) \in C([0,T], \mathbb{R}^n)$. 由上面的证明可知, $x(t)$ 可以表示为序列 $\{x^{(k)}\}_{k=0}^\infty$ 的极限, 其中 $x^{(k)}(t) = (\mathcal{R}^k x^{(0)})(t)$, 并且 $x^{(0)}(t)$ 为初始迭代函数, 即, $\lim\limits_{k\to\infty} \|x^{(k)}(t) - x(t)\| = 0$. 所以, 可以推得

$$
\begin{aligned}
&\|({}_0^C D^\alpha x^{(k)})(t) - ({}_0^C D_t^\alpha x)(t)\| \\
&= \|F(t, x^{(k)}(t), x^{(k-1)}(t)) - F(t, x(t), x(t))\| \\
&\leqslant L_1 \|x^{(k)}(t) - x(t)\| + L_2 \|x^{(k-1)}(t) - x(t)\|
\end{aligned}
$$

基于这些分析, 可知随着 $k \to \infty$, $\|({}_0^C D_t^\alpha x^{(k)})(t) - ({}_0^C D_t^\alpha x)(t)\| \to 0$. 所以, $({}_0^C D_t^\alpha x)(t) \in C([0,T], \mathbb{R}^n)$. 证毕.

接下来, 证明波形松弛格式 (8-12) 在广义时间依赖的 Lipschitz 条件下的收敛性. 同时, 给出相应的误差估计. 另外, 我们看到定理 8.2.1 也可以从下面的分析得到.

首先, 给出广义时间依赖的 Lipschitz 条件.

**条件 8.2.2** *函数* $F : [0,T] \times \mathbb{R}^n \times \mathbb{R}^n \to \mathbb{R}^n$ *满足:*

(1) *存在正常数* $L_1$ *使得, 对任意* $x, y, \widetilde{y} \in \mathbb{R}^n$, *都有*

$$\|F(t, x, y) - F(t, x, \widetilde{y})\| \leqslant L_1 \|y - \widetilde{y}\|$$

(2) *存在连续函数* $\sigma(t, \cdot) : [0,T] \times (\mathbb{R}^+)^n \to (\mathbb{R}^+)^n$ *使得, 对任意* $x, \widetilde{x}, y \in \mathbb{R}^n$, *都有*

$$\|F(t, x, y) - F(t, \widetilde{x}, y)\| \leqslant \sigma(t, \|x - \widetilde{x}\|)$$

*其中* $\sigma(t, \cdot)$ *满足:*
*(i) 关于第二个变量是非减的;*

(ii) 存在常数 $M > 0$ 使得, 对任意 $t \in [0,T], x \in (\mathbb{R}^+)^n$, 都有 $|\sigma(t,x)| \leqslant M$;

(iii) 存在常数 $L > 0$ 使得, 对任意 $t \in [0,T], y < x \in (\mathbb{R}^+)^n$, 都有 $\sigma(t,x) - \sigma(t,y) \leqslant L(x-y)$.

设 $x(t)$ 是非线性问题(8-11)的解. 那么, 根据条件 8.2.2, 可以得到

$$\|x^{(k)}(t) - x(t)\|$$
$$\leqslant \frac{1}{\Gamma(\alpha)} \int_0^t (t-\tau)^{\alpha-1} \|F(\tau, x^{(k-1)}(\tau), x^{(k)}(\tau)) - F(\tau, x(\tau), x(\tau))\| \mathrm{d}\tau$$
$$\leqslant \frac{1}{\Gamma(\alpha)} \int_0^t (t-\tau)^{\alpha-1} \|F(\tau, x^{(k-1)}(\tau), x^{(k)}(\tau)) - F(\tau, x(\tau), x^{(k)}(\tau))\| \mathrm{d}\tau$$
$$+ \frac{1}{\Gamma(\alpha)} \int_0^t (t-\tau)^{\alpha-1} \|F(\tau, x^{(k)}(\tau), x(\tau)) - F(\tau, x(\tau), x(\tau))\| \mathrm{d}\tau$$
$$\leqslant \frac{L_1}{\Gamma(\alpha)} \int_0^t (t-\tau)^{\alpha-1} \|x^{(k)}(\tau) - x(\tau)\| \mathrm{d}\tau$$
$$+ \frac{1}{\Gamma(\alpha)} \int_0^t (t-\tau)^{\alpha-1} \sigma(\tau, \|x^{(k-1)}(\tau) - x(\tau)\|) \mathrm{d}\tau$$

记 $\delta^{(k)}(t) = \|x^{(k)}(t) - x(t)\|$, 则上面的不等式可以写为

$$\delta^{(k)}(t) \leqslant \frac{L_1}{\Gamma(\alpha)} \int_0^t (t-\tau)^{\alpha-1} \delta^{(k)}(\tau) \mathrm{d}\tau + \frac{1}{\Gamma(\alpha)} \int_0^t (t-\tau)^{\alpha-1} \sigma(\tau, \delta^{(k-1)}(\tau)) \mathrm{d}\tau$$

现在给出两个有用的引理.

**引理 8.2.1** 设 $v, w \in C([0,T], \mathbb{R}^+)$, $\sigma \in C([0,T], \mathbb{R}^+)$, 并且 $0 < \beta < 1$. 假设

(i)

$$v(t) \leqslant \frac{L_1}{\Gamma(\beta)} \int_0^t (t-\tau)^{\beta-1} v(\tau) \mathrm{d}\tau + \frac{1}{\Gamma(\beta)} \int_0^t (t-\tau)^{\beta-1} \sigma(\tau, v^0(\tau)) \mathrm{d}\tau$$

(ii)

$$w(t) \geqslant \frac{L_1}{\Gamma(\beta)} \int_0^t (t-\tau)^{\beta-1} w(\tau) \mathrm{d}\tau + \frac{1}{\Gamma(\beta)} \int_0^t (t-\tau)^{\beta-1} \sigma(\tau, w^0(\tau)) \mathrm{d}\tau$$

中至少有一个不等号严格成立. 而且, 假设 $\sigma(t, \cdot)$ 关于第二个分量中的 $t$ 非减. 那么, 当 $v^0(t) \leqslant w^0(t)$ 时, 其中 $v^0(t)$ 和 $w^0(t)$ 是两个已知函数, 有 $v(t) < w(t)$, $t \in [0, T]$.

**证明:** 利用反证法. 不妨设 (ii) 中不等式严格成立. 那么, 有 $v(0) < w(0)$. 假设存在 $t_1 \neq 0$ 使得 $v(t_1) = w(t_1)$, 那么对所有的 $t \in [0, t_1)$ 都有 $v(t) < w(t)$. 而且, 我们有

$$
\begin{aligned}
v(t_1) &= w(t_1) \\
&> \frac{L_1}{\Gamma(\beta)} \int_0^{t_1} (t_1 - \tau)^{\beta-1} w(\tau) \mathrm{d}\tau + \frac{1}{\Gamma(\beta)} \int_0^{t_1} (t_1 - \tau)^{\beta-1} \sigma(\tau, w^0(\tau)) \mathrm{d}\tau \\
&> \frac{L_1}{\Gamma(\beta)} \int_0^{t_1} (t_1 - \tau)^{\beta-1} v(\tau) \mathrm{d}\tau + \frac{1}{\Gamma(\beta)} \int_0^{t_1} (t_1 - \tau)^{\beta-1} \sigma(\tau, v^0(\tau)) \mathrm{d}\tau \\
&\geqslant v(t_1)
\end{aligned}
$$

这是一个矛盾. 所以原命题成立.

由此定理, 可以得到下面的比较结果.

**引理 8.2.2** 假设引理 8.2.1 中的条件成立, 其中 (i) 和 (ii) 中的不等号可以不严格成立. 进一步, 假设存在 $L > 0$, 使得对任意 $x \geqslant y$ 都有 $\sigma(t, x) - \sigma(t, y) \leqslant L(x - y)$. 那么, 当 $v^0(t) \leqslant w^0(t)$ 时, 其中 $v^0(t)$ 和 $w^0(t)$ 是两个已知函数, 就有 $v(t) \leqslant w(t)$, $t \in [0, T]$.

**证明:** 构造函数 $w_\varepsilon(t) = w(t) + \varepsilon E_\beta(2L^* t^\beta)$, 其中 $\varepsilon > 0$, $L^* = \max\{L_1, L\}$. 并且, 令 $w_\varepsilon^0(t) = w^0(t) + \varepsilon E_\beta(2L^* t^\beta)$. 那么, 有 $w_\varepsilon^0(t) \geqslant w^0(t) \geqslant v(t)$. 另一方面, 可以推得

$$
\begin{aligned}
w_\varepsilon(t) &= w(t) + \varepsilon E_\beta(2L^* t^\beta) \\
&\geqslant \frac{L_1}{\Gamma(\beta)} \int_0^t (t - \tau)^{\beta-1} w(\tau) \mathrm{d}\tau + \frac{1}{\Gamma(\beta)} \int_0^t (t - \tau)^{\beta-1} \sigma(\tau, w^0(\tau)) \mathrm{d}\tau \\
&\quad + \varepsilon E_\beta(2L^* t^\beta) \\
&\geqslant \frac{L_1}{\Gamma(\beta)} \int_0^t (t - \tau)^{\beta-1} w_\varepsilon(\tau) \mathrm{d}\tau + \frac{1}{\Gamma(\beta)} \int_0^t (t - \tau)^{\beta-1} \sigma(\tau, w^0(\tau)) \mathrm{d}\tau
\end{aligned}
$$

$$+\frac{\varepsilon}{2}E_\beta(2L^*t^\beta) + \frac{L_1\varepsilon}{2L^*}$$

因为

$$\sigma(t, w_\varepsilon^0(t)) - \sigma(t, w^0(t)) \leqslant L\varepsilon E_\beta(2L^*t^\beta)$$

所以有

$$\sigma(t, w^0(t)) \geqslant \sigma(t, w_\varepsilon^0(t)) - L\varepsilon E_\beta(2L^*t^\beta)$$

从而得到

$$
\begin{aligned}
w_\varepsilon(t) \quad \geqslant \quad & \frac{L_1}{\Gamma(\beta)}\int_0^t (t-\tau)^{\beta-1}w_\varepsilon(\tau)\mathrm{d}\tau + \frac{1}{\Gamma(\beta)}\int_0^t (t-\tau)^{\beta-1}\sigma(\tau, w_\varepsilon^0(\tau))\mathrm{d}\tau \\
& + \frac{(L+L_1)\varepsilon}{2L^*} \\
> \quad & \frac{L_1}{\Gamma(\beta)}\int_0^t (t-\tau)^{\beta-1}w_\varepsilon(\tau)\mathrm{d}\tau + \frac{1}{\Gamma(\beta)}\int_0^t (t-\tau)^{\beta-1}\sigma(\tau, w_\varepsilon^0(\tau))\mathrm{d}\tau
\end{aligned}
$$

从而, 根据引理 8.2.1 可得, $w_\varepsilon(t) > v(t)$. 由于 $\varepsilon$ 是任意的, 故 $w(t) \geqslant v(t)$.

结合条件 8.2.2 和引理 8.2.1, 可以得到 $\delta^{(k)}(t) \leqslant u^{(k)}(t), t \in [0, T], k = 1, 2, \cdots$, 其中

$$
\begin{aligned}
u^{(k)}(t) \quad = \quad & \frac{L_1}{\Gamma(\alpha)}\int_0^t (t-\tau)^{\alpha-1}u^{(k)}(\tau)\mathrm{d}\tau \\
& + \frac{1}{\Gamma(\alpha)}\int_0^t (t-\tau)^{\alpha-1}\sigma(\tau, u^{(k-1)}(\tau))\mathrm{d}\tau \quad\quad (8\text{-}16)
\end{aligned}
$$

并且 $u^{(0)}(t) = \|x^{(0)}(t) - x(t)\|$.

在条件 8.2.2 的基础上, 如果下面的条件也满足, 那么就可以得到广义时间依赖的 Lipschitz 条件下的收敛性结果.

**条件 8.2.3** 零函数是初值问题

$$({}_0^C D_t^\alpha x)(t) = L_1 x(t) + \sigma(t, x(t)), \quad x(0) = 0,\, t \in [0, T]$$

的唯一解.

这个条件是可以满足的. 例如, 当 $\sigma(t, x(t)) = \mu(t)x(t)$ 时, 其中 $\mu(t) \in C([0, T], \mathbb{R}^+)$.

下面给出广义时间依赖的 Lipschitz 条件下的收敛性结果.

**定理 8.2.2** 假设条件 8.2.2 和 8.2.3 满足, 那么有 $\delta^{(k)}(t) \leqslant u^{(k)}(t), t \in [0, T], k = 1, 2, \cdots$, 其中

$$u^{(k)}(t) = \int_0^t (t - \tau)^{\alpha-1} E_{\alpha,\alpha}(L_1(t-\tau)^\alpha)\sigma(\tau, u^{(k-1)}(\tau))\mathrm{d}\tau$$

并且 $u^{(0)}(t) = \|x^{(0)}(t) - x(t)\|$. 进一步, 若存在某个自然数 $k_0$ 使得 $u^{(k_0+1)} \leqslant u^{(k_0)}, t \in [0, T]$, 则当 $k \to \infty$ 时, $u^{(k)}(t)$ 在 $[0, T]$ 上一致趋于 0.

**证明:** 对式 (8-16) 利用拉普拉斯变换, 可以得到

$$u^{(k)}(t) = \int_0^t (t - \tau)^{\alpha-1} E_{\alpha,\alpha}(L_1(t-\tau)^\alpha)\sigma(\tau, u^{(k-1)}(\tau))\mathrm{d}\tau$$

从而, 定理的第一部分得证. 下面证明定理的第二部分.

注意到, $\sigma(t, x)$ 关于 $x$ 非减, 那么, 当 $k \geqslant k_0$ 时, 有

$$
\begin{aligned}
&u^{(k+1)}(t) - u^{(k)}(t) \\
&= \int_0^t (t - \tau)^{\alpha-1} E_{\alpha,\alpha}(L_1(t-\tau)^\alpha)(\sigma(\tau, u^{(k)}(\tau)) - \sigma(\tau, u^{(k-1)}(\tau)))\mathrm{d}\tau < 0
\end{aligned}
$$

所以, 对于 $k = k_0, k_0 + 1, \cdots$, 有

$$u^{(k+1)}(t) \leqslant u^{(k)}(t), \quad t \in [0, T] \tag{8-17}$$

接下来, 证明函数序列 $\{u^{(k)}\}_{k=0}^\infty$ 在 $[0, T]$ 上一致有界且等度连续. 首先, 有

$$
\begin{aligned}
|u^{(k)}(t)| &\leqslant \int_0^t (t - \tau)^{\alpha-1} E_{\alpha,\alpha}(L_1(t-\tau)^\alpha)|\sigma(\tau, u^{(k-1)}(\tau))|\mathrm{d}\tau \\
&\leqslant MT^\alpha E_{\alpha,\alpha+1}(L_1T^\alpha)
\end{aligned}
$$

其次, 对任意 $t_1 < t_2 \in [0, T]$, 有

$$
\begin{aligned}
&|u^{(k)}(t_1) - u^{(k)}(t_2)| \\
&\leqslant \int_0^{t_2} ((t_1 - \tau)^{\alpha-1} E_{\alpha,\alpha}(L_1(t_1 - \tau)^\alpha) - (t_2 - \tau)^{\alpha-1} E_{\alpha,\alpha}(L_1(t_2 - \tau)^\alpha)) \\
&\quad \times |\sigma(\tau, u^{(k-1)}(\tau))| \mathrm{d}\tau \\
&\quad + \int_{t_2}^{t_1} (t_1 - \tau)^{\alpha-1} E_{\alpha,\alpha}(L_1(t_1 - \tau)^\alpha) |\sigma(\tau, u^{(k-1)}(\tau))| \mathrm{d}\tau \\
&\leqslant M \sum_{i=0}^{\infty} \frac{L_1^i}{\Gamma(i\alpha + \alpha)} (t_1^{i\alpha+\alpha-1} - t_2^{i\alpha+\alpha-1})
\end{aligned}
$$

显然, 当 $|t_1 - t_2| \to 0$, 有 $|u^{(k)}(t_1) - u^{(k)}(t_2)| \to 0$. 所以, 函数序列 $\{u^{(k)}\}_{k=0}^{\infty}$ 在 $[0, T]$ 上一致有界并且等度连续. 从而, 这个函数序列包含一致收敛的子列. 再结合条件 8.2.3, 可知这个子列收敛于零函数. 又由于有关系式(8-17), 所以, 函数序列 $\{u^{(k)}\}_{k=0}^{\infty}$ 收敛于零函数. 故迭代序列收敛.

# 9  分数阶微分-代数方程的波形松弛方法

考虑定义在有限时间区间$[0,T]$上具有如下形式的分数阶微分-代数方程:

$$\begin{cases} ({}_0^C D_t^\alpha x)(t) = f(x(t), ({}_0^C D_t^\alpha x)(t), y(t), b(t), t),\ 0 < \alpha < 1 \\ y(t) = g(x(t), ({}_0^C D_t^\alpha x)(t), y(t), e(t), t),\ x(0) = x_0,\ t \in [0,T] \end{cases} \quad (9\text{-}1)$$

其中$b(t), e(t)$为给定的输入函数,$x(t) \in \mathbb{R}^n, y(t) \in \mathbb{R}^m$为待求解的函数. 假设$\frac{\partial g}{\partial y}$可逆, 且$x_0$为相容的初始条件, 即, 另外一个初始条件$y(0)$$(= y_0)$可由方程(9-1)中第二个方程唯一确定.

## 9.1  线性分数阶微分-代数方程的波形松弛方法

### 9.1.1  线性问题的波形松弛方法的求解格式

本节考虑方程(9-1)所对应的线性问题:

$$\begin{cases} M({}_0^C D_t^\alpha x)(t) + Ax(t) + By(t) = b(t),\ 0 < \alpha < 1 \\ Cx(t) + Ny(t) = e(t),\ x(0) = x_0,\ t \in [0,T] \end{cases} \quad (9\text{-}2)$$

其中$M \in \mathbb{R}^{n \times n}$, 和$N \in \mathbb{R}^{m \times m}$为可逆矩阵, $A \in \mathbb{R}^{n \times n}$, $B \in \mathbb{R}^{n \times m}$, $C \in \mathbb{R}^{m \times n}$, $x(t) \in \mathbb{R}^n$, $y(t) \in \mathbb{R}^m$, 且$b(t) \in \mathbb{R}^n$, $e(t) \in \mathbb{R}^m$为给定的输入函数, $x_0 \in \mathbb{R}^n$为初始值, 且$y_0 \in \mathbb{R}^m$满足$y_0 = y(0) = -N^{-1}Cx_0 + N^{-1}e(0)$.

对于(9-2), 其波形松弛方法的一般格式为

$$\begin{cases} M_1({}_0^C D_t^\alpha x^{(k+1)})(t) + A_1 x^{(k+1)}(t) + B_1 y^{(k+1)}(t) \\ \quad = M_2({}_0^C D_t^\alpha x^{(k)})(t) + A_2 x^{(k)}(t) + B_2 y^{(k)}(t) + b(t) \\ C_1 x^{(k+1)}(t) + N_1 y^{(k+1)}(t) = C_2 x^{(k)}(t) + N_2 y^{(k)}(t) + e(t) \\ x^{(k+1)}(0) = x_0, t \in [0,T], k = 0, 1, \cdots \end{cases} \quad (9\text{-}3)$$

其中$M = M_1 - M_2$, $A = A_1 - A_2$, $B = B_1 - B_2$, $C = C_1 - C_2$, $N = N_1 - N_2$使得$M_1$和$N_1$为可逆的, $x^{(0)}(t)$ 和$y^{(0)}(t)$为初始迭代函数, 且二者在$t = 0$处满足相容性.

分裂矩阵的选取试图将原耦合系统解耦为容易求解的独立的子系统. 为了方便, 记$D_\lambda$, $L_\lambda$和$U_\lambda$分别为矩阵$\lambda \in \mathbb{R}^{n \times n}$的对角矩阵, 下三角矩阵和上三角矩阵. 一些典型的分裂方式如:

$$M_1 = D_M, \ M_2 = L_M + U_M, \ A_1 = D_A, \ A_2 = L_A + U_A, \ B_1 = 0,$$
$$B_2 = -B, \ C_1 = C, \ C_2 = 0, \ N_1 = D_N, \ N_2 = L_N + U_N \text{为Jacobi迭代};$$

$$M_1 = D_M - L_M, \ M_2 = U_M, \ A_1 = D_A - L_A, \ A_2 = U_A, \ B_1 = 0,$$
$$B_2 = -B, \ C_1 = C, \ C_2 = 0, \ N_1 = D_N - L_N, \ N_2 = U_N \text{为G-S迭代}.$$

### 9.1.2  收敛性分析

下面着重分析由迭代格式(9-3)产生的序列的收敛性. 为了书写方便, 记$D_1 = A_1 - B_1 N_1^{-1} C_1$, $D_2 = A_2 - B_1 N_1^{-1} C_2$, $F_1 = M_1^{-1}(A_2 - B_1 N_1^{-1} C_2 - D_1 M_1^{-1} M_2)$, $F_2 = M_1^{-1}(B_2 - B_1 N_1^{-1} N_2)$.

首先, 从方程(9-3)的第二个方程中可以得到$y^{(k+1)}(t)$:

$$
\begin{aligned}
y^{(k+1)}(t) \ = \ & -N_1^{-1} C_1 x^{(k+1)}(t) + N_1^{-1} C_2 x^{(k)}(t) + N_1^{-1} N_2 y^{(k)}(t) \\
& + N_1^{-1} e(t)
\end{aligned}
\tag{9-4}
$$

然后将(9-4)代入方程(9-3)中的第一个方程, 则可以得到如下方程:

$$
\begin{cases}
M_1({}_0^C D_t^\alpha x^{(k+1)})(t) + D_1 x^{(k+1)}(t) = M_2({}_0^C D_t^\alpha x^{(k)})(t) + D_2 x^{(k)}(t) \\
\quad + (B_2 - B_1 N_1^{-1} N_2) y^{(k)}(t) + b(t) - B_1 N_1^{-1} e(t) \\
x^{(k+1)}(0) = x_0, t \in [0, T]
\end{cases}
$$

$$\tag{9-5}$$

根据定理2.1.1, 方程(9-5)的解为

$$
x^{(k+1)}(t)
$$
$$
= E_\alpha(-M_1^{-1} D_1 t^\alpha) x_0
$$

$$+ \int_0^t (t-\tau)^{\alpha-1} E_{\alpha,\alpha}(-M_1^{-1}D_1(t-\tau)^\alpha)M_1^{-1}M_2({}_0^\star D_\tau^\alpha x^{(k)})(\tau)\mathrm{d}\tau$$

$$+ \int_0^t (t-\tau)^{\alpha-1} E_{\alpha,\alpha}(-M_1^{-1}D_1(t-\tau)^\alpha)M_1^{-1}D_2 x^{(k)}(\tau)\mathrm{d}\tau$$

$$+ \int_0^t (t-\tau)^{\alpha-1} E_{\alpha,\alpha}(-M_1^{-1}D_1(t-\tau)^\alpha)(B_2 - B_1 N_1^{-1}N_2)y^{(k)}(\tau)\mathrm{d}\tau$$

$$+ \int_0^t (t-\tau)^{\alpha-1} E_{\alpha,\alpha}(-M_1^{-1}D_1(t-\tau)^\alpha)M_1^{-1}b(\tau)\mathrm{d}\tau$$

$$- \int_0^t (t-\tau)^{\alpha-1} E_{\alpha,\alpha}(-M_1^{-1}D_1(t-\tau)^\alpha)M_1^{-1}B_1 N_1^{-1}e(\tau)\mathrm{d}\tau$$

另一方面, 借助Caputo分数阶导数的定义, 可以得到

$$\int_0^t (t-\tau)^{\alpha-1} E_{\alpha,\alpha}(-M_1^{-1}D_1(t-\tau)^\alpha)M_1^{-1}M_2({}_0^C D_\tau^\alpha x^{(k)})(\tau)\mathrm{d}\tau$$

$$= M_1^{-1}M_2 x^{(k)}(t) - E_\alpha(-M_1^{-1}D_1 t^\alpha)M_1^{-1}M_2 x_0$$

$$- \int_0^t (t-\tau)^{\alpha-1} E_{\alpha,\alpha}(-M_1^{-1}D_1(t-\tau)^\alpha)M_1^{-1}D_1 M_1^{-1}M_2 x^{(k)}(\tau)\mathrm{d}\tau$$

因此, 可以将$x^{(k+1)}(t)$写为:

$$x^{(k+1)}(t) = M_1^{-1}M_2 x^{(k)}(t) + (\mathcal{R}_1 x^{(k)})(t) + (\mathcal{R}_2 y^{(k)})(t) + \varphi_1(t) \qquad (9\text{-}6)$$

其中$\mathcal{R}_1, \mathcal{R}_2 : C([0,T],\mathbb{R}^n) \to C([0,T],\mathbb{R}^n)$分别定义为

$$(\mathcal{R}_1 u)(t) = \int_0^t (t-\tau)^{\alpha-1} E_{\alpha,\alpha}(-M_1^{-1}D_1(t-\tau)^\alpha)F_1 u(\tau)\mathrm{d}\tau$$

$$(\mathcal{R}_2 u)(t) = \int_0^t (t-\tau)^{\alpha-1} E_{\alpha,\alpha}(-M_1^{-1}D_1(t-\tau)^\alpha)F_2 u(\tau)\mathrm{d}\tau$$

且

$$\begin{aligned} \varphi_1(t) =\ & E_\alpha(-M_1^{-1}D_1 t^\alpha)(I - M_1^{-1}M_2)x_0 \\ & + \int_0^t (t-\tau)^{\alpha-1} E_{\alpha,\alpha}(-M_1^{-1}D_1(t-\tau)^\alpha)M_1^{-1}b(\tau)\mathrm{d}\tau \\ & - \int_0^t (t-\tau)^{\alpha-1} E_{\alpha,\alpha}(-M_1^{-1}D_1(t-\tau)^\alpha)M_1^{-1}B_1 N_1^{-1}e(\tau)\mathrm{d}\tau \end{aligned}$$

和 $F_1 = M_1^{-1}(D_2 - D_1 M_1^{-1} M_2)$，$F_2 = B_2 - B_1 N_1^{-1} N_2$.

最后，将(9-6)代入方程(9-4)，可以得到

$$
\begin{aligned}
y^{(k+1)}(t) &= (N_1^{-1} C_2 - N_1^{-1} C_1 M_1^{-1} M_2) x^{(k)}(t) + N_1^{-1} N_2 y^{(k)}(t) \\
&\quad - N_1^{-1} C_1 (\mathcal{R}_1 x^{(k)})(t) - N_1^{-1} C_1 (\mathcal{R}_2 y^{(k)})(t) + N_1^{-1} e(t) \\
&\quad - N_1^{-1} C_1 \varphi_1(t)
\end{aligned}
$$

再结合方程(9-6)，则有

$$
\begin{aligned}
\begin{bmatrix} x^{(k+1)}(t) \\ y^{(k+1)}(t) \end{bmatrix} &= \begin{bmatrix} M_1^{-1} M_2 & 0 \\ N_1^{-1} C_2 - N_1^{-1} C_1 M_1^{-1} M_2 & N_1^{-1} N_2 \end{bmatrix} \begin{bmatrix} x^{(k)}(t) \\ y^{(k)}(t) \end{bmatrix} \\
&\quad + \begin{bmatrix} \mathcal{R}_1 & \mathcal{R}_2 \\ -N_1^{-1} C_1 \mathcal{R}_1 & -N_1^{-1} C_1 \mathcal{R}_2 \end{bmatrix} \begin{bmatrix} x^{(k)}(t) \\ y^{(k)}(t) \end{bmatrix} \\
&\quad + \begin{bmatrix} \varphi_1(t) \\ \varphi_2(t) \end{bmatrix}
\end{aligned} \tag{9-7}
$$

其中 $\varphi_2(t) = N_1^{-1} e(t) - N_1^{-1} C_1 \varphi_1(t)$.

为了简单，将式(9-7)重新改写为

$$
w^{(k+1)}(t) = (\mathcal{R}_c w^{(k)})(t) + \varphi(t) = ((Q + \mathcal{R}) w^{(k)})(t) + \varphi(t) \tag{9-8}
$$

其中 $w(t) = [x^{\mathrm{T}}(t), y^{\mathrm{T}}(t)]^{\mathrm{T}}$，$\varphi(t) = [\varphi_1^{\mathrm{T}}(t), \varphi_2^{\mathrm{T}}(t)]^{\mathrm{T}}$，

$$
Q = \begin{bmatrix} M_1^{-1} M_2 & 0 \\ N_1^{-1} C_2 - N_1^{-1} C_1 M_1^{-1} M_2 & N_1^{-1} N_2 \end{bmatrix}
$$

且

$$
\mathcal{R} = \begin{bmatrix} \mathcal{R}_1 & \mathcal{R}_2 \\ -N_1^{-1} C_1 \mathcal{R}_1 & -N_1^{-1} C_1 \mathcal{R}_2 \end{bmatrix}
$$

为了给出序列 $\{w^{(k)}\}$ 的收敛性条件，首先证明如下引理.

**引理 9.1.1** 设 $0 < \alpha < 1$，且 $f(t), g(t) \in C([0,T], \mathbb{R})$. 那么，对任意 $t \in [0,T]$，有

$$\left( {}_0D_t^\alpha \int_0^t f(t-\tau)g(\tau)\mathrm{d}\tau \right)(t)$$
$$= \int_0^t ({}_0D_\tau^\alpha f)(\tau)g(t-\tau)\mathrm{d}\tau + g(t)\lim_{t \to 0^+}({}_0I_t^{1-\alpha}f)(t)$$

引理9.1.1的证明可以在Kilbas的著作中找到. 此处不作详细证明.

**引理 9.1.2** 设 $0 < \alpha < 1$，且 $K, U \in \mathbb{R}^{n \times n}$. 那么，对任意 $t \in [0,T]$，有如下关系式:

$$\int_0^t (t-\tau)^{\alpha-1}E_{\alpha,\alpha}(-K(t-\tau)^\alpha)U({}_0^C D_\tau^\alpha x)(\tau)\mathrm{d}\tau$$
$$= Ux(t) - E_\alpha(-Kt^\alpha)Ux(0)$$
$$- K\int_0^t (t-s)^{\alpha-1}E_{\alpha,\alpha}(-K(t-s)^\alpha)Ux(s)\mathrm{d}s$$

**证明:** 通过交换积分次序, 可以得到

$$\int_0^t (t-\tau)^{\alpha-1}E_{\alpha,\alpha}(-K(t-\tau)^\alpha)U({}_0^C D_\tau^\alpha x)(\tau)\mathrm{d}\tau$$
$$= \frac{1}{\Gamma(1-\alpha)}\int_0^t (t-\tau)^{\alpha-1}E_{\alpha,\alpha}(-K(t-\tau)^\alpha)U\int_0^\tau (\tau-s)^{-\alpha}x'(s)\mathrm{d}s\mathrm{d}\tau$$
$$= \frac{1}{\Gamma(1-\alpha)}\int_0^t \left( \int_s^t (t-\tau)^{\alpha-1}E_{\alpha,\alpha}(-K(t-\tau)^\alpha)(\tau-s)^{-\alpha}\mathrm{d}\tau \right)Ux'(s)\mathrm{d}s$$
$$= \int_0^t E_\alpha(-K(t-s)^\alpha)\mathrm{d}(Ux(s))$$
$$= \int_0^t \sum_{i=0}^\infty \frac{(-K)^i(t-s)^{i\alpha}}{\Gamma(i\alpha+1)}\mathrm{d}(Ux(s))$$
$$= \int_0^t \mathrm{d}(Ux(s)) + \int_0^t \sum_{i=1}^\infty \frac{(-K)^i(t-s)^{i\alpha}}{\Gamma(i\alpha+1)}\mathrm{d}(Ux(s))$$
$$= Ux(t) - E_\alpha(-Kt^\alpha)Ux(0)$$

$$-K \int_0^t (t-s)^{\alpha-1} E_{\alpha,\alpha}(-K(t-s)^\alpha) U x(s) \mathrm{d}s$$

证毕.

**引理 9.1.3** 设 $0 < \alpha < 1$, 且 $u(t) \in C([0,T], \mathbb{R}^n)$, 则有

$$({}_0^C D_t^\alpha \mathcal{R}_1 u)(t) = F_1 u(t) - M_1^{-1} D_1 (\mathcal{R}_1 u)(t)$$

**证明:** 注意到 $(\mathcal{R}_1 u)(0) = 0$. 因此, 仅需要证明

$$({}_0 D_t^\alpha \mathcal{R}_1 u)(t) = M_1^{-1} D_1 (\mathcal{R}_1 u_1)(t) - F_1 u_1(t)$$

一方面, 根据性质1.3.5, 有

$$
\begin{aligned}
&({}_0 D_t^\alpha \mathcal{R}_1 u)(t) \\
&= \left( {}_0 D_t^\alpha \int_0^t (t-\tau)^{\alpha-1} E_{\alpha,\alpha}(-M_1^{-1} D_1 (t-\tau)^\alpha) F_1 u(\tau) \mathrm{d}\tau \right)(t) \\
&= \int_0^t ({}_0 D_\tau^\alpha \tau^{\alpha-1} E_{\alpha,\alpha}(-M_1^{-1} D_1 \tau^\alpha))(\tau) F_1 u(t-\tau) \mathrm{d}\tau \\
&\quad + \lim_{\tau \to 0^+} ({}_0 I_\tau^{1-\alpha} \tau^{\alpha-1} E_{\alpha,\alpha}(-M_1^{-1} D_1 \tau^\alpha))(\tau) F_1 u(t-\tau)
\end{aligned}
$$

另一方面, 容易验证

$$({}_0 D_t^\alpha t^{\alpha-1} E_{\alpha,\alpha}(-M_1^{-1} D_1 t^\alpha))(t) = -M_1^{-1} D_1 t^{\alpha-1} E_{\alpha,\alpha}(-M_1^{-1} D_1 t^\alpha)$$
$$({}_0 I_t^{1-\alpha} t^{\alpha-1} E_{\alpha,\alpha}(-M_1^{-1} D_1 t^\alpha))(t) = E_\alpha(-M_1^{-1} D_1 t^\alpha)$$

所以, 可以得到

$$({}_0 D_t^\alpha \mathcal{R}_1 u)(t) = F_1 u(t) - M_1^{-1} D_1 (\mathcal{R}_1 u)(t)$$

证毕.

**定理 9.1.1** 若 $\rho(M_1^{-1} M_2) < 1$, 且 $\rho(N_1^{-1} N_2) < 1$, 则由(9-3)得到的波形序列收敛于方程(9-2)的唯一解.

**证明:** 根据性质1.2.1, 算子$\mathcal{R}$为紧算子. 下面将证明$\sigma(\mathcal{R}) = \{0\}$, 其中$\sigma(\mathcal{R})$表示算子$\mathcal{R}$的谱集. 对于给定$g = [g_1^{\mathrm{T}}, g_2^{\mathrm{T}}]^{\mathrm{T}} \in C^1([0,T], \mathbb{R}^n)$, 假设$\lambda \neq 0$, 且$((\lambda I - \mathcal{R})u)(t) = g(t)$, 即,

$$\begin{cases} \lambda u_1(t) - (\mathcal{R}_1 u_1)(t) - (\mathcal{R}_2 u_2)(t) = g_1(t) \\ \lambda u_2(t) + N_1^{-1}C_1(\mathcal{R}_1 u_1)(t) + N_1^{-1}C_1(\mathcal{R}_2 u_2)(t) = g_2(t) \end{cases} \quad (9\text{-}9)$$

在式(9-9)的两端同时求$\alpha$阶Caputo分数阶导数, 我们有

$$\begin{cases} \lambda({}_0^C D_t^\alpha u_1)(t) - F_1 u_1(t) + M_1^{-1}D_1(\mathcal{R}_1 u_1)(t) - F_2 u_2(t) \\ \quad + M_1^{-1}D_1(\mathcal{R}_2 u_2)(t) = ({}_0^C D_t^\alpha g_1)(t) \\ \lambda({}_0^C D_t^\alpha u_2)(t) + N_1^{-1}C_1 F_1 u_1(t) - N_1^{-1}C_1 M_1^{-1}D_1(\mathcal{R}_1 u_1)(t) \\ \quad + N_1^{-1}C_1 F_2 u_2(t) - N_1^{-1}C_1 M_1^{-1}D_1(\mathcal{R}_2 u_2)(t) = ({}_0^C D_t^\alpha g_2)(t) \end{cases} \quad (9\text{-}10)$$

通过方程(9-9)中的第一个方程, 可以得到

$$(\mathcal{R}_1 u_1)(t) - (\mathcal{R}_2 u_2)(t) = \lambda u_1(t) - g_1(t) \quad (9\text{-}11)$$

将式(9-11)代入式(9-10), 可以得到如下方程:

$$\lambda \begin{bmatrix} I & 0 \\ 0 & I \end{bmatrix} \begin{bmatrix} ({}_0^C D_t^\alpha u_1)(t) \\ ({}_0^C D_t^\alpha u_2)(t) \end{bmatrix} + \Theta \begin{bmatrix} u_1(t) \\ u_2(t) \end{bmatrix}$$
$$= \begin{bmatrix} ({}_0^C D_t^\alpha g_1)(t) + M_1^{-1}D_1 g_1(t) \\ ({}_0^C D_t^\alpha g_2)(t) - N_1^{-1}C_1 M_1^{-1}D_1 g_1(t) \end{bmatrix} \quad (9\text{-}12)$$

其中

$$\Theta = \begin{bmatrix} \lambda M_1^{-1}D_1 - F_1 & -F_2 \\ -N_1^{-1}C_1(\lambda M_1^{-1}D_1 - F_1) & N_1^{-1}C_1 F_2 \end{bmatrix}$$

显然, 满足初始条件

$$\begin{bmatrix} u_1(0) \\ u_2(0) \end{bmatrix} = \frac{1}{\lambda} \begin{bmatrix} g_1(0) \\ g_2(0) \end{bmatrix}$$

的方程(9-12)的解为

$$
\begin{bmatrix} u_1(t) \\ u_2(t) \end{bmatrix}
= \frac{1}{\lambda} \begin{bmatrix} g_1(t) \\ g_2(t) \end{bmatrix}
+ \frac{1}{\lambda} \int_0^t (t-\tau)^{\alpha-1} E_{\alpha,\alpha}\Big(-\frac{1}{\lambda}\Theta(t-\tau)^\alpha\Big) \begin{bmatrix} M_1^{-1} D_1 g_1(\tau) \\ -N_1^{-1} C_1 M_1^{-1} D_1 g_1(\tau) \end{bmatrix} \mathrm{d}\tau
$$
$$
- \frac{\Theta}{\lambda^2} \int_0^t (t-\tau)^{\alpha-1} E_{\alpha,\alpha}\Big(-\frac{1}{\lambda}\Theta(t-\tau)^\alpha\Big) \begin{bmatrix} g_1(\tau) \\ g_2(\tau) \end{bmatrix} \mathrm{d}\tau
$$

这表明: 对任意 $\lambda \neq 0$, 算子 $\lambda I - \mathcal{R}$ 为 $C([0,T],\mathbb{R}^n)$ 上有界可逆算子. 从而, 算子的谱半径为 $\rho(\mathcal{R})=0$.

因为 $\mathcal{R}_c = Q + \mathcal{R}$, 且 $\rho(\mathcal{R})=0$, 所以, 有 $\rho(\mathcal{R}_c) \leqslant \rho(Q)+\rho(\mathcal{R})=\rho(Q)$. 从而可以得到: 如果 $\rho(Q)<1$, 那么 $\rho(\mathcal{R}_c)<1$. 另一方面, 注意到

$$\rho(Q) = \max\{\rho(M_1^{-1}M_2), \rho(N_1^{-1}N_2)\}$$

换句话说, 如果 $\rho(M_1^{-1}M_2)<1$, 且 $\rho(N_1^{-1}N_2)<1$, 那么, 由(9-3)产生的波形序列收敛于方程(9-2)的唯一解. 证毕.

根据 $\rho(Q) \leqslant \|Q\|$, 可以得到如下推论:

**推论 9.1.1** 若 $\|M_1^{-1}M_2\|<1$, 且 $\|N_1^{-1}N_2\|<1$, 则由(9-3)产生的波形序列收敛于方程(9-2)的唯一解.

## 9.2 非线性分数阶微分-代数方程的波形松弛方法

本节讨论方程(9-1)的波形松弛方法. 它的波形松弛方法的一般迭

代格式如下:

$$
\begin{cases}
({}_0^C D_t^\alpha x^{(k+1)})(t) = F(x^{(k+1)}(t), x^{(k)}(t), ({}_0^C D_t^\alpha x^{(k+1)})(t), ({}_0^C D_t^\alpha x^{(k)})(t), \\
y^{(k+1)}(t), y^{(k)}(t), b(t), t) \\
y^{(k+1)}(t) = G(x^{(k+1)}(t), x^{(k)}(t), ({}_0^C D_t^\alpha x^{(k+1)})(t), ({}_0^C D_t^\alpha x^{(k)})(t), \\
y^{(k+1)}(t), y^{(k)}(t), e(t), t) \\
x^{(k+1)}(0) = x_0, 0 < \alpha < 1, t \in [0, T], k = 0, 1, \cdots
\end{cases}
$$

$$(9\text{-}13)$$

其中 $F$ 和 $G$ 分别为 $f$ 和 $g$ 的分裂函数. 类似于线性情形, $x^{(0)}(t)$ 和 $y^{(0)}(t)$ 在 $t = 0$ 处是相容的.

分裂函数 $F: (\mathbb{R}^n)^4 \times (\mathbb{R}^m)^2 \times \mathbb{R}^n \times [0, T] \to \mathbb{R}^n$ 和 $G: (\mathbb{R}^n)^4 \times (\mathbb{R}^m)^2 \times \mathbb{R}^n \times [0, T] \to \mathbb{R}^m$ 满足:

$$
F(u_a, u_a, u_b, u_b, u_c, u_c, b(t), t) = f(u_a, u_b, u_c, b(t), t), \ u_a, u_b \in \mathbb{R}^n, u_c \in \mathbb{R}^m
$$
$$
G(v_a, v_a, v_b, v_b, v_c, v_c, b(t), t) = g(v_a, v_b, v_c, b(t), t), \ v_a, v_b \in \mathbb{R}^n, v_c \in \mathbb{R}^m
$$

假设分裂函数 $F$ 和 $G$ 在包含解的有界区域上满足如下 Lipschitz 条件:

**条件 9.2.1** *存在非负常数 $a_i$ 和 $b_i$, $i = 1, 2, \cdots, 6$ 使得*

$$
\|F(u_1, \ldots, u_6, b(t), t) - F(v_1, \cdots, v_6, b(t), t)\| \leqslant \sum_{i=1}^{6} a_i \|u_i - v_i\|
$$

$$
\|G(u_1, \ldots, u_6, b(t), t) - G(v_1, \cdots, v_6, b(t), t)\| \leqslant \sum_{i=1}^{6} b_i \|u_i - v_i\|
$$

*其中 $t \in [0, T]$, $u_i, v_i \in \mathbb{R}^n$, $i = 1, \cdots, 4$, 且 $u_i, v_i \in \mathbb{R}^m$, $i = 5, 6$. 这里, $\|\cdot\|$ 表示 $\mathbb{R}$ 中的任意范数.*

假设方程 (9-13) 有唯一解, 且记为

$$
w(t) = [x^{\mathrm{T}}(t), y^{\mathrm{T}}(t)]^{\mathrm{T}}
$$

令 $({}_0^C D_t^\alpha x)(t) = z(t)$, 有

$$x(t) = (\mathcal{J}z)(t) = x_0 + \frac{1}{\Gamma(\alpha)} \int_0^t (t-\tau)^{\alpha-1} z(\tau) \mathrm{d}\tau$$

利用上述变量代换, (9-13)可以重新改写为

$$\begin{cases} z^{(k+1)}(t) = F((\mathcal{J}z^{(k+1)})(t), (\mathcal{J}x^{(k)})(t), z^{(k+1)}(t), z^{(k)}(t), y^{(k+1)}(t), \\ \quad y^{(k)}(t), b(t), t) \\ y^{(k+1)}(t) = G((\mathcal{J}z^{(k+1)})(t), (\mathcal{J}x^{(k)})(t), z^{(k+1)}(t), z^{(k)}(t), \\ \quad y^{(k+1)}(t), y^{(k)}(t), e(t), t) \\ (\mathcal{J}z^{(k+1)})(0) = x_0, 0 < \alpha < 1, t \in [0, T], k = 0, 1, \cdots \end{cases}$$

$$(9\text{-}14)$$

下面分析由(9-13)产生的波形序列的收敛性. 注意到

$$\begin{aligned} \|(\mathcal{J}u)(t) - (\mathcal{J}v)(t)\| &= \left\| \frac{1}{\Gamma(\alpha)} \int_0^t (t-\tau)^{\alpha-1}(u(\tau) - v(\tau)) \mathrm{d}\tau \right\| \\ &\leqslant \frac{1}{\Gamma(\alpha)} \int_0^t (t-\tau)^{\alpha-1} \|u(\tau) - v(\tau)\| \mathrm{d}\tau \end{aligned}$$

那么, 结合条件9.2.1, 可以得到

$$\begin{aligned} \|z^{(k+1)}(t) - z(t)\| &\leqslant \frac{a_1}{\Gamma(\alpha)} \int_0^t (t-\tau)^{\alpha-1} \|z^{(k+1)}(\tau) - z(\tau)\| \mathrm{d}\tau \\ &\quad + \frac{a_2}{\Gamma(\alpha)} \int_0^t (t-\tau)^{\alpha-1} \|z^{(k)}(\tau) - z(\tau)\| \mathrm{d}\tau \\ &\quad + a_3 \|z^{(k+1)}(t) - z(t)\| + a_4 \|z^{(k)}(t) - z(t)\| \\ &\quad + a_5 \|y^{(k+1)}(t) - y(t)\| + a_6 \|y^{(k)}(t) - y(t)\| \end{aligned}$$

类似地, 有

$$\begin{aligned} \|y^{(k+1)}(t) - y(t)\| &\leqslant \frac{b_1}{\Gamma(\alpha)} \int_0^t (t-\tau)^{\alpha-1} \|z^{(k+1)}(\tau) - z(\tau)\| \mathrm{d}\tau \\ &\quad + \frac{b_2}{\Gamma(\alpha)} \int_0^t (t-\tau)^{\alpha-1} \|z^{(k)}(\tau) - z(\tau)\| \mathrm{d}\tau \end{aligned}$$

$$+b_3\|z^{(k+1)}(t) - z(t)\| + b_4\|z^{(k)}(t) - z(t)\|$$
$$+b_5\|y^{(k+1)}(t) - y(t)\| + b_6\|y^{(k)}(t) - y(t)\|$$

对于 $u(t) \in C([0,T],\mathbb{R})$, 定义

$$(\mathcal{L}u)(t) = \frac{1}{\Gamma(\alpha)} \int_0^t (t-\tau)^{\alpha-1} u(\tau) \mathrm{d}\tau$$

从而有

$$
\begin{bmatrix} \|z^{(k+1)}(t) - z(t)\| \\ \|y^{(k+1)}(t) - y(t)\| \end{bmatrix} \leqslant \begin{bmatrix} a_3 & a_5 \\ b_3 & b_5 \end{bmatrix} \begin{bmatrix} \|z^{(k+1)}(t) - z(t)\| \\ \|y^{(k+1)}(t) - y(t)\| \end{bmatrix}
$$
$$
+ \begin{bmatrix} a_4 & a_6 \\ b_4 & b_6 \end{bmatrix} \begin{bmatrix} \|z^{(k)}(t) - z(t)\| \\ \|y^{(k)}(t) - y(t)\| \end{bmatrix}
$$
$$
+ \begin{bmatrix} a_1\mathcal{L} & 0 \\ b_1\mathcal{L} & 0 \end{bmatrix} \begin{bmatrix} \|z^{(k+1)}(t) - z(t)\| \\ \|y^{(k+1)}(t) - y(t)\| \end{bmatrix}
$$
$$
+ \begin{bmatrix} a_2\mathcal{L} & 0 \\ b_2\mathcal{L} & 0 \end{bmatrix} \begin{bmatrix} \|z^{(k)}(t) - z(t)\| \\ \|y^{(k)}(t) - y(t)\| \end{bmatrix}
$$

为了简洁, 将上述不等式重新写为

$$\|w^{(k+1)}(t) - w(t)\| \leqslant A_1\|w^{(k+1)}(t) - w(t)\| + A_2\|w^{(k)}(t) - w(t)\|$$
$$+\mathcal{L}_1\|w^{(k+1)}(t) - w(t)\| + \mathcal{L}_2\|w^{(k)}(t) - w(t)\|$$

其中

$$A_1 = \begin{bmatrix} a_3 & a_5 \\ b_3 & b_5 \end{bmatrix}, A_2 = \begin{bmatrix} a_4 & a_6 \\ b_4 & b_6 \end{bmatrix}, \mathcal{L}_1 = \begin{bmatrix} a_1\mathcal{L} & 0 \\ b_1\mathcal{L} & 0 \end{bmatrix}, \mathcal{L}_2 = \begin{bmatrix} a_2\mathcal{L} & 0 \\ b_2\mathcal{L} & 0 \end{bmatrix}$$

为了分析序列的收敛性, 首先给出一个引理.

**引理 9.2.1** 设 $\rho(A_1) < 1$. 那么, 算子 $I - (A_1 + \mathcal{L}_1)$ 是可逆的, 且其逆算子为

$$((I - (A_1 + \mathcal{L}_1))^{-1}u)(t)$$

$$= (I - A_1)^{-1} + Q \int_0^t (t-\tau)^{\alpha-1} E_{\alpha,\alpha}(Q(t-\tau)^\alpha)(I-A_1)^{-1}u(\tau)\mathrm{d}\tau$$

其中$I$为$2 \times 2$恒等矩阵, $Q = (I - A_1)^{-1} \begin{bmatrix} a_1 & 0 \\ b_1 & 0 \end{bmatrix}$.

**证明:** 对任意给定$g = [g_1^{\mathrm{T}}, g_2^{\mathrm{T}}]^{\mathrm{T}}$, 假设$((I - (A_1 + \mathcal{L}_1))u)(t) = g(t)$, 即

$$\begin{cases} ((1 - a_3 - a_1\mathcal{L})u_1)(t) - a_5 u_2(t) = g_1(t) \\ ((-b_3 - b_1\mathcal{L})u_1)(t) + (1 - b_5)u_2(t) = g_2(t) \end{cases} \tag{9-15}$$

在式(9-15)的两端同时求$\alpha$阶Caputo分数阶导数, 可以得到

$$\begin{bmatrix} 1 - a_3 & -a_5 \\ -b_3 & 1 - b_5 \end{bmatrix} \begin{bmatrix} ({}_0^C D_t^\alpha u_1)(t) \\ ({}_0^C D_t^\alpha u_2)(t) \end{bmatrix} + \begin{bmatrix} -a_1 & 0 \\ -b_1 & 0 \end{bmatrix} \begin{bmatrix} u_1(t) \\ u_2(t) \end{bmatrix}$$
$$= \begin{bmatrix} ({}_0^C D_t^\alpha g_1)(t) \\ ({}_0^C D_t^\alpha g_2)(t) \end{bmatrix}$$

因为$\rho(A_1) < 1$, 所以, 矩阵$(I - A_1)^{-1}$存在. 从而有

$$({}_0^C D_t^\alpha u)(t) = Qu(t) + (I - A_1)^{-1}({}_0^C D_t^\alpha g)(t) \tag{9-16}$$

其中$Q = \begin{bmatrix} 1 - a_3 & -a_5 \\ -b_3 & 1 - b_5 \end{bmatrix}^{-1} \begin{bmatrix} a_1 & 0 \\ b_1 & 0 \end{bmatrix} = (I - A_1)^{-1} \begin{bmatrix} a_1 & 0 \\ b_1 & 0 \end{bmatrix}$. 显然, 方程(9-16)的解为

$$u(t)$$
$$= E_\alpha(Qt^\alpha)u(0)$$
$$+ \int_0^t (t-\tau)^{\alpha-1} E_{\alpha,\alpha}(Q(t-\tau)^\alpha)(I-A_1)^{-1}({}_0^C D_\tau^\alpha g)(\tau)\mathrm{d}\tau \tag{9-17}$$

其中$u(0) = (I - A_1)^{-1}g(0)$. 根据引理9.1.2, (9-17)可以改写为

$$u(t) = (I - A_1)^{-1} + Q \int_0^t (t-\tau)^{\alpha-1} E_{\alpha,\alpha}(Q(t-\tau)^\alpha)(I-A_1)^{-1}g(\tau)\mathrm{d}\tau$$

证毕.

现在给出收敛性结论.

**定理 9.2.1** 设 $(I - A_1)^{-1} \geqslant 0$, 且 $\rho((I - A_1)^{-1}A_2) < 1$. 那么, 波形序列(9-13)收敛于方程(9-1)的唯一解.

**证明:** 因为 $(I - A_1)^{-1} \geqslant 0$, 所以, 根据引理9.2.1, 算子 $(I - (A_1 + \mathcal{L}_1))^{-1}$ 是非负的. 所以, 方程(9-15)可以写为

$$\|w^{(k+1)}(t) - w(t)\|$$
$$\leqslant (I - (A_1 + \mathcal{L}_1))^{-1}(A_2 + \mathcal{L}_2)\|w^{(k)}(t) - w(t)\| \qquad (9\text{-}18)$$

通过(9-18)可以看到, 只要 $\rho((I - (A_1 + \mathcal{L}_1))^{-1}(A_2 + \mathcal{L}_2)) < 1$, 则有由(9-13)产生的波形序列收敛. 下面我们来证明这一点.

为了简洁, 定义算子 $\mathcal{L}_3$ 为

$$(\mathcal{L}_3 u)(t) = Q \int_0^t (t - \tau)^{\alpha-1} E_{\alpha,\alpha}(Q(t - \tau)^\alpha)(I - A_1)^{-1}u(\tau)\mathrm{d}\tau$$

那么, 根据引理9.2.1, 有

$$(I - (A_1 + \mathcal{L}_1))^{-1}(A_2 + \mathcal{L}_2)$$
$$= ((I - A_1)^{-1} + \mathcal{L}_3)((A_2 + \mathcal{L}_2))$$
$$= (I - A_1)^{-1}A_2 + (I - A_1)^{-1}\mathcal{L}_2 + \mathcal{L}_3 A_2 + \mathcal{L}_3 \mathcal{L}_2$$

根据性质1.2.1, 可知算子 $\mathcal{L}_2$ 和 $\mathcal{L}_3$ 是紧的, 且 $\rho(\mathcal{L}_2) = 0$. 从而有 $\rho(\mathcal{L}_3) = 0$. 众所周知, 两个紧算子的和仍为紧算子, 两个紧算子的乘积仍为紧算子. 所以, 算子 $(I - (A_1 + \mathcal{L}_1))^{-1}(A_2 + \mathcal{L}_2)$ 为紧算子. 进一步, 我们有 $\rho((I - (A_1 + \mathcal{L}_1))^{-1}(A_2 + \mathcal{L}_2)) \leqslant \rho((I - A_1)^{-1}A_2)$. 从而可以得到结论: 如果 $\rho((I - A_1)^{-1}A_2) < 1$, 那么 $\rho((I - (A_1 + \mathcal{L}_1))^{-1}(A_2 + \mathcal{L}_2)) < 1$. 证毕.

# 10 分数阶泛函微分方程的波形松弛方法

考虑定义在有限区间$[0,T]$上具有如下形式的分数阶泛函微分方程:

$$\begin{cases} (_0^C D_t^\alpha x)(t) = f(t, x(t), x(\cdot)), 0 < \alpha < 1, t \in [0, T] \\ x(t) = g(t), t \in [-h, 0] \end{cases} \tag{10-1}$$

其中$h > 0$, 且$f(t, x(t), x(\cdot)) : [0, T] \times \mathbb{R}^n \times C([-h, T], \mathbb{R}^n) \to \mathbb{R}^n$ 为给定的连续函数.

方程(10-1)是分数阶泛函方程的一般形式. 它包含很多特殊形式, 例如

$(_0^C D_t^\alpha x)(t) = f(t, x(t), x(qt)), 0 < q \leqslant 1$

$(_0^C D_t^\alpha x)(t) = f(t, x(t), x(t + s)), -h \leqslant s \leqslant 0$

$(_0^C D_t^\alpha x)(t) = f(t, x(t), \int_0^{\beta_0(t)} \kappa(x(t), s) \mathrm{d}s), -h \leqslant \beta_0(t) \leqslant t$

对方程(10-1), 它的波形松弛方法的一般形式为

$$\begin{cases} (_0^C D_t^\alpha x^{(k+1)})(t) = H(t, x^{(k+1)}(t), x^{(k)}(t), x^{(k+1)}(\cdot), x^{(k)}(\cdot)) \\ x^{(k+1)}(t) = g(t), t \in [-h, 0] \end{cases} \tag{10-2}$$

其中$k = 0, 1, \cdots$, 初始函数$x^{(0)}(t)$可以任意选取, 只要对$t \in [-h, 0]$满足初始条件$x^{(0)}(t) = g(t)$即可.

函数$H(t, \cdot, \cdot, \cdot, \cdot) : [0, T] \times \mathbb{R}^n \times \mathbb{R}^n \times C([-h, T], \mathbb{R}^n) \times C([-h, T], \mathbb{R}^n) \to \mathbb{R}^n$称为分裂函数, 满足: 对任意$x(t) \in \mathbb{R}^n$, 都有

$$H(t, x(t), x(t), x(\cdot), x(\cdot)) = f(t, x(t), x(\cdot)), t \in [0, T]$$

分裂函数试图将系统(10-1)解耦为容易求解的独立的子系统. 在很多情况下, 会选取如下松弛格式:

$$\begin{cases} (_0^C D_t^\alpha x^{(k+1)})(t) = F(t, x^{(k+1)}(t), x^{(k)}(t), x^{(k)}(\cdot)) \\ x^{(k+1)}(t) = g(t), t \in [-h, 0] \end{cases} \tag{10-3}$$

其中分裂函数$F$满足条件: 对任意$x(t) \in \mathbb{R}^n$, 都有

$$F(t, x(t), x(t), x(\cdot)) = f(t, x(t), x(\cdot)), t \in [0, T]$$

对于迭代格式(10-3), 泛函项总是选取上一次的迭代函数. 这样, 在整个迭代过程中避免了泛函项的计算. 也就是说, 系统(10-3)已经转化为一些独立的分数阶常微分方程子系统.

一些典型的松弛格式, 如

(1) Jacobi波形松弛方法:

$$
\begin{aligned}
({}_0^C D_t^\alpha x_i^{(k+1)})(t) = {} & f_i(t, x_1^{(k)}(t), \ldots, x_{i-1}^{(k)}(t), x_i^{(k+1)}(t), x_{i+1}^{(k)}(t), \ldots, x_n^{(k)}(t), \\
& x^{(k)}(\cdot))
\end{aligned}
$$

其中$i = 1, 2, \cdots, n$.

(2) Gauss-Seidel波形松弛方法:

$$({}_0^C D_t^\alpha x_i^{(k+1)})(t) = f_i(t, x_1^{(k+1)}(t), \ldots, x_i^{(k+1)}(t), x_{i+1}^{(k)}(t), \ldots, x_n^{(k)}(t), x^{(k)}(\cdot))$$

其中$i = 1, 2, \cdots, n$.

# 10.1   一种特殊的波形松弛分裂方法的收敛性分析

考虑一种特殊的波形松弛格式:

$$
\begin{cases}
({}_0^C D_t^\alpha x^{(k+1)})(t) = f(t, x^{(k+1)}(t), x^{(k)}(\cdot)), 0 < \alpha < 1, t \in [0, T] \\
x^{(k+1)}(t) = g(t), \quad t \in [-h, 0]
\end{cases}
\tag{10-4}
$$

为了得到迭代格式(10-4)收敛性条件, 需要如下条件:

**条件 10.1.1** *假设$f$满足如下条件:*

(A) *对任意给定$x(t) \in \mathbb{R}^n$和$y(\cdot) \in C([-h, T], \mathbb{R}^n)$, $f(t, x(t), y(\cdot))$关于$t \in [0, T]$连续;*

(B) *对任意$x, \overline{x} \in \mathbb{R}^n$和$y \in C([-h, T], \mathbb{R}^n)$, 存在$L > 0$使得*

$$\|f(t, x, y) - f(t, \overline{x}, y)\| \leqslant L\|x - \overline{x}\|$$

(C) 对任意 $x \in \mathbb{R}^n$ 和 $y(\cdot), \overline{y}(\cdot) \in C([-h, T], \mathbb{R}^n)$, 存在 $\sigma > 0$ 使得

$$\|f(t, x, y(\cdot)) - f(t, x, \overline{y}(\cdot))\| \leqslant \sigma |y - \overline{y}|_t$$

其中 $y(\cdot), \overline{y}(\cdot)$ 满足 $y(t) = g(t)$ 和 $\overline{y}(t) = g(t)$, $t \in [-h, 0]$, 且 $|y - \overline{y}|_t = \max\limits_{-h \leqslant s \leqslant t} \|y(s) - \overline{y}(s)\|$. 在这里, $|\cdot|$ 表示连续函数的最大值范数, $\|\cdot\|$ 表示向量的 2-范数.

注意到, 条件10.1.1保证方程(10-1)存在唯一解 $x(t)$. 并且在条件10.1.1下方程(10-4)存在唯一解 $x^{(k+1)}(t)$. 下面将证明序列 $\{x^{(k)}\}$ 收敛于方程(10-1)的唯一解 $x(t)$.

初始问题(10-4)等价于如下积分方程:

$$\begin{cases} x^{(k+1)}(t) = g(0) + \frac{1}{\Gamma(\alpha)} \int_0^t (t - \tau)^{\alpha - 1} f(\tau, x^{(k+1)}(\tau), x^{(k)}(\cdot)) \mathrm{d}\tau \\ x^{(k+1)}(t) = g(t), \quad t \in [-h, 0] \end{cases} \tag{10-5}$$

设 $x(t)$ 是初值问题(10-1)的解. 那么, $x(t)$ 满足如下积分方程

$$\begin{cases} x(t) = g(0) + \frac{1}{\Gamma(\alpha)} \int_0^t (t - \tau)^{\alpha - 1} f(\tau, x(\tau), x(\cdot)) \mathrm{d}\tau, t \in [0, T] \\ x(t) = g(t), \quad t \in [-h, 0] \end{cases} \tag{10-6}$$

式(10-5)与式(10-6)相减, 并结合条件10.1.1中的(B)~(C), 可以得到

$$\begin{aligned} \|x^{(k+1)}(t) - x(t)\| &\leqslant \frac{1}{\Gamma(\alpha)} \int_0^t (t - \tau)^{\alpha - 1} \|f(\tau, x^{(k+1)}(\tau), x^{(k)}(\cdot)) \\ &\quad - f(\tau, x(\tau), x(\cdot))\| \mathrm{d}\tau \\ &\leqslant \frac{L}{\Gamma(\alpha)} \int_0^t (t - \tau)^{\alpha - 1} \|x^{(k+1)}(\tau) - x(\tau)\| \mathrm{d}\tau \\ &\quad + \frac{\sigma}{\Gamma(\alpha)} \int_0^t (t - \tau)^{\alpha - 1} |x^{(k)} - x|_\tau \mathrm{d}\tau \end{aligned} \tag{10-7}$$

记 $u^{(k)}(t) = \|x^{(k)}(t) - x(t)\|$, 和 $|u^k|_t = \max\limits_{0 \leqslant s \leqslant t} u^k(s)$. 那么, 不等式(10-7)可以写为

$$u^{(k+1)}(t) \leqslant \frac{L}{\Gamma(\alpha)} \int_0^t (t - \tau)^{\alpha - 1} u^{(k+1)}(\tau) \mathrm{d}\tau$$

$$+\frac{\sigma}{\Gamma(\alpha)}\int_0^t (t-\tau)^{\alpha-1}|u^{(k)}|_\tau \mathrm{d}\tau \tag{10-8}$$

下面给出收敛性定理.

**定理 10.1.1** 假设 $f$ 满足条件10.1.1, 那么, 波形松弛方法(10-4)在 $t\in[0,T]$ 上收敛.

**证明:** 为了证明波形松弛方法(10-4)的收敛性, 首先证明: 对任意 $t\in[0,T]$, 不等式

$$u^{(k)}(t)\leqslant \sigma^k t^{k\alpha}E^k_{\alpha,k\alpha+1}(Lt^\alpha)|u^{(0)}|_t \tag{10-9}$$

成立.

对 $k$ 做数学归纳法. 首先验证不等式(10-9)对 $k=1$ 成立. 为了简洁, 利用Riemann-Liouville分数阶积分算子符号 $_0I_t^\alpha$ 将不等式(10-8)改写为

$$u^{(1)}(t)\leqslant L(_0I_t^\alpha u^{(1)}(\tau))(t)+\sigma(_0I_t^\alpha|u^{(0)}|_\tau)(t) \tag{10-10}$$

重复将不等式(10-10)利用 $n$ 次, 可以得到

$$\begin{aligned}
u^{(1)}(t) &\leqslant L^n(_0I_t^{n\alpha}u^{(1)}(\tau))(t)+\sum_{j=1}^n L^{j-1}\sigma(_0I_t^{j\alpha}|u^{(0)}|_\tau)(t)\\
&\leqslant \frac{L^n t^{n\alpha}|u^{(1)}|_t}{\Gamma(n\alpha+1)}+\sum_{j=1}^n \frac{L^{j-1}\sigma t^{j\alpha}|u^{(0)}|_t}{\Gamma(j\alpha+1)}
\end{aligned}$$

因为 $|u^{(1)}|_t$ 有界, 所以, 当 $n\to+\infty$ 时, $\frac{L^n t^{n\alpha}|u^{(1)}|_t}{\Gamma(n\alpha+1)}\to 0$. 从而有

$$u^{(1)}(t)\leqslant \sum_{j=0}^\infty \frac{L^j\sigma t^{j\alpha+\alpha}|u^{(0)}|_t}{\Gamma(j\alpha+\alpha+1)}=\sigma t^\alpha E_{\alpha,\alpha+1}(Lt^\alpha)|u^{(0)}|_t$$

所以, 对 $k=1$, 不等式(10-9)成立.

假设对任意固定的$k$, 不等式(10-9)成立. 下面将验证对$k+1$不等式(10-9)仍然成立. 因为不等式(10-9)右端的函数关于$t$是非减的, 所以, 利用归纳假设可以得到

$$|u^{(k)}|_t \leqslant \sigma^k t^{k\alpha} E^k_{\alpha,k\alpha+1}(Lt^\alpha)|u^{(0)}|_t \tag{10-11}$$

重复将不等式(10-10)利用$n$次, 并结合不等式(10-11), 可以得到

$$u^{(k+1)}(t) \leqslant \sigma \sum_{j=0}^{\infty} L^{j-1}({}_0I_t^{j\alpha}|u^{(k)}|_\tau)(t) \leqslant \sigma^{k+1} t^{(k+1)\alpha} E^{k+1}_{\alpha,(k+1)\alpha+1}(Lt^\alpha)|u^{(0)}|_t$$

所以, 对任意正整数$k$, 不等式(10-9)都成立.

根据引理1.3.1和级数收敛的必要条件, 可知

$$\lim_{k\to\infty} \sigma^k t^{k\alpha} E^k_{\alpha,k\alpha+1}(Lt^\alpha)|u^{(0)}|_t = 0$$

因此, 波形松弛方法(10-4)在$[0,T]$上收敛. 证毕.

### 10.1.1 误差对时滞的依赖性

本节主要分析时滞项对迭代误差的影响. 需要如下条件.

**条件 10.1.2** *假设函数$f$满足条件10.1.1中的(A), (B) 以及* (C*) *对任意$x \in \mathbb{R}^n$, $y(\cdot), \overline{y}(\cdot) \in C([-h,T],\mathbb{R}^n)$, 其中$y(t) = g(t)$, $\overline{y}(t) = g(t)$, $t \in [-h,0]$, 存在常数$\sigma > 0$使得*

$$\|f(t,x,y(\cdot)) - f(t,x,\overline{y}(\cdot))\| \leqslant \sigma|y - \overline{y}|_{\beta(t)}$$

*其中$|y - \overline{y}|_{\beta(t)} = \max\limits_{-h \leqslant s \leqslant \beta(t)} \|y(s) - \overline{y}(s)\|$, $\beta(t): [0,T] \to [0,T]$是一连续非减函数, 且满足$0 \leqslant \beta(t) \leqslant t$.*

根据不等式(10-8)和定理10.1.1, 可以得到如下引理.

**引理 10.1.1** *假设条件10.1.1中(A), (B)和(C)都满足. 则有*

$$u^{(k+1)}(t) \leqslant \sigma \int_0^t (t-\tau)^{\alpha-1} E_{\alpha,\alpha}(L(t-\tau)^\alpha)|u^{(k)}|_\tau \mathrm{d}\tau \tag{10-12}$$

**证明:** 根据定理10.1.1, 可得$u^{(k+1)}(t) \leqslant \omega^{(k+1)}(t)$, 其中$\omega^{(k+1)}(t)$是积分方程:

$$
\begin{aligned}
\omega^{(k+1)}(t) &= \frac{L}{\Gamma(\alpha)} \int_0^t (t-\tau)^{\alpha-1} \omega^{(k+1)}(\tau) \mathrm{d}\tau \\
&\quad + \frac{\sigma}{\Gamma(\alpha)} \int_0^t (t-\tau)^{\alpha-1} |\omega^{(k)}|_\tau \mathrm{d}\tau
\end{aligned} \tag{10-13}
$$

的解. 在方程(10-13)的两端同时求${}_0^C D_t^\alpha$, 可以得到如下微分方程

$$
({}_0^C D_t^\alpha \omega^{(k+1)})(t) = L\omega^{(k+1)}(t) + \sigma|\omega^{(k)}|_t, \quad \omega^{(k+1)}(0) = 0
$$

此微分方程的解为

$$
\omega^{(k+1)}(t) = \sigma \int_0^t (t-\tau)^{\alpha-1} E_{\alpha,\alpha}(L(t-\tau)^\alpha)|\omega^{(k)}|_\tau \mathrm{d}\tau
$$

证毕.

在条件(A), (B)和(C*)下, 利用和引理10.1.1相类似的讨论方法, 可以得到如下估计:

$$
u^{(k+1)}(t) \leqslant \sigma \int_0^t (t-\tau)^{\alpha-1} E_{\alpha,\alpha}(L(t-\tau)^\alpha)|u^{(k)}|_{\beta(\tau)} \mathrm{d}\tau \tag{10-14}
$$

**引理 10.1.2** 若$\xi(t) \in C([0,T], \mathbb{R}^+)$非减, 则函数

$$
\widehat{\xi}(t) = \int_0^t (t-\tau)^{\alpha-1} E_{\alpha,\alpha}(L(t-\tau)^\alpha)\xi(\tau) \mathrm{d}\tau
$$

关于$t \in [0,T]$非减.

**证明:** 对任意$t_1, t_2 \in [0,T]$, 不妨设$t_1 \leqslant t_2$. 因为$\xi(t)$非减, 所以, 有

$$
\begin{aligned}
\widehat{\xi}(t_1) &= \int_0^{t_1} (t_1-\tau)^{\alpha-1} E_{\alpha,\alpha}(L(t_1-\tau)^\alpha)\xi(\tau) \mathrm{d}\tau \\
&= \int_0^{t_1} \tau^{\alpha-1} E_{\alpha,\alpha}(L\tau^\alpha)\xi(t_1-\tau) \mathrm{d}\tau
\end{aligned}
$$

$$\leqslant \int_0^{t_2} \tau^{\alpha-1} E_{\alpha,\alpha}(L\tau^\alpha)\xi(t_2-\tau)\mathrm{d}\tau$$

$$= \int_0^{t_2} (t_2-\tau)^{\alpha-1} E_{\alpha,\alpha}(L(t_2-\tau)^\alpha)\xi(\tau)\mathrm{d}\tau = \widehat{\xi}(t_2)$$

从而, 函数 $\widehat{\xi}(t)$ 关于 $t \in [0,T]$ 非减.

注意到, 函数 $|u^{(k)}|_{\beta(t)}$ 关于 $t \in [0,T]$ 非减, 所以, 根据 $|u^{(k+1)}|_t$ 的定义及性质1.3.3, 将不等式(10-14)重新写为

$$
\begin{aligned}
u^{(k+1)}(t) &\leqslant |u^{(k+1)}|_t \\
&\leqslant \sigma \int_0^t (t-\tau)^{\alpha-1} E_{\alpha,\alpha}(L(t-\tau)^\alpha)|u^{(k)}|_{\beta(\tau)}\mathrm{d}\tau \quad (10\text{-}15)
\end{aligned}
$$

构造算子序列 $\{\Phi_k\}$ 和 $\{\Psi_k\}$:

$$\Phi_0(p)(t) = p(t), \Phi_{k+1}(p)(t) = \int_0^{\beta(t)} (\beta(t)-\tau)^{\alpha-1}\Phi_k(p)(\tau)\mathrm{d}\tau$$

$$\Psi_0(p)(t) = p(t)$$

$$\Psi_{k+1}(p)(t) = \int_0^{\beta(t)} (\beta(t)-\tau)^{\alpha-1} E_{\alpha,\alpha}(L(\beta(t)-\tau)^\alpha)\Psi_k(p)(\tau)\mathrm{d}\tau$$

其中 $p(t) \in C([0,T], \mathbb{R}^+)$.

**引理 10.1.3** 若 $\beta(t), p(t) \in C([0,T], \mathbb{R}^+)$ 非减, 则

$$\Psi_k(p)(t) \leqslant p(\beta^k(t))\Psi_k(1)(t), \quad k = 0, 1, \cdots \quad (10\text{-}16)$$

其中 $\beta^0(t) = t, \beta^{k+1}(t) = \beta(\beta^k(t)), k = 1, 2, \cdots$.

**证明:** 对 $k$ 进行数学归纳. 显然, 对 $k = 0$, 关系式(10-16)成立. 假设对任意给定的 $k$ 此关系式成立. 我们来验证它对 $k+1$ 仍然成立. 基于归纳假设, 以及 $\beta(t), p(t) \in C([0,T], \mathbb{R}^+)$ 都是非减函数, 可以得到

$$\Psi_{k+1}(p)(t) = \int_0^{\beta(t)} (\beta(t)-\tau)^{\alpha-1} E_{\alpha,\alpha}(L(\beta(t)-\tau)^\alpha)\Psi_k(p)(\tau)\mathrm{d}\tau$$

$$\leqslant \int_0^{\beta(t)} (\beta(t)-\tau)^{\alpha-1} E_{\alpha,\alpha}(L(\beta(t)-\tau)^\alpha) p(\beta^k(\tau))\Psi_k(1)(\tau)\mathrm{d}\tau$$

$$\leqslant p(\beta^{k+1}(t))\Psi_{k+1}(1)(t)$$

因此, 关系式(10-16)对任意$k \in \mathbb{N}$都成立.

**注 10.1.1** 注意到, 将引理10.1.3中的$\Psi_k$换为$\Phi_k$, 结论仍然成立.

有了前面的引理, 现在可以得到如下定理.

**定理 10.1.2** 假设条件(A), (B)和(C*)都满足. 那么, 对$p(t) = |u^{(0)}|_{\beta(t)}$, 以及任意$t \in [0,T]$和$k = 0,1,\cdots$, 下列不等式

$$
\begin{aligned}
u^{(k+1)}(t) \leqslant\ & \sigma^{k+1}|u^{(0)}|_{\beta^{k+1}(t)} \\
& \times \int_0^t (t-\tau)^{\alpha-1} E_{\alpha,\alpha}(L(t-\tau)^\alpha)\Psi_k(1)(\tau)\mathrm{d}\tau \quad (10\text{-}17)
\end{aligned}
$$

成立.

**证明:** 对$k$做数学归纳. 因为$\beta(t)$非减, 通过关系式(10-15), 可以看到: 当$k = 0$时, 关系式(10-17)成立. 假设对任意给定的$k$此关系式成立. 我们来验证它对$k+1$仍然成立. 根据归纳假设, 我们有

$$|u^{(k)}|_{\beta(t)}$$

$$\leqslant \sigma^k|u^{(0)}|_{\beta^{k+1}(t)} \int_0^{\beta(t)} (\beta(t)-\tau)^{\alpha-1} E_{\alpha,\alpha}(L(\beta(t)-\tau)^\alpha)\Psi_{k-1}(1)(\tau)\mathrm{d}\tau$$

$$\leqslant \sigma^k|u^{(0)}|_{\beta^{k+1}(t)}\Psi_k(1)(t)$$

从而有

$$
\begin{aligned}
u^{(k+1)}(t) \leqslant\ & \sigma \int_0^t (t-\tau)^{\alpha-1} E_{\alpha,\alpha}(L(t-\tau)^\alpha)|u^{(k)}|_{\beta(\tau)}\mathrm{d}\tau \\
\leqslant\ & \sigma \int_0^t (t-\tau)^{\alpha-1} E_{\alpha,\alpha}(L(t-\tau)^\alpha)\sigma^k|u^{(0)}|_{\beta^{k+1}(\tau)}\Psi_k(1)(\tau)\mathrm{d}\tau
\end{aligned}
$$

$$\leqslant \quad \sigma^{k+1}|u^{(0)}|_{\beta^{k+1}(t)} \int_0^t (t-\tau)^{\alpha-1} E_{\alpha,\alpha}(L(t-\tau)^{\alpha}) \Psi_k(1)(\tau) \mathrm{d}\tau$$

因此, 关系式(10-17)对任意$k \in \mathbb{N}$都成立.

利用$\Phi_k$和$\Psi_k$的定义, 可以得到如下结果.

**引理 10.1.4** 若$\beta(t) \in C([0,T], \mathbb{R}^+)$非减, 则有

$$\Psi_k(p)(t) \leqslant (E_{\alpha,\alpha}(L(\beta(t))^{\alpha}))^k \Phi_k(p)(t), k = 0, 1, \cdots \tag{10-18}$$

**证明:** 对$k$做数学归纳. 显然, 当$k = 0$时, 关系式(10-18)成立. 假设对任意给定的$k$此关系式成立. 我们来验证它对$k+1$也成立. 根据归纳假设, 我们有

$$\begin{aligned}
&\Psi_{k+1}(p)(t) \\
&= \int_0^{\beta(t)} (\beta(t)-\tau)^{\alpha-1} E_{\alpha,\alpha}(L(\beta(t)-\tau)^{\alpha}) \Psi_k(p)(\tau) \mathrm{d}\tau \\
&\leqslant \int_0^{\beta(t)} (\beta(t)-\tau)^{\alpha-1} E_{\alpha,\alpha}(L(\beta(t)-\tau)^{\alpha})(E_{\alpha,\alpha}(L(\beta(\tau))^{\alpha}))^k \Phi_k(p)(\tau) \mathrm{d}\tau \\
&\leqslant (E_{\alpha,\alpha}(L(\beta(t))^{\alpha}))^{k+1} \Phi_{k+1}(p)(t)
\end{aligned}$$

因此, 关系式(10-18)对任意$k \in \mathbb{N}$都成立.

结合定理10.1.2和引理10.1.4, 可以得到如下推论.

**推论 10.1.1** 假设条件10.1.2中(A), (B)和(C*)都满足. 那么, 对$p(t) = |u^{(0)}|_{\beta(t)}$, 以及任意$t \in [0,T]$和$k = 0, 1, \ldots$, 下列不等式

$$\begin{aligned}
u^{(k+1)}(t) \leqslant {} & \sigma^{k+1}|u^{(0)}|_{\beta^{k+1}(t)} E_{\alpha,\alpha}(Lt^{\alpha})(E_{\alpha,\alpha}(L(\beta(t))^{\alpha}))^k \\
& \times \int_0^t (t-\tau)^{\alpha-1} \Phi_k(1)(\tau) \mathrm{d}\tau
\end{aligned}$$

成立.

## 10.1.2    特殊情形的误差分析

本节讨论当$\beta(t)$的上界为线性函数时, 迭代方法的误差估计.

**引理 10.1.5** 设$\beta(t) \in C([0,T],\mathbb{R}^+)$非减, 且$0 \leqslant \beta(t) \leqslant qt$, $q \leqslant 1$. 则下面关系式成立:

$$\int_0^t (t-\tau)^{\alpha-1}\Phi_{k-1}(1)(\tau)\mathrm{d}\tau \leqslant \frac{\Gamma^k(\alpha)q^{\frac{(k-1)k\alpha}{2}}t^{k\alpha}}{\Gamma(k\alpha+1)}, k=1,2,\cdots \quad (10\text{-}19)$$

**证明:** 对$k$做数学归纳法. 显然, 对$k=1$, 关系式(10-19)成立. 假设对任意给定$k$, 此关系式成立. 我们来验证它对$k+1$它也成立. 根据归纳假设, 可以得到

$$\int_0^t (t-\tau)^{\alpha-1}\Phi_k(1)(\tau)\mathrm{d}\tau$$
$$= \int_0^t (t-\tau)^{\alpha-1}\int_0^{\beta(\tau)}(\beta(\tau)-s)^{\alpha-1}\Phi_{k-1}(1)(s)\mathrm{d}s\mathrm{d}\tau$$
$$\leqslant \int_0^t (t-\tau)^{\alpha-1}\frac{\Gamma^k(\alpha)q^{\frac{(k-1)k\alpha}{2}}(\beta(\tau))^{k\alpha}}{\Gamma(k\alpha+1)}\mathrm{d}\tau$$
$$\leqslant \frac{\Gamma^k(\alpha)q^{\frac{(k-1)k\alpha}{2}}q^{k\alpha}}{\Gamma(k\alpha+1)}\int_0^t (t-\tau)^{\alpha-1}\tau^{k\alpha}\mathrm{d}\tau$$
$$= \frac{\Gamma^{k+1}(\alpha)q^{\frac{(k+1)k\alpha}{2}}t^{(k+1)\alpha}}{\Gamma((k+1)\alpha+1)}$$

因此, 关系式(10-19)对任意正整数$k$都成立.

根据推论10.1.1和引理10.1.5, 可以得到如下定理.

**定理 10.1.3** 假设函数$f$满足条件10.1.2, $\beta(t) \in C([0,T],\mathbb{R}^+)$ 非减, 且$0 \leqslant \beta(t) \leqslant qt$, $q \leqslant 1$. 那么, 下列不等式成立:

$$u^{(k+1)}(t) \leqslant \sigma^{k+1}|u^{(0)}|_{\beta^{k+1}(t)}E_{\alpha,\alpha}(Lt^\alpha)(E_{\alpha,\alpha}(L(\beta(t))^\alpha))^k\frac{\Gamma^{k+1}(\alpha)q^{\frac{(k+1)k\alpha}{2}}t^{(k+1)\alpha}}{\Gamma((k+1)\alpha+1)}$$

## 10.2   一般波形松弛方法的收敛性分析

本节主要分析分数阶泛函微分方程的一般的波形松弛方法的收敛性. 为了给出其收敛性条件, 需要如下条件:

**条件 10.2.1** 假设分裂函数 $F$ 满足:

(A′) 对任意给定的 $x(t), y(t) \in \mathbb{R}^n$ 和 $z(\cdot) \in C([-h, T], \mathbb{R}^n)$, $F(t, x(t), y(t), z(\cdot))$ 关于 $t \in [0, T]$ 连续;

(B′) 对任意 $x, \overline{x}, y, \overline{y} \in \mathbb{R}^n$, 存在常数 $L_1, L_2 > 0$ 使得

$$\|F(t, x, y, z) - F(t, \overline{x}, \overline{y}, z)\| \leqslant L_1 \|x - \overline{x}\| + L_2 \|y - \overline{y}\|$$

(C′) 对任意 $z(\cdot), \overline{z}(\cdot) \in C([-h, T], \mathbb{R}^n)$, 其中 $z(t) = g(t)$, 且 $\overline{z}(t) = g(t)$, $t \in [-h, 0]$, 存在常数 $\sigma > 0$ 使得

$$\|F(t, x, y, z(\cdot)) - F(t, x, y, \overline{z}(\cdot))\| \leqslant \sigma |z - \overline{z}|_{\beta(t)}$$

其中 $|z - \overline{z}|_{\beta(t)} = \max\limits_{-h \leqslant s \leqslant \beta(t)} \|z(s) - \overline{z}(s)\|$, 且 $\beta(t) : [0, T] \to [0, T]$ 是一连续非减函数, 且满足 $0 \leqslant \beta(t) \leqslant t$.

在条件 (A′), (B′) 和 (C′) 下, 利用和不等式 (10-8) 相类似的讨论方法, 可以得到如下不等式

$$
\begin{aligned}
u^{(k+1)}(t) &\leqslant \frac{L_1}{\Gamma(\alpha)} \int_0^t (t - \tau)^{\alpha-1} u^{(k+1)}(\tau) \mathrm{d}\tau \\
&\quad + \frac{1}{\Gamma(\alpha)} \int_0^t (t - \tau)^{\alpha-1} (L_2 u^{(k)}(\tau) + \sigma |u^{(k)}|_{\beta(\tau)}) \mathrm{d}\tau
\end{aligned}
$$

再结合定理 10.1.1, 可以推得

$$
\begin{aligned}
&u^{(k+1)}(t) \\
&\leqslant \int_0^t (t - \tau)^{\alpha-1} E_{\alpha,\alpha}(L_1(t - \tau)^\alpha) L_2 u^{(k)}(\tau) \mathrm{d}\tau \\
&\quad + \int_0^t (t - \tau)^{\alpha-1} E_{\alpha,\alpha}(L_1(t - \tau)^\alpha) \sigma |u^{(k)}|_{\beta(\tau)} \mathrm{d}\tau \qquad (10\text{-}20)
\end{aligned}
$$

基于不等式 (10-20), 我们建立下面定理.

**定理** **10.2.1** 假设分裂函数$F$满足条件$(A')$, $(B')$和$(C')$. 那么波形松弛方法$(10\text{-}3)$关于$t \in [0, T]$收敛. 且有下列估计式:

$$u^{(k)}(t) \leqslant t^{k\alpha} E_{\alpha,k\alpha+1}^k(L_1 t^\alpha) \sum_{i=0}^{k} C_k^i L_2^{k-i} \sigma^i |u^{(0)}|_{\beta^i(t)}, k = 0, 1, \cdots \quad (10\text{-}21)$$

其中$t \in [0, T]$, $C_k^i = \frac{k!}{i!(k-i)!}$.

**证明:** 对$k$做数学归纳法. 显然, 对$k = 0$, 关系式$(10\text{-}21)$成立. 假设对任意给定的$k$, 此关系式成立. 我们来验证对$k + 1$, 它也成立. 因为$\beta(t)$关于$t \in [0, T]$连续, 且非减, 再结合不等式$(10\text{-}20)$, 可以得到

$$
\begin{aligned}
&u^{(k+1)}(t) \\
&\leqslant \int_0^t (t-\tau)^{\alpha-1} E_{\alpha,\alpha}(L_1(t-\tau)^\alpha)(L_2 u^{(k)}(t) + \sigma|u^{(k)}|_{\beta(\tau)})\mathrm{d}\tau \\
&\leqslant \int_0^t (t-\tau)^{\alpha-1} E_{\alpha,\alpha}(L_1(t-\tau)^\alpha)(L_2 \tau^{k\alpha} E_{\alpha,k\alpha+1}^k(L_1\tau^\alpha) \\
&\quad \times \sum_{i=0}^{k} C_k^i L_2^{k-i} \sigma^i |u^{(0)}|_{\beta^i(\tau)} \\
&\quad + \sigma(\beta(\tau))^{k\alpha} E_{\alpha,k\alpha+1}^k(L_1(\beta(\tau))^\alpha) \sum_{i=0}^{k} C_k^i L_2^{k-i} \sigma^i |u^{(0)}|_{\beta^{i+1}(\tau)})\mathrm{d}\tau \\
&\leqslant \int_0^t (t-\tau)^{\alpha-1} E_{\alpha,\alpha}(L_1(t-\tau)^\alpha)\tau^{k\alpha} E_{\alpha,k\alpha+1}^k(L_1\tau^\alpha) \\
&\quad \times \sum_{i=0}^{k} C_k^i L_2^{k+1-i} \sigma^i |u^{(0)}|_{\beta^i(\tau)}\mathrm{d}\tau \\
&\quad + \int_0^t (t-\tau)^{\alpha-1} E_{\alpha,\alpha}(L_1(t-\tau)^\alpha)(\beta(\tau))^{k\alpha} E_{\alpha,k\alpha+1}^k(L_1(\beta(\tau))^\alpha) \\
&\quad \times \sum_{i=0}^{k} C_k^i L_2^{k-i} \sigma^{i+1} |u^{(0)}|_{\beta^{i+1}(\tau)}\mathrm{d}\tau \\
&\leqslant t^{(k+1)\alpha} E_{\alpha,(k+1)\alpha+1}^{k+1}(L_1 t^\alpha)(L_2^{k+1}|u^{(0)}|_t + \sum_{i=1}^{k} C_k^i L_2^{k+1-i} \sigma^i |u^{(0)}|_{\beta^i(t)})
\end{aligned}
$$

$$+ \int_0^t (t-\tau)^{\alpha-1} E_{\alpha,\alpha}(L_1(t-\tau)^\alpha) \tau^{k\alpha} E_{\alpha,k\alpha+1}^k(L_1\tau^\alpha)$$

$$\times \sum_{i=0}^k C_k^i L_2^{k-i} \sigma^{i+1} |u^{(0)}|_{\beta^{i+1}(\tau)} \mathrm{d}\tau$$

$$= t^{(k+1)\alpha} E_{\alpha,(k+1)\alpha+1}^{k+1}(L_1 t^\alpha)(L_2^{k+1}|u^{(0)}|_t + \sum_{i=1}^k C_k^i L_2^{k+1-i}\sigma^i |u^{(0)}|_{\beta^i(t)})$$

$$+ t^{(k+1)\alpha} E_{\alpha,(k+1)\alpha+1}^{k+1}(L_1 t^\alpha)(\sum_{i=1}^k C_k^{i-1} L_2^{k+1-i}\sigma^i |u^{(0)}|_{\beta^{i+1}(t)} + \sigma^{k+1}|u^{(0)}|_{\beta^{k+1}(t)})$$

$$= t^{(k+1)\alpha} E_{\alpha,(k+1)\alpha+1}^{k+1}(L_1 t^\alpha)(L_2^{k+1}|u^{(0)}|_t$$

$$+ \sum_{i=1}^k C_{k+1}^i L_2^{k+1-i}\sigma^i |u^{(0)}|_{\beta^i(t)} + \sigma^{k+1}|u^{(0)}|_{\beta^{k+1}(t)})$$

$$= t^{(k+1)\alpha} E_{\alpha,(k+1)\alpha+1}^{k+1}(L_1 t^\alpha) \sum_{i=0}^{k+1} C_{k+1}^i L_2^{k+1-i}\sigma^i |u^{(0)}|_{\beta^i(t)}$$

因此, 不等式(10-21)对任意 $k \in \mathbb{N}$ 都成立. 证毕.

# 11   在控制问题中的应用

本章主要介绍分数阶微分方程的解析解在控制问题中的应用.

## 11.1   带有约束控制的分数阶控制系统的可控性

本节分别考虑线性和非线性分数阶微分系统的可控性, 其中定义在有限时间区间上的线性分数阶时滞微分系统描述为

$$\begin{cases} (^C_0 D^\alpha_t x)(t) = Ax(t) + Bx(t-h) + Cu(t), 0 < \alpha \leqslant 1, t \in [0,T] \\ x(t) = \phi(t), \quad t \in [-h, 0] \\ x(T) = x_T \\ u(0) = u_0, \quad u(T) = u_T \end{cases}$$

$$(11\text{-}1)$$

定义在有限时间区间上的非线性分数阶时滞微分系统描述为

$$\begin{cases} (^C_0 D^\alpha_t x)(t) = Ax(t) + Bx(t-h) + Cu(t) + f(t, x(t), x(t-h), u(t)) \\ 0 < \alpha \leqslant 1, \quad t \in [0,T] \\ x(t) = \phi(t), \quad t \in [-h, 0] \\ x(T) = x_T \\ u(0) = u_0, \quad u(T) = u_T \end{cases}$$

$$(11\text{-}2)$$

其中 $^C_0 D^\alpha_t$ 为 Caputo 分数阶导数, $A, B \in \mathbb{R}^{n \times n}$, $C \in \mathbb{R}^{n \times m}$, $f$ 为一连续函数, $x(t) \in \mathbb{R}^n$ 和 $u(t) \in \mathbb{R}^m$ 分别为系统的状态变量和控制变量.

下面的研究问题是: 当 $A, B, C$ 以及 $f$ 满足什么条件, 使得对于给定 $x_0, x_T \in \mathbb{R}^n$, 在满足 $u(0) = u_0$ 且 $u(T) = u_T$ 的控制变量 $u \in \mathbb{R}^m$ 下, 所产生的状态 $x(t; u)$ 满足边界条件 $x(0; u) = x_0$ 和 $x(T; u) = x_T$. 换句话说,

研究满足约束条件的系统的可控性条件.

### 11.1.1 解的表示

考虑如下分数阶时滞微分方程:

$$\begin{cases} ({}^C_0 D^\alpha_t x)(t) = Ax(t) + Bx(t-h) + f(t), 0 < \alpha \leqslant 1, t \in [0,T] \\ x(t) = \phi(t), t \in [-h, 0] \end{cases} \tag{11-3}$$

其中 $A, B \in \mathbb{R}^{n \times n}$, $\phi(t) : [-h, 0] \to \mathbb{R}^n$ 和 $f : [0, T] \to \mathbb{R}^n$ 为两个实值连续函数, 且 $x \in \mathbb{R}^n$ 为待求函数.

在方程(11-3)的两端同时做拉普拉斯变换, 可以得到

$$s^\alpha X(s) - s^{\alpha-1}\phi(0) = AX(s) + B\int_0^\infty e^{-st}x(t-h)dt + F(s)$$

其中

$$X(s) = \int_0^\infty e^{-st}x(t)dt, \quad F(s) = \int_0^\infty e^{-st}f(t)dt$$

通过整理可得

$$\begin{aligned} X(s) &= \frac{s^{\alpha-1}}{s^\alpha I - A - Be^{-hs}}\phi(0) + \frac{Be^{-hs}}{s^\alpha I - A - Be^{-hs}}\int_{-h}^0 e^{-s\tau}\phi(\tau)d\tau \\ &\quad + \frac{F(s)}{s^\alpha I - A - Be^{-hs}} \end{aligned}$$

利用拉普拉斯逆变换和卷积的性质, 可以得到

$$\begin{aligned} x(t) &= \mathcal{L}^{-1}\left\{\frac{s^{\alpha-1}}{s^\alpha I - A - Be^{-hs}}\right\}\phi(0) + \mathcal{L}^{-1}\left\{\frac{B}{s^\alpha I - A - Be^{-hs}}\right\} * \\ &\quad \mathcal{L}^{-1}\left\{e^{-hs}\int_{-h}^0 e^{-s\tau}\phi(\tau)d\tau\right\} + \mathcal{L}^{-1}\left\{\frac{1}{s^\alpha I - A - Be^{-hs}}\right\} * f(t) \end{aligned}$$

为了简洁, 记

$$Q_\alpha(t) = \mathcal{L}^{-1}\left\{\frac{s^{\alpha-1}}{s^\alpha I - A - Be^{-hs}}\right\}$$

$$Q_{\alpha,\alpha}(t) = \mathcal{L}^{-1}\left\{\frac{1}{s^{\alpha}I - A - Be^{-hs}}\right\} \tag{11-4}$$

在 $[-h, \infty)$ 上定义阶梯函数 $p(t)$ 使得

$$p(t) = \begin{cases} 0, & t \geqslant 0 \\ 1, & -h \leqslant t < 0 \end{cases} \tag{11-5}$$

将函数 $\phi(t)$ 延拓到 $[-h, \infty)$ 使得 $\phi(t) = \phi(0)$, $t \geqslant 0$. 基于此延拓, 有

$$\begin{aligned} e^{-hs}\int_{-h}^{0} e^{-s\tau}\phi(\tau)d\tau & = \int_{0}^{\infty} e^{-st}\phi(-h+t)p(-h+t)dt \\ & = \mathcal{L}\{\phi(-h+t)p(-h+t)\} \end{aligned} \tag{11-6}$$

所以, 方程(11-3)的解可以表示为

$$\begin{aligned} x(t) & = Q_{\alpha}(t)\phi(0) + \int_{0}^{t} Q_{\alpha,\alpha}(t-\tau)B\phi(\tau-h)p(\tau-h)d\tau \\ & \quad + \int_{0}^{t} Q_{\alpha,\alpha}(t-\tau)f(\tau)d\tau \end{aligned} \tag{11-7}$$

所以

$$\begin{aligned} x(t) & = Q_{\alpha}(t)\phi(0) + \int_{-h}^{t-h} Q_{\alpha,\alpha}(t-\tau-h)B\phi(\tau)p(\tau)d\tau \\ & \quad + \int_{0}^{t} Q_{\alpha,\alpha}(t-\tau)f(\tau)d\tau \end{aligned} \tag{11-8}$$

进一步, 根据 $p(t)$ 的定义式(11-5), 方程(11-3)的解可以重新改写为

$$x(t) = x(t;\phi) + \int_{0}^{t} Q_{\alpha,\alpha}(t-\tau)f(\tau)d\tau \tag{11-9}$$

其中 $x(t;\phi)$ 表示为

$$x(t;\phi) = \begin{cases} Q_{\alpha}(t)\phi(0) + \displaystyle\int_{-h}^{t-h} Q_{\alpha,\alpha}(t-\tau-h)B\phi(\tau)d\tau, 0 \leqslant t < h \\ Q_{\alpha}(t)\phi(0) + \displaystyle\int_{-h}^{0} Q_{\alpha,\alpha}(t-\tau-h)B\phi(\tau)d\tau, h \leqslant t \leqslant T \end{cases} \tag{11-10}$$

特别地, 如果 $A = a \in \mathbb{R}$, $B = b \in \mathbb{R}$, 那么有

$$
\begin{aligned}
Q_\alpha(t) &= \mathcal{L}^{-1}\left\{\frac{s^{\alpha-1}}{s^\alpha - a - be^{-hs}}\right\} \\
&= \mathcal{L}^{-1}\left\{\frac{s^{\alpha-1}}{s^\alpha - a} \cdot \sum_{n=0}^{\infty}\frac{b^n e^{-nhs}}{(s^\alpha - a)^n}\right\} \\
&= \sum_{n=0}^{\infty} b^n \mathcal{L}^{-1}\left\{\frac{s^{\alpha-1}e^{-nhs}}{(s^\alpha - a)^{n+1}}\right\} \\
&= \sum_{n=0}^{\infty} b^n (t-nh)^{\alpha n} e_{\alpha,\alpha n+1}^{n+1}(a(t-nh)^\alpha)u_{nh}(t) \\
&= \sum_{n=0}^{[\frac{t}{h}]} b^n (t-nh)^{\alpha n} E_{\alpha,\alpha n+1}^{n+1}(a(t-nh)^\alpha)
\end{aligned}
$$

和

$$
\begin{aligned}
Q_{\alpha,\alpha}(t) &= \mathcal{L}^{-1}\left\{\frac{1}{s^\alpha - a - be^{-hs}}\right\} \\
&= \mathcal{L}^{-1}\left\{\frac{1}{s^\alpha - a} \cdot \sum_{n=0}^{\infty}\frac{b^n e^{-nhs}}{(s^\alpha - a)^n}\right\} \\
&= \sum_{n=0}^{\infty} b^n \mathcal{L}^{-1}\left\{\frac{e^{-nhs}}{(s^\alpha - a)^{n+1}}\right\} \\
&= \sum_{n=0}^{[\frac{t}{h}]} b^n (t-nh)^{\alpha(n+1)-1} E_{\alpha,\alpha(n+1)}^{n+1}(a(t-nh)^\alpha)
\end{aligned}
$$

其中, $[\frac{t}{h}]$ 表示不超过 $t/h$ 的最大整数. 那么, 方程(11-3)的解可表示为

$$
\begin{aligned}
x(t) = \; & x(t;\phi) + \sum_{n=0}^{[\frac{t}{h}]} b^n \int_0^{t-nh}(t-\tau-nh)^{\alpha(n+1)-1} \\
& \times E_{\alpha,\alpha(n+1)}^{n+1}(a(t-\tau-nh)^\alpha)f(\tau)d\tau
\end{aligned} \tag{11-11}
$$

其中$x(t;\phi)$表示为

$$
x(t;\phi) = \begin{cases}
\displaystyle\sum_{n=0}^{[\frac{t}{h}]} b^n \Bigg( (t-nh)^{\alpha n} E_{\alpha,\alpha n+1}^{n+1}(a(t-nh)^{\alpha})\phi(0) \\
\qquad + b \displaystyle\int_{-h}^{t-(n+1)h} (t-\tau-(n+1)h)^{\alpha(n+1)-1} \\
\qquad \times E_{\alpha,\alpha(n+1)}^{n+1}(a(t-\tau-(n+1)h)^{\alpha})\phi(\tau)\mathrm{d}\tau \Bigg), \\
0 \leqslant t < (n+1)h \\
\displaystyle\sum_{n=0}^{[\frac{t}{h}]} b^n \Bigg( (t-nh)^{\alpha n} E_{\alpha,\alpha n+1}^{n+1}(a(t-nh)^{\alpha})\phi(0) \\
\qquad + \displaystyle\sum_{n=0}^{[\frac{t}{h}]} b \int_{-h}^{0} (t-\tau-(n+1)h)^{\alpha(n+1)-1} \\
\qquad \times E_{\alpha,\alpha(n+1)}^{n+1}(a(t-\tau-(n+1)h)^{\alpha})\phi(\tau)\mathrm{d}\tau \Bigg), \\
(n+1)h \leqslant t \leqslant T
\end{cases} \tag{11-12}
$$

### 11.1.2 线性系统的可控性

本节主要讨论线性系统的可控性条件.

**定义 11.1.1** 称系统(11-1) (或者(11-2))在$[0,T]$上是可控的是指, 对于每一个给定的初始状态$\phi$和$x_T$, 存在一个满足$u(0) = u_0$, 和$u(T) = u_T$的控制变量$u \in \mathbb{R}^m$使得系统(11-1)(或者(11-2))的状态变量(也就是系统的解)$x(t)$满足边界条件$x(0;u) = x_0$和$x(T;u) = x_T$.

根据式(11-9), 系统(11-1)的解可以表示为

$$
x(t) = x(t;\phi) + \int_0^t Q_{\alpha,\alpha}(t-\tau)Cu(\tau)\mathrm{d}\tau \tag{11-13}
$$

其中$Q_\alpha(t)$, $Q_{\alpha,\alpha}(t)$, 和$x(t;\phi)$的定义分别为式(11-4)和式(11-10).

为了简洁, 记

$$\chi(t) = \int_0^t Q_{\alpha,\alpha}(\tau)C\mathrm{d}\tau \tag{11-14}$$

$$\Theta(t;T) = \int_{T-t}^T \chi^*(\tau)\mathrm{d}\tau - \frac{t}{T}\int_0^T \chi^*(\tau)\mathrm{d}\tau \tag{11-15}$$

$$\Upsilon(t;T) = \int_0^t Q_{\alpha,\alpha}(t-\tau)C\Theta(\tau;T)\mathrm{d}\tau \tag{11-16}$$

并且

$$W_T = \int_0^T \chi(\tau)\chi^*(\tau)\mathrm{d}\tau - \frac{1}{T}\left(\int_0^T \chi(\tau)\mathrm{d}\tau\right)\left(\int_0^T \chi^*(\tau)\mathrm{d}\tau\right) \tag{11-17}$$

其中*表示矩阵的转置.

定义系统(11-3)的控制量为

$$u(t) = \left(1 - \frac{t}{T}\right)u_0 + \frac{t}{T}u_T + \Theta(t;T)y(T) \tag{11-18}$$

其中

$$\begin{aligned}
y(T) &= W_T^{-1}\Bigg[x_T - x(T;\phi) - \chi(T)u_0 \\
&\quad - \frac{1}{T}\left(\int_0^T \chi(\tau)\mathrm{d}\tau\right)(u_T - u_0)\Bigg]
\end{aligned} \tag{11-19}$$

**引理 11.1.1** 设控制量$u \in \mathbb{R}^m$定义为式(11-18). 则有

$$\begin{aligned}
\int_0^t Q_{\alpha,\alpha}(t-\tau)Cu(\tau)\mathrm{d}\tau &= \chi(t)u_0 + \frac{1}{T}\left(\int_0^t \chi(\tau)\mathrm{d}\tau\right)(u_T - u_0) \\
&\quad + \Upsilon(t;T)y(T)
\end{aligned} \tag{11-20}$$

且$\Upsilon(T;T) = W_T$.

**证明:** 根据定义直接验证即可得到结论.

**定理** 11.1.1 假设 $W_T$ 是非奇异的. 那么, 对于任意 $x_T \in \mathbb{R}^n$, 通过式(11-18)定义的控制量 $u$ 满足边界条件 $u(0) = u_0$ 和 $u(T) = u_T$, 且此控制变量可以将系统(11-3)的状态从 $\phi(0) \in \mathbb{R}^n$ 转换到 $x_T \in \mathbb{R}^n$.

**证明:** 因为 $W_T$ 是非奇异的, 所以, $u$ 的定义是有意义的, 而且满足 $u(0) = u_0$ 和 $u(T) = u_T$. 进一步, 根据引理11.1.1, 可以推得

$$x(t) = x(t; \phi) + \chi(t)u_0 + \frac{1}{T}\left(\int_0^t \chi(\tau)\mathrm{d}\tau\right)(u_T - u_0) + \Upsilon(t; T)y(T)$$

容易验证 $x(0) = \phi(0)$, 且 $x(T) = x_T$. 所以, 通过式(11-18)定义的控制量 $u$ 可以将系统(11-3)的状态从 $\phi(0) \in \mathbb{R}^n$ 转换到 $x_T \in \mathbb{R}^n$. 也就是说, 系统(11-3)在 $[0, T]$ 是可控的. 证毕.

事实上, 根据系统(11-3)的可控性, 可以建立如下定理.

**定理** 11.1.2 系统在 $[0, T]$ 上是可控的, 当且仅当 $W_T$ 是正定矩阵.

**证明:** 充分性. 因为 $W_T$ 是正定的, 所以, $W_T$ 是非奇异的. 那么, 所构造的满足边界条件 $u(0) = u_0$ 和 $u(T) = u_T$ 的控制量 $u$ 可以将系统(11-3)的状态从 $\phi(0) \in \mathbb{R}^n$ 转换到 $x_T \in \mathbb{R}^n$. 所以, 系统在 $[0, T]$ 上是可控的.

必要性. 显然, $W_T$ 是对称的. 下面将证明 $W_T$ 是半正定的. 对任意的非零向量 $y \in \mathbb{R}^n$, 根据Cauchy-Schwartz不等式, 可以得到

$$
\begin{aligned}
y^* W_T y &= \int_0^T y^* \chi(\omega)\chi^*(\omega)y\mathrm{d}\omega - \frac{1}{T}\int_0^T y^*\chi(\omega)\mathrm{d}\omega\int_0^T \chi^*(\omega)y\mathrm{d}\omega \\
&= \int_0^T (\chi^*(\omega)y)^*(\chi^*(\omega)y)\mathrm{d}\omega - \frac{1}{T}\left(\int_0^T \chi^*(\omega)y\mathrm{d}\omega\right)^* \\
&\quad \times \left(\int_0^T \chi^*(\omega)y\mathrm{d}\omega\right) \\
&= \int_0^T |\chi^*(\omega)y|^2\mathrm{d}\omega - \frac{1}{T}\left|\int_0^T \chi^*(\omega)y\mathrm{d}\omega\right|^2
\end{aligned}
$$

$$\geqslant \int_0^T |\chi^*(\omega)y|^2 \mathrm{d}\omega - \frac{1}{T}\left(\int_0^T |\chi^*(\omega)y|\mathrm{d}\omega\right)^2$$

$$\geqslant \int_0^T |\chi^*(\omega)y|^2 \mathrm{d}\omega - \int_0^T |\chi^*(\omega)y|^2 \mathrm{d}\omega = 0$$

这表明矩阵 $W_T$ 是半正定的, 当且仅当 $\chi^*(\omega)y = \lambda \cdot 1$ 时上述不等式的等号成立, 其中 $\omega \in [0,T]$, $\lambda$ 为常数. 这表明 $\chi^*(\omega)y = 0$, $\omega \in [0,T]$. 另一方面, 因为系统在 $[0,T]$ 上是可控的, 所以存在满足条件 $u(0) = u_0$ 和 $u(T) = u_T$ 的控制变量 $u(t)$ 使得它可以将系统的状态从 $x(0) = 0$ 转化到 $x(T) = y$. 从而有

$$y = \int_0^T Q_{\alpha,\alpha}(T-\tau)Cu(\tau)\mathrm{d}\tau \tag{11-21}$$

所以

$$y^*y = \int_0^T y^*Q_{\alpha,\alpha}(T-\tau)Cu(\tau)\mathrm{d}\tau \tag{11-22}$$

又因为 $\chi^*(\omega)y = 0$, $\omega \in [0,T]$, 也就是说,

$$y^*\int_0^T Q_{\alpha,\alpha}(T-\tau)C\mathrm{d}\tau = y^*\chi(T) = 0 \tag{11-23}$$

所以有, $y^*y = 0$, 即, $y = 0$, 这与假设 $y \neq 0$ 相矛盾. 从而可以证明 $W_T$ 是正定矩阵. 证毕.

### 11.1.3  非线性系统的可控性

本小节主要讨论非线性系统的可控性条件.

根据式(11-9), 系统(11-2)的解可以表示为

$$\begin{aligned} x(t) &= x(t;\phi) + \int_0^t Q_{\alpha,\alpha}(t-\tau)Cu(\tau)\mathrm{d}\tau \\ &\quad + \int_0^t Q_{\alpha,\alpha}(t-\tau)f(\tau,x(\tau),x(\tau-h),u(\tau))\mathrm{d}\tau \end{aligned} \tag{11-24}$$

其中$Q_\alpha(t)$, $Q_{\alpha,\alpha}(t)$和$x(t;\phi)$的定义分别见式(11-4)和式(11-10).

和上一节采用相似的研究方法, 定义控制量$u$为

$$u(t) = \left(1 - \frac{t}{T}\right)u_0 + \frac{t}{T}u_T + \Theta(t;T)\widehat{y}(T) \tag{11-25}$$

其中

$$\begin{aligned}\widehat{y}(T) =\ & W_T^{-1}\Bigg[x_T - x(T;\phi) - \chi(T)u_0 - \frac{1}{T}\left(\int_0^T \chi(\tau)\mathrm{d}\tau\right)(u_T - u_0) \\ & - \int_0^T Q_{\alpha,\alpha}(T-\tau)f(\tau, x(\tau), x(\tau-h), u(\tau))\mathrm{d}\tau\Bigg]\end{aligned}$$

且$\chi(t)$, $\Theta(t;T)$, $\Upsilon(t;T)$和$W_T$的定义分别见式(11-14), 式(11-15), 式(11-16)和式(11-17). 利用和定理11.1.1相似的方法, 可以建立如下引理.

**引理 11.1.2** 假设矩阵$W_T$是非奇异的, 其中$W_T$的定义为式(11-7). 那么, 对任意$x_T \in \mathbb{R}^n$, 按(11-25)构造的满足边界条件$u(0) = u_0$和$u(T) = u_T$的控制量$u$可以将系统(11-2)的状态$x$从初始状态$\phi(t)$转化到$x_T$.

接下来, 我们给出非线性系统可控的充分条件.

**定理 11.1.3** 假设连续函数$f$满足: 对一切$t \in [0,T]$, 有

$$\lim_{|p|\to\infty} \frac{|f(t,p)|}{|p|} = 0 \tag{11-26}$$

并且假设相对应的线性系统在$[0,T]$上是可控的. 那么, 系统(11-2)在$t \in [0,T]$上是可控的.

**证明:** 设$Q$表示由所有连续函数

$$(x,u): [-h,T] \times [0,T] \to \mathbb{R}^n \times \mathbb{R}^n \tag{11-27}$$

组成的Banach空间, 其上定义的范数为

$$\|(x,u)\| = \|x\| + \|u\|$$

其中$\|x\| = \sup\limits_{-h \leqslant t \leqslant T} |x(t)|$, 并且$\|u\| = \sup\limits_{0 \leqslant t \leqslant T} |u(t)|$. 在空间$Q$上定义算子$\mathcal{R}$:

$$\mathcal{R}(x, u) = (y, v) \tag{11-28}$$

其中

$$
\begin{aligned}
y(t) &= x(t; \phi) + \int_0^t Q_{\alpha,\alpha}(t - \tau) C v(\tau) \mathrm{d}\tau \\
&\quad + \int_0^t Q_{\alpha,\alpha}(t - \tau) f(\tau, x(\tau), x(\tau - h), u(\tau)) \mathrm{d}\tau
\end{aligned} \tag{11-29}
$$

且

$$v(t) = \left(1 - \frac{t}{T}\right) u_0 + \frac{t}{T} u_T + \Theta(t; T) \widehat{y}(T) \tag{11-30}$$

所以, 根据引理11.1.2, 可知, 研究系统(11-2)的可控性可转化为研究算子$\mathcal{R}$的不动点的存在性. 为此, 采用Schauder不动点定理来证明这一点.

首先, 引入如下记号:

$$a_1 = \sup_{t \in [0,T]} \left|x(t; \phi)\right|, \quad a_2 = \sup_{t \in [0,T]} \left|\int_0^t Q_{\alpha,\alpha}(t - \tau) C \mathrm{d}\tau\right|$$

$$a_3 = \sup_{t \in [0,T]} \left|\int_0^t Q_{\alpha,\alpha}(t - \tau) \mathrm{d}\tau\right|, \quad a_4 = \left|\int_0^T Q_{\alpha,\alpha}(T - \tau) \mathrm{d}\tau\right|$$

$$b_1 = |u_0|, \quad b_2 = |u_T - u_0|, \quad b_3 = \sup_{t \in [0,T]} \left|\Theta(t; T)\right|, \quad b_4 = |W_T^{-1}|$$

$$b_5 = \left|x(T; \phi)\right| + \left|\chi(T) u_0\right| + \frac{1}{T} \left|\left(\int_0^T \chi(\tau) \mathrm{d}\tau\right)(u_T - u_0)\right|$$

$$b = b_1 + b_2 + b_3 b_4 |x_T| + b_3 b_4 b_5, \quad c = \max\{a_2, a_4 b_3 b_4, 1\}$$

$$d_1 = 6cb, \quad d_2 = 6a_4 b_3 b_4 c$$

$$d_3 = 6a_1, \quad d_4 = 6a_3, \quad d = \max\{d_1, d_3\}, e = \max\{d_2, d_4\}$$

那么, 由式(11-29), 可以得到

$$|y(t)| \leqslant a_1 + a_2 |v(t)| + a_3 \sup_{t \in [0,T]} |f(t, x(t), x(t - h), u(t))|$$

$$\leqslant \quad \frac{d_3}{6} + c|v(t)| + \frac{d_4}{6} \sup_{t \in [0,T]} |f(t, x(t), x(t-h), u(t))|$$

$$\leqslant \quad \frac{d}{6} + c|v(t)| + \frac{e}{6} \sup_{t \in [0,T]} |f(t, x(t), x(t-h), u(t))|$$

其中$t \in [0, T]$, 并且, 由式(11-30), 可以得到

$$|v(t)| \quad \leqslant \quad b_1 + b_2 + b_3 b_4 \big( x_T + b_5 + a_4 \sup_{t \in [0,T]} |f(t, x(t), x(t-h), u(t))| \big)$$

$$\leqslant \quad \frac{d_1}{6c} + \frac{d_2}{6c} \sup_{t \in [0,T]} |f(t, x(t), x(t-h), u(t))|$$

$$= \quad \frac{1}{6c} \left( d + e \sup_{t \in [0,T]} |f(t, x(t), x(t-h), u(t))| \right)$$

其中$t \in [0, T]$. 根据结论: 对于每一对正常数$d$和$e$, 存在正常数$r$使得: 如果$|(x, u)| \leqslant r$, 那么, 有

$$d + e \sup_{t \in [0,T]} |f(t, x(t), x(t-h), u(t))| \leqslant r \tag{11-31}$$

借助此结论, 对上述给定的$d$和$e$, 选取$r$ 使得满足条件(11-31)和

$$\sup_{t \in [-h,0]} |\phi(t)| \leqslant \frac{r}{3} \tag{11-32}$$

所以, 如果

$$|x| \leqslant \frac{r}{3}, \quad |u| \leqslant \frac{r}{3} \tag{11-33}$$

那么, 对一切$t \in [0, T]$, 有

$$|(x, u)| = |x(t)| + |x(t-h)| + |u(t)| \leqslant r \tag{11-34}$$

从而有$|v(t)| \leqslant \frac{r}{6c}$. 进一步, 可以得到$|y(t)| \leqslant \frac{r}{3}$. 所以, 如果假设

$$Q(r) = \{(x, u) \in Q : \|x\| \leqslant r/3, \|u\| \leqslant r/3\} \tag{11-35}$$

那么$\mathcal{R}$是定义在$Q(r)$上映射到自身的映射.

接下来, 将说明算子$\mathcal{R}$是全连续的. 设$Q_0$为$Q(r)$的有界子集. 考虑包含于$\mathcal{R}(Q_0)$中的任意序列$\{(y_i, v_i)\}$, 其中$\mathcal{R}(x_i, u_i) = (y_i, v_i)$, $i = 1, 2, \cdots$. 因为$f$是连续的, 所以, 对所有$t \in [0, T]$, $f$是一致有界的. 从而$\{y_j(t)\}$和$\{v_j(t)\}$是一致有界且等度连续的序列. 那么, 根据Ascoli's定理, 可知$\mathcal{R}(Q_0)$是列紧的. 所以, 算子$\mathcal{R}$是紧的. 又因为$Q(r)$是闭的, 有界的且凸的, 那么, 由Schauder不动点定理可知, 算子$\mathcal{R}$存在不动点$(x, u) \in Q(r)$使得$\mathcal{R}(x, u) = (x, u)$. 所以, 系统在$[0, T]$上可控. 证毕.

## 11.2 分数阶中立型控制系统的可控性和最优性

### 11.2.1 可控性

考虑定义在有限时间区间上的含有时变系数的中立型分数阶微分系统:

$$\begin{cases} {}_0^C D_t^\alpha x(t) = Ax(t) + Bx(t-r) + N \cdot {}_0^C D_t^\beta x(t-r) + Gu(t), \ t \geqslant 0 \\ y(t) = Ex(t) + Fu(t) \\ x(t) = \phi(t), -r \leqslant t \leqslant 0 \end{cases}$$

$$(11\text{-}36)$$

其中$A, B, N \in \mathbb{R}^{n \times n}$, $G \in \mathbb{R}^{n \times p}$, $E \in \mathbb{R}^{k \times n}$, $F \in \mathbb{R}^{k \times p}$, $0 < \beta < \alpha < 1$, 状态变量$x(t) \in \mathbb{R}^n$, 初始函数$\phi(t) \in C([-r, 0], \mathbb{R}^n)$, 且控制变量$u(t) \in \mathbb{R}^p$.

**定义 11.2.1** 称系统(11-36)可控的, 是指对每一个连续的初始函数$\phi$, 存在一个控制变量$u \in C([0, T])$使得系统(11-36)的状态变量(即系统的解)$x(t)$对某个$t_1 > 0$满足$x(t_1) = 0$.

首先给出一个引理.

**引理 11.2.1** 若$x(t)$是系统(11-36)的解, 则$x(t)$满足下列积分方程

$$x(t) = E_\alpha(At^\alpha)\phi(0) - t^{\alpha-\beta} E_{\alpha, \alpha-\beta+1}(At^\alpha) N\phi(-r)$$

$$+ \int_0^t (t-\tau)^{\alpha-1} E_{\alpha,\alpha}(A(t-\tau)^\alpha) Bx(\tau-r)\mathrm{d}\tau$$

$$+ \int_0^t (t-\tau)^{\alpha-1} E_{\alpha,\alpha}(A(t-\tau)^\alpha) Gu(\tau)\mathrm{d}\tau$$

$$+ \int_0^t (t-\tau)^{\alpha-\beta-1} E_{\alpha,\alpha-\beta}(A(t-\tau)^\alpha) Nx(\tau-r)\mathrm{d}\tau$$

**证明:** 根据性质1.4.3, 系统(11-36)等价于如下积分方程

$$
\begin{aligned}
x(t) = {} & \phi(0) - \frac{t^{\alpha-\beta} N\phi(-r)}{\Gamma(\alpha-\beta+1)} \\
& + \frac{1}{\Gamma(\alpha)} \int_0^t (t-\tau)^{\alpha-1}\big(Ax(\tau) + Bx(\tau-r) + Gu(\tau)\big)\mathrm{d}\tau \\
& + \frac{1}{\Gamma(\alpha-\beta)} \int_0^t (t-\tau)^{\alpha-\beta-1} Nx(\tau-r)\mathrm{d}\tau
\end{aligned}
$$

在上面等式两边同时作拉普拉斯变换, 可以得到

$$
\begin{aligned}
\mathcal{L}\{x(t); s\} = {} & s^{\alpha-1}(s^\alpha I - A)^{-1}\phi(0) - s^{\beta-1}(s^\alpha I - A)^{-1} N\phi(-r) \\
& + (s^\alpha I - A)^{-1}\mathcal{L}\{Bx(t-r) + Gu(t)\} \\
& + s^\beta (s^\alpha I - A)^{-1}\mathcal{L}\{Nx(t-r)\}
\end{aligned}
$$

应用式(1-16), 式(1-17)和卷积性质, 可以推得

$$
\begin{aligned}
x(t) = {} & E_\alpha(At^\alpha)\phi(0) - t^{\alpha-\beta} E_{\alpha,\alpha-\beta+1}(At^\alpha) N\phi(-r) \\
& + \int_0^t (t-\tau)^{\alpha-1} E_{\alpha,\alpha}(A(t-\tau)^\alpha) Bx(\tau-r)\mathrm{d}\tau \\
& + \int_0^t (t-\tau)^{\alpha-1} E_{\alpha,\alpha}(A(t-\tau)^\alpha) Gu(\tau)\mathrm{d}\tau \\
& + \int_0^t (t-\tau)^{\alpha-\beta-1} E_{\alpha,\alpha-\beta}(A(t-\tau)^\alpha) Nx(\tau-r)\mathrm{d}\tau
\end{aligned}
$$

证毕.

下面将给出系统(11-36)的可控性的充分必要条件.

**定理 11.2.1** 系统(11-36)在$[0, t_f]$上是可控的当且仅当, 对某个$t_f \in (0, \infty)$, Gramian 矩阵

$$W_c[0, t_f] = \int_0^{t_f} (t_f - \tau)^{\alpha-1} E_{\alpha,\alpha}(A(t_f - \tau)^\alpha) GG^{\mathrm{T}} E_{\alpha,\alpha}(A^{\mathrm{T}}(t_f - \tau)^\alpha) \mathrm{d}\tau$$

是非奇异的, 其中$.^{\mathrm{T}}$表示矩阵的转置运算.

**证明:** 充分性. 假设矩阵$W_c[0, t_f]$是非奇异的, 那么$W_c^{-1}[0, t_f]$存在. 对于任意$\phi(t) \in C([-r, 0], \mathbb{R}^n)$, 构造如下控制变量$u(t)$:

$$\begin{aligned}
u(t) &= G^{\mathrm{T}} E_{\alpha,\alpha}(A^{\mathrm{T}}(t_f - t)^\alpha) W_c^{-1}[0, t_f]\Big( - E_\alpha(At_f^\alpha)\phi(0) \\
&\quad + t_f^{\alpha-\beta} E_{\alpha,\alpha-\beta+1}(At_f^\alpha) N\phi(-r) \\
&\quad - \int_0^{t_f} (t_f - \tau)^{\alpha-1} E_{\alpha,\alpha}(A(t_f - \tau)^\alpha) Bx(\tau - r)\mathrm{d}\tau \\
&\quad - \int_0^t (t - \tau)^{\alpha-\beta-1} E_{\alpha,\alpha-\beta}(A(t - \tau)^\alpha) Nx(\tau - r)\mathrm{d}\tau \Big)
\end{aligned}$$

根据引理11.2.1, 容易验证$x(t_f) = 0$. 所以, 系统(11-36)在$[0, t_f]$上可控.

必要性. 假设(11-36)是可控的. 我们来证明矩阵$W_c[0, t_f]$是非奇异的. 事实上, 如果$W_c[0, t_f]$是奇异的, 那么, 存在非零向量$z_0$使得

$$z_0^{\mathrm{T}} W_c[0, t_f] z_0 = 0 \tag{11-37}$$

即

$$\int_0^{t_f} z_0^{\mathrm{T}} (t_f - \tau)^{\alpha-1} E_{\alpha,\alpha}(A(t_f - \tau)^\alpha) GG^{\mathrm{T}} E_{\alpha,\alpha}(A^{\mathrm{T}}(t_f - \tau)^\alpha) z_0 \mathrm{d}\tau = 0$$

这表明: 对所有$\tau \in [0, t_f]$, 有

$$z_0^{\mathrm{T}} E_{\alpha,\alpha}(A(t_f - \tau)^\alpha) G = 0 \tag{11-38}$$

因为系统(11-36)是可控的, 存在控制变量$u_1(t)$和$u_2(t)$使得

$$x(t_f) = E_\alpha(At_f^\alpha)\phi(0) - t_f^{\alpha-\beta} E_{\alpha,\alpha-\beta+1}(At_f^\alpha) N\phi(-r)$$

$$+ \int_0^{t_f} (t_f - \tau)^{\alpha-1} E_{\alpha,\alpha}(A(t_f - \tau)^\alpha)\big(Bx(\tau - r) + Gu_1(\tau)\big)\mathrm{d}\tau$$

$$+ \int_0^{t_f} (t_f - \tau)^{\alpha-\beta-1} E_{\alpha,\alpha-\beta}(A(t_f - \tau)^\alpha)Nx(\tau - r)\mathrm{d}\tau$$

$$= \quad 0 \tag{11-39}$$

和

$$\begin{aligned} z_0 &= E_\alpha(At_f^\alpha)\phi(0) - t_f^{\alpha-\beta} E_{\alpha,\alpha-\beta+1}(At_f^\alpha)N\phi(-r) \\ &\quad + \int_0^{t_f} (t_f - \tau)^{\alpha-1} E_{\alpha,\alpha}(A(t_f - \tau)^\alpha)\big(Bx(\tau - r) + Gu_2(\tau)\big)\mathrm{d}\tau \\ &\quad + \int_0^{t_f} (t_f - \tau)^{\alpha-\beta-1} E_{\alpha,\alpha-\beta}(A(t_f - \tau)^\alpha)Nx(\tau - r)\mathrm{d}\tau \end{aligned} \tag{11-40}$$

式(11-39)减去式(11-40), 可以得到

$$z_0 = \int_0^{t_f} (t_f - \tau)^{\alpha-1} E_{\alpha,\alpha}(A(t_f - \tau)^\alpha)G\big(u_2(\tau) - u_1(\tau)\big)\mathrm{d}\tau \tag{11-41}$$

进一步, 在(11-41)的两端同时乘以$z_0^{\mathrm{T}}$, 可以得到

$$z_0^{\mathrm{T}} z_0 = \int_0^{t_f} (t_f - \tau)^{\alpha-1} z_0^{\mathrm{T}} E_{\alpha,\alpha}(A(t_f - \tau)^\alpha)G\big(u_2(\tau) - u_1(\tau)\big)\mathrm{d}\tau$$

结合(11-37), 我们可以推得$z_0^{\mathrm{T}} z_0 = 0$. 所以有$z_0 = 0$. 这与$z_0 \neq 0$相矛盾. 证毕.

基于定理11.1.1, 我们可以得到另外一个关于系统(11-36)的可控性的刻画.

**定理 11.2.2** 系统(11-36)在$[0, t_f]$是可控的, 当且仅当

$$\mathrm{rank}(G \; AG \; \cdots \; A^{n-1}G) = n$$

**证明:** 根据哈密尔顿-凯莱定理, 存在常数$a_0, a_1, \cdots, a_{n-1}$使得

$$A^n = \sum_{k=0}^{n-1} a_k A^k$$

所以, 存在关于$t$的多项式$c_k(t)$ $(k = 0, 1, \cdots, n-1)$使得

$$t^{\alpha-1}E_{\alpha,\alpha}(At^\alpha) = \sum_{k=0}^{n-1} c_k(t)A^k \tag{11-42}$$

从而

$$(t_f - \tau)^{\alpha-1}E_{\alpha,\alpha}(A(t_f - \tau)^\alpha) = \sum_{k=0}^{n-1} c_k(t_f - \tau)A^k \tag{11-43}$$

记

$$\begin{aligned}
Q &= E_\alpha(At_f^\alpha)\phi(0) - t_f^{\alpha-\beta}E_{\alpha,\alpha-\beta+1}(At_f^\alpha)N\phi(-r) \\
&\quad + \int_0^{t_f} (t_f - \tau)^{\alpha-1}E_{\alpha,\alpha}(A(t_f - \tau)^\alpha)Bx(\tau - r)\mathrm{d}\tau \\
&\quad + \int_0^{t_f} (t_f - \tau)^{\alpha-\beta-1}E_{\alpha,\alpha-\beta}(A(t_f - \tau)^\alpha)Nx(\tau - r)\mathrm{d}\tau
\end{aligned}$$

那么, 根据引理11.2.1, 我们有

$$\begin{aligned}
x(t_f) - Q &= \int_0^{t_f} (t_f - \tau)^{\alpha-1}E_{\alpha,\alpha}(A(t_f - \tau)^\alpha)Gu(\tau)\mathrm{d}\tau \\
&= \sum_{k=0}^{n-1} A^k G \int_0^{t_f} c_k(t_f - \tau)u(\tau)\mathrm{d}\tau \\
&= (G \ \ AG \ \ \cdots \ \ A^{n-1}G) \begin{pmatrix} d_0 \\ d_1 \\ \vdots \\ d_{n-1} \end{pmatrix} \tag{11-44}
\end{aligned}$$

其中$d_k = \int_0^{t_f} c_k(t_f - \tau)u(\tau)\mathrm{d}\tau$, $k = 0, 1, \cdots, n-1$. 显然, 对任意$x(t_f)$和$\phi(t)$, 存在满足等式(11-44)的控制变量$u(t)$的充分必要条件是

$$\mathrm{rank}(G \ \ AG \ \ \cdots \ \ A^{n-1}G) = n$$

证毕.

## 11.2.2  最优控制的存在性

本节将讨论系统(11-36)的最优控制的存在性.

根据引理11.2.1, 可以证明如下定理.

**定理 11.2.3** 对于给定的控制变量$u$, 系统(11-36)存在唯一解$x(t)$, 且解的形式为

$$
\begin{aligned}
x^u(t) &= E_\alpha(At^\alpha)\phi(0) - t^{\alpha-\beta}E_{\alpha,\alpha-\beta+1}(At^\alpha)N\phi(-r) \\
&\quad + \int_0^t (t-\tau)^{\alpha-1}E_{\alpha,\alpha}(A(t-\tau)^\alpha)Bx(\tau-r)\mathrm{d}\tau \\
&\quad + \int_0^t (t-\tau)^{\alpha-1}E_{\alpha,\alpha}(A(t-\tau)^\alpha)Gu(\tau)\mathrm{d}\tau \\
&\quad + \int_0^t (t-\tau)^{\alpha-\beta-1}E_{\alpha,\alpha-\beta}(A(t-\tau)^\alpha)Nx(\tau-r)\mathrm{d}\tau
\end{aligned}
$$

**证明:** 利用"步法", 容易写出系统的显式解. 事实上, 在区间$[0,r]$上, $x^u(t)$可以唯一地表示为

$$
\begin{aligned}
x^u(t) &= E_\alpha(At^\alpha)\phi(0) - t^{\alpha-\beta}E_{\alpha,\alpha-\beta+1}(At^\alpha)N\phi(-r) \\
&\quad + \int_0^t (t-\tau)^{\alpha-1}E_{\alpha,\alpha}(A(t-\tau)^\alpha)B\phi(\tau-r)\mathrm{d}\tau \\
&\quad + \int_0^t (t-\tau)^{\alpha-1}E_{\alpha,\alpha}(A(t-\tau)^\alpha)Gu(\tau)\mathrm{d}\tau \\
&\quad + \int_0^t (t-\tau)^{\alpha-\beta-1}E_{\alpha,\alpha-\beta}(A(t-\tau)^\alpha)N\phi(\tau-r)\mathrm{d}\tau
\end{aligned}
$$

因为在$[0,r]$上$x^u(t)$的表达式已知, 且连续, 那么可以用类似的方法求出$x^u(t)$在$[r,2r]$上的表达式. 以此类推, 可以求出$x^u(t)$在整个区间上的表达式. 证毕.

假设$u \in Y$, 其中$Y$是可分自反的Banach空间. 记$W(Y)$为$Y$的非空且凸子集. 函数$\omega:[0,\infty) \to W(Y)$连续且$\omega(\cdot) \subset V$, 其中$V$为$Y$的有界子集, 可容许控制集为$U_{ad} = \{u \in C(V)|u(t) \in \omega(t)\}$. 那么, $U_{ad}$非空.

考虑如下Bolza问题(P):

寻找 $u^0 \in U_{ad}$ 使得

$$J(u^0) \leqslant J(u), u \in U_{ad}$$

其中性能函数 $J$ 定义为

$$J(u) = \int_0^\infty l(t, x^u(t), u(t)) \mathrm{d}t$$

通常, 如果 $u^0$ 存在, 那么 $(x^0, u^0)$ 称为最优对, 其中 $x^0$ 为系统(11-36)在控制变量 $u^0$ 下对应的解.

为了研究最优控制的存在性, 我们需要假设:

$(\mathrm{HL}_1)$ 泛函 $l : [0, +\infty) \times C([0, \infty)) \times Y \to \mathbb{R} \cup \{\infty\}$ 是 Borel 可测的.

$(\mathrm{HL}_2)$ 对几乎所有 $t \in [0, \infty)$, 泛函 $l(t, \cdot, \cdot)$ 是序列下半连续的.

$(\mathrm{HL}_3)$ 对几乎所有 $t \in [0, \infty)$, 以及每一个 $x \in C([0, \infty))$, 泛函 $l(t, x, \cdot)$ 在 $Y$ 上是凸的.

$(\mathrm{HL}_4)$ 存在常数 $b \geqslant 0$, $c > 0$, 以及非负函数 $g(t) \in C([0, \infty))$ 使得

$$l(t, x, u) \geqslant g(t) + b\|x\| + c\|u\|, x \in C([0, \infty)), u \in U_{ad}$$

下面给出系统(11-36)的最优控制的存在定理.

**定理 11.2.4** 在假设 $(\mathrm{HL}_1) \sim (\mathrm{HL}_4)$ 下, 系统(11-36)至少存在一个最优对.

**证明:** 假设 $\inf\{J(u)|u \in U_{ad}\} = \rho$. 根据假设 $(\mathrm{HL}_4)$, 存在序列 $\{u^m\} \subset U_{ad}$ 使得当 $m \to \infty$, 有 $J(u^m) \to \rho m \to \infty$. 因为 $\{u^m\}$ 在空间 $U_{ad}$ 中是有界的, 那么存在子列 $\{u^m\}$, 和 $u^0 \in C([0, \infty), Y)$ 使得 $u^m \rightharpoonup u^0$, 其中 '$\rightharpoonup$' 表示弱收敛. 而且, 因为 $U_{ad}$ 是闭的, 且凸的, 那么根据 Marzur 引理, 则有 $u^0 \in U_{ad}$.

假设 $x^m$ 为系统(11-36)对应于控制变量 $u^m$ 的解, $x^0$ 为系统(11-36)对应于控制变量 $u^0$ 的解. 那么, $x^m$ 和 $x^0$ 分别满足如下方程

$$x^m(t) = E_\alpha(At^\alpha)\phi(0) - t^{\alpha-\beta}E_{\alpha, \alpha-\beta+1}(At^\alpha)N\phi(-r)$$

$$+ \int_0^t (t-\tau)^{\alpha-1} E_{\alpha,\alpha}(A(t-\tau)^\alpha) Bx(\tau-r)\mathrm{d}\tau$$

$$+ \int_0^t (t-\tau)^{\alpha-1} E_{\alpha,\alpha}(A(t-\tau)^\alpha) Gu^m(\tau)\mathrm{d}\tau$$

$$+ \int_0^t (t-\tau)^{\alpha-\beta-1} E_{\alpha,\alpha-\beta}(A(t-\tau)^\alpha) Nx(\tau-r)\mathrm{d}\tau$$

和

$$\begin{aligned}
x^0(t) =\ & E_\alpha(At^\alpha)\phi(0) - t^{\alpha-\beta} E_{\alpha,\alpha-\beta+1}(At^\alpha) N\phi(-r) \\
& + \int_0^t (t-\tau)^{\alpha-1} E_{\alpha,\alpha}(A(t-\tau)^\alpha) Bx(\tau-r)\mathrm{d}\tau \\
& + \int_0^t (t-\tau)^{\alpha-1} E_{\alpha,\alpha}(A(t-\tau)^\alpha) Gu^0(\tau)\mathrm{d}\tau \\
& + \int_0^t (t-\tau)^{\alpha-\beta-1} E_{\alpha,\alpha-\beta}(A(t-\tau)^\alpha) Nx(\tau-r)\mathrm{d}\tau
\end{aligned}$$

首先, 考虑 $t \in [0,r]$ 的情形. 注意到, 在此情形下, 有 $x^m(t) = x^0(t) = \phi(t)$. 那么, 可以得到

$$\begin{aligned}
& \|x^m(t) - x^0(t)\| \\
& \leqslant \int_0^t (t-\tau)^{\alpha-1} E_{\alpha,\alpha}(\|A\|(t-\tau)^\alpha) \|G\| \|u^m(\tau) - u^0(\tau)\|\mathrm{d}\tau \\
& =: (\mathcal{R}\|u^m(\tau) - u^0(\tau)\|)(t)
\end{aligned}$$

因为 $u^m \rightharpoonup u^0$, 且 $\mathcal{R}$ 为紧算子, 所以有

$$x^m \to x^0, \ m \to \infty, \ t \in [0,r] \tag{11-45}$$

对于 $t \in [r, 2r]$ 的情形, 有

$$\begin{aligned}
& \|x^m(t) - x^0(t)\| \\
& \leqslant \int_0^t (t-\tau)^{\alpha-1} E_{\alpha,\alpha}(\|A\|(t-\tau)^\alpha) \|B\| \|x^m(\tau-r) - x^0(\tau-r)\|\mathrm{d}\tau
\end{aligned}$$

$$+ \int_0^t (t-\tau)^{\alpha-1} E_{\alpha,\alpha}(\|A\|(t-\tau)^\alpha)\|G\|\|u^m(\tau) - u^0(\tau)\|\mathrm{d}\tau$$

$$+ \int_0^t (t-\tau)^{\alpha-\beta-1} E_{\alpha,\alpha-\beta}(\|A\|(t-\tau)^\alpha)\|N\|\|x^m(\tau-r) - x^0(\tau-r)\|\mathrm{d}\tau$$

另外, 结合(11-45), 可以得到

$$x^m(t-r) \to x^0(t-r),\ m \to \infty, \quad t \in [r, 2r]$$

又因为 $u^m \rightharpoonup u^0$, 且 $\mathcal{R}$ 为紧算子, 则有

$$x^m \to x^0,\ m \to \infty, \quad t \in [r, 2r]$$

利用"步法", 可以推得

$$x^m \to x^0,\ m \to \infty,\ t \geqslant 0$$

利用假设和 Balder 定理, 可以得到

$$\epsilon = \lim_{m \to \infty} \int_0^T \mathcal{L}(t, x^m(t), u^m(t))\mathrm{d}t \geqslant \int_0^T \mathcal{L}(t, x^0(t), u^0(t))\mathrm{d}t = J(x^0, u^0) \geqslant \epsilon$$

这表明 $J$ 在 $u^0 \in U_{ad}$ 处取得极小值. 证毕.

# 参 考 文 献

[1] Kilbas A A, Srivastava H M, Trujillo J J. Theory and applications of fractional differential equations. North-Holland Mathematics Studies, 204. Elsevier Science B. V., Amsterdam, 2006.

[2] Podlubny I. Fractional differential equations. New York: Academic Press, 1999.

[3] Kilbas A A, Bonilla B, Trujillo J J. Fractional integrals and derivatives, and differential equations of fractional order in weighted spaces of continuous functions. Dokl. Nats. Akad. Nauk Belarusi, 2000, 44: 18-22.

[4] Kilbas A A, Bonilla B, Trujillo J J. Nonlinear differenital equations of fractional order in space of integrable functions. Dokl. Akad. Nauk, 2000, 374: 445-229.

[5] Diethelm K, Neville J F. Analysis of fractional differential equations. J. Math. Anal. Appl., 2002, 265: 229-248.

[6] Kilbas A A, Marzan S A. Cauchy problem for differential equations with Caputo derivative. Dokl. Akad. Nauk, 2004, 399: 7-11.

[7] Ye H P, Gao J M, Ding Y S. A generalized Gronwall inequality and its application to a fractional differential equation. J. Math. Anal. Appl., 2007, 328: 1075-1081.

[8] Denton Z, Vatsala A S. Fractional integral inequalities and applications. Comput. Math. Appl., 2010, 59: 1087-1094.

[9] Lakshmikantham V, Vatsala A S. Basic theory of fractional differential equations. Nonlinear Anal. TMA, 2008, 69: 2677-2682.

[10] Al-Refai M, Ali Hajji M. Monotone iterative sequences for nonlinear boundary value problems of fractional order. Nonlinear Anal.: TMA, 2011, 74: 3531-3539.

[11] Ahmad B, Nieto J J. Existence results for a coupled system of nonlinear fractional differential equations with three-point boundary conditions. Comput. Math. Appl., 2009, 58: 1838-1843.

[12] Wang J R, Zhou Y. A class of fractional evolution equations and optimal controls. Nonlinear Anal.: RWA, 2011(12): 262-272.

[13] Wang J R, Zhou Y. Existence and controllability results for fractional semilinear differential inclusions. Nonlinear Anal.: RWA, 2011(12): 3642-3653.

[14] Wang R N, Chen D H, Xiao T J. Abstract fractional Cauchy problems with almost sectorial operator. J. Differential Equations, 2012, 252: 202-235.

[15] Lim S C, Eab C H, Mak K H, et al. Solving linear coupled fractional differential equations by direct operational method and some applications. Math. Probl. Eng., 2012(1): 1-28.

[16] Luchko Y, Gorenflo R. An operator method for solving fractional differential equations with the Caputo derivatives. Acta. Math. Vietnam., 1999, 24: 207-233.

[17] Zaczkiewicz Z. Representation of solutions for fractional differential-algebraic systems with delays. Bull. Pol. Acad. Sci. Techn., 2010, 58: 607-612.

[18] Garra R. Analytic solution of a class of fractional differential equations with variable coefficients by operatorial methods. Commun. Nonlinear. Sci. Numer. Simulat., 2012(17): 1549-1554.

[19] Shukla A K, Prajapati J C. On a generalization of Mittag-Leffler function and its properties. J. Math. Anal. Appl., 2007, 336: 797-811.

[20] Kilbas A A, Saigo M, Saxena R K. Generalized Mittag-Leffler function and generalized fractional calculus operators. Integr. Transf. Spec. Funct., 2004(15): 31-49.

[21] Chang S Y A, González M D M. Fractional Laplacian in conformal geometry. Adv. Math., 2011, 226: 1410-1432.

[22] Lakshmikantham V. Theory of fractional functional differential equations. Nonlinear Anal.: TMA, 2008, 69: 3337-3343.

[23] Lakshmikantham V, Vatsala A S. General uniqueness and monotone iterative technique for fractional differential equations. Appl. Math. Lett., 2008(21): 828-834.

[24] Agarwal R P, Zhou Y, He Y Y. Existence of fractional neutral functional differential euqations. Comput. Math. Appl., 2010, 59: 1095-1100.

[25] Zhou Y, Jiao F, Li J. Existence and uniqueness for fractional neutral differential equations with infinite delay. Nonlinear Anal.: TMA, 2009, 71: 3249-3256.

[26] Darwish M A, Ntouyas S K. Functional differential equations of fractional order with state-dependent delay. Dynam. Syst. Appl., 2009(18): 539-550.

[27] Zhou Y, Jiao F. Existence of mild solutions for fractional neutral evolution equations. Comput. Math. Appl., 2010, 59: 1063-1077.

[28] Agarwal R P, Zhou Y, Wang J R, et al. Fractional functional differential equations with causal operators in Banach spaces. Math. Comput. Model., 2011, 54: 1440-1452.

[29] Hilfer R. Applications of fractional calculus in physics. World Scientific, Singapore, 2000.

[30] Ortigueira M D. Introduction to fractional linear systems. Part 1: Continuous-time systems. IEE Proceedings-Vision, Image, and Signal Processing, 2000, 147: 62-70.

[31] Metzler R, Klafter J. The random walk's guide to anomalous diffusion: a fractional dynamics approach. Phys. Rep., 2000, 339: 1-77.

[32] Orsingher E, Beghin L. Time-fractional telegraph equations and telegraph processes with brownian time. Probab. Theory Relat. Fields, 2004, 128: 141-160.

[33] Postnikov E B, Sokolov I M. Model of lateral diffusion in ultrathin layered films. Physica A, 2012, 391: 5095-5101.

[34] Niu M, Xie B. Impacts of Gaussian noises on the blow-up times of nonlinear stochastic partial differential equations. Nonlinear Anal.: RWA, 2012(13): 1346-1352.

[35] Mainardi F, Paradisi P, Gorenflo R. Probability distributions generated by fractional diffusion equations. in: J. Kertesz, I. Kondor (Eds.), Econophysics: An Emerging Science, Kluwer, Dordrecht, 2000.

[36] Boufoussi B, Hajji S. Neutral stochastic functional differential equations driven by a fractional Brownian motion in a Hilbert space. Statist. Probab. Lett., 2012, 82: 1549-1558.

[37] Momani S. Analytic and approximate solutions of the space- and time-fractional telegraph equations. Appl. Math. Comput., 2005, 170: 1126-1134.

[38] Povstenko Y Z. Analytical solution of the advection-diffusion equation for a ground-level finite area source. Atmos. Environ., 2008, 42: 9063-9069.

[39] Kumar A, Jaiswal D K, Kumar N. Analytical solutions of one-dimensional advection-diffusion equation with variable coefficients in a finite domain. J. Earth Syst. Sci., 2009, 118: 539-549.

[40] Chen J S, Liu C W. Generalized analytical solution for advection-dispersion equation in finite spatial domain with arbitrary time-dependent inlet boundary condition. Hydrol. Earth Syst. Sci., 2011(15): 2471-2479.

[41] Luchko Y. Initial-boundary value problems for the generalized multi-term time-fractional diffusion equation. J. Math, Anal. Appl., 2011, 374: 538-548.

[42] Zhang F F, Jiang X Y. Analytical solutions for a time-fractional axisymmetric diffusion-wave equation with a source term. Nonlinear Anal.: RWA, 2011(12): 1841-1849.

[43] Philippa B W, White R D, Robson RE. Analytic solution of the fractional advection-diffusion equation for the time-of-flight experiment in a finite geometry. Phys. Rev. E, 2011, 84: 1-9.

[44] Chen Z Q, Meerschaert M M, Nane E. Space-time fractional diffusion on bounded domains. J. Math. Anal. Appl., 2012, 393: 479-488.

[45] Chen S Z, Jiang X Y. Analytical solutions to time fractional partial differential equations in a two-dimensional multilayer annulus. Physica A, 2012, 391: 3865-3874.

[46] Jiang H, Liu F, Turner I, et al. Analytical solutions for the multi-term time-space Caputo-Riesz fractional advection-diffusion equations on a finite domain. J. Math. Anal. Appl., 2012, 389: 1117-1127.

[47] Dávila J, Topp E. Concentrating solutions of the Liouville equation with Robin boundary condition. J. Differential Equations, 2012, 252: 2648-2697.

[48] Tomovski Ž, Sandev T, Metzler R, et al. Generalized space-time fractional diffusion equation with composite fractional time derivative. Physica A, 2012, 391: 2527-2542.

[49] Zhang P, Liu F, Anh V, et al. Numerical methods for the variable-order fractional advection-diffusion equation with a nonlinear source term. SIAM J. Numer. Anal., 2009(3): 1760-1781.

[50] Ilić M, Liu F, Turner I, et al. Numerical approximation of a fractional-in-space diffusion equation (II)–with nonhomogeneous boundary conditions. Fract. Calc. Appl. Anal., 2006, 9: 333-349.

[51] Li X J, Xu C J. A space-time spectral method for the time fractional diffusion equations. SIAM J. Numer. Anal., 2009(3): 2108-2131.

[52] Sousa E. Finite difference approximations for a fractional advection diffusion problem. J. Comput. Phys. 2009(11): 4038-4054.

[53] Zhang P, Liu F, Anh V, et al. New solution and analytical techniques of the implicit numerical method for the anomalous subdiffusion equation. SIAM J. Numer. Anal., 2008(2): 1079-1095.

[54] Stojanovic M. Numerical method for solving diffusion-wave phenomena. J. Comput. Appl. Math., 2011, 235: 3121-3137.

[55] Uddin M, Haq S. RBFs approximation method for time fractional partial differential equations. Commun. Nonlinear Sci. Numer. Simulat., 2011(16): 4208-4214.

[56] Shen S, Liu F, Avh V. Numerical approximations and solution techniques for the space-time Riesz-Caputo fractional advection-diffusion equation. Numerical Algorithms, 2011, 56: 383-403.

[57] Savović S, Djordjevich A. Finite difference solution of the one-dimensional advection-diffusion equation with variable coefficients in semi-infinite media. Int. J. Heat Mass Transfer, 2012, 55: 4291-4294.

[58] Yang Q Q, Turner I, Liu F, et al. Novel numerical methods for solving the time-space fractional diffusion equation in two dimensions. SIAM J. Sci. Comput., 2011(3): 1159-1180.

[59] Lelarasmee E, Ruehli A E, Sangiovanni-Vincentelli AL. The waveform relaxation method for time domain analysis of large scale integrated

circuits. IEEE Trans. Computer-Aided Des. Integr. Circuits Syst., 1982(1): 131-145.

[60] Miekkala U, Nevanlinna O. Convergence of dynamic iteration methods for initial value problems. SIAM J. Sci. Statist. Comput., 1987(8): 459-482.

[61] Jiang Y L, Chen R M M, Wing O. Periodic waveform relaxation of nonlinear dynamic systems by quasi-linearization. IEEE Trans. Circuits Syst-I, 2003, 50: 589-593.

[62] Jiang Y L, Chen R M M, Wing O. Waveform relaxation of nonlinear second-order differential equations. IEEE Trans. Circuits Syst-I, 2001, 48: 1344-1347.

[63] Bartoszewski Z, Kwapisz M. On the convergence of waveform relaxation methods for differential-functional systems of equations. J. Math. Anal. Appl., 1999, 235: 478-496.

[64] Zubik-Kowal B, Vandewalle S. Waveform relaxation for functional-differential equations. SIAM J. Sci. Comput., 1999, 21: 207-226.

[65] Bartoszewski Z, Kwapisz M. On error estimates for waveform relaxation methods for delay-differential equations. SIAM J. Numer. Anal., 2000, 38: 639-659.

[66] Jankowski T. Waveform relaxation methods for periodic differential-functional systems. J. Comput. Appl. Math., 2003, 156: 457-469.

[67] Bartoszewski Z, Kwapisz M. Delay dependent estimations for waveform relaxation methods for neutral differential-functional systems. Comput. Math. Appl., 2004, 48: 1877-1892.

[68] Jiang Y L, Chen R M M, Huang Z L. A parallel approach for computing complex eigenvalue problems. IEICE Trans. Fund. Electron. Commun. Comput. Sci., 2000, E83A: 2000-2008.

[69] Jiang Y L, Chen R M M, Wing O. Convergence analysis of waveform relaxation for nonlinear differential-algebraic equations of index one. IEEE Trans. Circuits Syst. Fund. Theor. Appl., 2000, 47: 1639-1645.

[70] Jiang Y L. A general approach to waveform relaxation solutions of nonlinear differential-algebraic equations: The continuous-time and discrete-time cases. IEEE Trans. Circuits Syst-I, 2004, 51: 1770-1780.

[71] Jiang Y L, Chen R M M. Computing periodic solutions of linear differential-algebraic equations by waveform relaxation. Math. Comput., 2005, 74: 781-804.

[72] Jiang Y L. Waveform relaxation methods of nonlinear integral-differential-algebraic equations. J. Comput. Math., 2005, 23: 49-66.

[73] Jiang Y L. Monotone waveform relaxation for systems of nonlinear differential-algebraic equations. SIAM J. Numer. Anal., 2000, 38: 170-185.

[74] Jiang Y L. On time-domain simulation of lossless transmission lines with nonlinear terminations. SIAM J. Numer. Anal., 2004, 42: 1018-1031.

[75] Daoud D S, Geiser J. Overlapping Schwarz wave form relaxation for the solution of coupled and decoupled system of convection diffusion reaction equation. Appl. Math. Comput., 2007, 190: 946-964.

[76] Jiang Y L, Chen R M M, Wing O. Improving convergence performance of relaxation based transient analysis by matrix splitting in circuit simulation. IEEE Trans. Circuits Syst-I, 2001, 48: 769-780.

[77] 蒋耀林. Windowing waveform relaxation of initial value problems. 应用数学学报(英文版). 2006, 22: 543-556.

[78] Jiang Y L, Luk W S, Wing O. Convergence-theoretic of classical and Krylov waveform relaxation methods for differential-algebraic equations. IEICE Trans. Fund. Electron. Commun. Comput. Sci., 1997, E80-A: 1961-1972.

[79] Vandewalle S. Parallel multigrid waveform relaxation for parabolic problems. Stuttgart: B. G. Teubner, 1993.

[80] Burrage K, Jackiewicz Z, Nørsett S P, et al. Preconditioning waveform relaxation iterations for differential systems. BIT, 1996, 36: 54-76.

[81] Lumsdaine A, Reichelt M W, Squyres J M, et al. Accelerated waveform relaxation methods for parallel transient simulation of semiconductor devices. IEEE Trans. Computer-Aided Des. Integr. Circuits Syst., 1996, 15: 716-726.

[82] 蒋耀林. 波形松弛方法. 北京: 科学出版社, 2009.

[83] 蒋耀林. 模型降阶方法. 北京: 科学出版社, 2010.

[84] Miller K S, Ross B. An introduction to the fractional calculus and differential equations. New York: John Wiley, 1993.

[85] Samko S G, Kilbas A A, Marichev OI. Fractional integrals and derivatives theory and applications. Yverdon: Gordon and Breach, 1993.

[86] Henry D. Geometric theory of semilinear parabolic equations. New York/Berlin: Springer-Verlag, 1981.

[87] Beerends R J, ter Morsche H G, van den Berg J C, et al. Fourier and Laplace transforms. Cambridge: Cambridge University Press, 2003.

[88] Ortega J M, Rheinboldt W C. Iterative solution of nonlinear equations in several variables. New York: Academic Press, 1970.

[89] Varga R S. Matrix iterative analysis. Berlin, Heidelberg: Springer-Verlag, 2000.

[90] Kaczorek T. Positive linear systems consisting of $n$ subsystems with different fractional orders. IEEE Trans. Circuits Syst-I, 2011, 58: 1203-1210.

[91] Ding X L, Nieto J J. Analytical solutions for coupling fractional partial differential equations with Dirichlet boundary conditions. Commun. Nonlinear Sci. Numer. Simulat., 2017, 52: 165-176.

[92] Ding X L, Nieto J J. Numerical analysis of fractional neutral functional di ferential equations based on generalized volterra-integral operators. J. Comput. Nonlinear Dyna., 2017(12)：1-7.

[93] Ding X L, Bashir Ahmad. Analytical solutions to fractional evolution equations with almost sectorial operators. Adv. Diff. Equa., 2016: 203.

[94] Ding X L, Jiang Y L. A windowing waveform relaxation method for time-fractional differential equations. Commun. Nonlinear Sci. Numer. Simulat., 2016, 30: 139-150.

[95] Ding X L, Nieto J J. Analytical solutions for the multi-term time-space fractional reaction-diffusion equations on an infinite domain. Frac. Calc. Appl. Appl., 2015(3): 697-716.

[96] Ding X L, Nieto J J. Controllability and optimality of linear time-invariant neutral control systems with different fractional orders. Acta Mathematica Scienti, 2015(5): 1003-1013.

[97]  Ding X L, Jiang Y L. Waveform relaxation method for fractional differential-algebraic equations. Frac. Calc. Appl. Anal., 2014, 17(3)：585-604.

[98]  Ding X L, Jiang Y L. Waveform relaxation methods for fractional functional differential equations. Frac. Calc. Appl. Anal., 2013, 16(3): 573-594.

[99]  Ding X L, Jiang Y L. Analytical solutions for the multi-term time-space fractional advection-diffusion equations with mixed boundary conditions. Nonlinear Anal.: RWA, 2013, 14(2): 1026-1033.

[100]  Jiang Y L, Ding X L. Waveform relaxation methods for fractional differential equations with the Caputo derivatives. J. Comput. Appl. Math., 2013, 238: 51-67.

[101]  Ding X L, Jiang Y L. Semilinear fractional differential equations based on a new integral operator approach. Commun. Nonlinear Sci. Numer. Simulat., 2012, 17(12): 5143-5150.

[102]  Jiang Y L, Ding X L. Nonnegative solutions of fractional functional differential equations. Comput. Math. Appl., 2012, 63(5): 896-904.

[103]  Kong Q X, Ding X L. A New Fractional Integral Inequality with Singularity and Its Application. Abst. Appl. Anal., 2012: 1-12.

[104]  Ding X L, Jiang Y L. Solvability and positivity of fractional descriptor systems. 工程数学学报, 2015(4): 599-607.

[105]  丁小丽,许微微, 蒋耀林. 含变系数的线性分数阶微分方程的解析解(英文), 工程数学学报, 2013(4): 475-483.